Halbleiter-Elektronik
Herausgegeben von W. Heywang und R. Müller
Band 2

Rudolf Müller

Bauelemente
der Halbleiter-Elektronik

Vierte, überarbeitete Auflage
mit 320 Abbildungen

Springer-Verlag

Berlin Heidelberg NewYork
London Paris Tokyo
Hong Kong Barcelona Budapest

Dr. rer. nat. WALTER HEYWANG
ehem. Leiter der Zentralen Forschung und Entwicklung der Siemens AG, München
Professor an der Technischen Universität München

Dr. techn. RUDOLF MÜLLER
Universitätsprofessor, Inhaber des Lehrstuhls für Technische Elektronik
der Technischen Universität München

ISBN 3-540-54489-5 4. Aufl. Springer-Verlag Berlin Heidelberg NewYork

ISBN 3-540-16638-5 3. Aufl. Springer-Verlag Berlin Heidelberg NewYork

CIP-Kurztitelaufnahme der Deutschen Bibliothek.
Bauelemente der Halbleiter-Elektronik/Rudolf Müller
4., überarbeitete Auflage
Berlin ; Heidelberg ; NewYork ; London ; Paris ; Tokyo ;
Hong Kong ; Barcelona ; Budapest : Springer, 1991
  (Halbleiter-Elektronik; Bd. 2)
  ISBN 3-540-54489-5 (Berlin ...)
  ISBN 0-387-54489-5 (NewYork ...)
NE: Heywang, Walter [Hrsg.]; GT

Die Wiedergabe von Gebrauchsnamen, Handelsnamen, Warenbezeichnungen usw. in diesem Werk berechtigt auch ohne besondere Kennzeichnung nicht zu der Annahme, daß solche Namen im Sinne der Warenzeichen- und Markenschutz-Gesetzgebung als frei zu betrachten wären und daher von jedermann benutzt werden dürften.

Sollte in diesem Werk direkt oder indirekt auf Gesetze, Vorschriften oder Richtlinien (z.B. DIN, VDI, VDE) Bezug genommen oder aus ihnen zitiert worden sein, so kann der Verlag keine Gewähr für Richtigkeit, Vollständigkeit oder Aktualität übernehmen. Es empfiehlt sich, gegebenenfalls für die eigenen Arbeiten die vollständigen Vorschriften oder Richtlinien in der jeweils gültigen Fassung hinzuzuziehen.

Druck: Color-Druck Dorfi GmbH, Berlin; Bindearbeiten: B. Helm, Berlin
62/3020-543210 – Gedruckt auf säurefreiem Papier.

Vorwort

Im vorliegenden Band 2 der Buchreihe „Halbleiter-Elektronik" werden die Bauelemente Dioden, Transistoren, Thyristoren usw. beschrieben. Vorausgesetzt wird dabei die Kenntnis der wichtigsten Grundlagen der Halbleiterphysik, wie sie z. B. in Band 1 dieser Reihe gebracht worden sind. Wegen der großen Vielzahl der Bauelemente können bei dem hier gewählten Buchumfang nur ihre wesentlichen Eigenschaften (Effekte erster Ordnung) behandelt werden.

In diesem Sinne dient das vorliegende Buch einem doppelten Zweck: Einmal soll es die Grundlagenkenntnisse vertiefen helfen, z. B. dadurch, daß die Transistoren als *typisches Beispiel* eines Halbleiterbauelementes beschrieben werden; nicht die technischen Details stehen im Vordergrund, sondern die Begründung der jeweiligen Beschreibung, so daß der Leser in der Fähigkeit geübt wird, später neue Bauelemente leichter zu verstehen. Zum anderen soll durch die auf das Wesentliche beschränkte Beschreibung der technisch interessanten Bauelemente der *Überblick* über diese Vielfalt erleichtert werden.

Nachdem die dritte Auflage dieses Buches völlig überarbeitet und erweitert worden war, konnten die Änderungen für diese vierte Auflage zahlenmäßig beschränkt bleiben. Es handelt sich dabei im wesentlichen um Korrekturen von Unstimmigkeiten und kleine Ergänzungen einiger Ausführungen. Den Anstoß dazu haben meist Studenten gegeben, was zeigt, daß dieser Band an Universitäten weiterhin besonders aufmerksame Leser findet.

Mehreren Mitarbeitern sei für ihre Hilfe, insbesondere bei den Übungen, gedankt, ebenso dem Springer-Verlag für die Betreuung bei der Drucklegung des Buches.

München, im November 1991   Rudolf Müller

Inhaltsverzeichnis

Physikalische Größen

Größe		Bedeutung	Einheit
A		Fläche	m^2
B		statische Stromverstärkung in Emitter-schaltung	
B		magnetische Induktion	$T\ (Vs\ m^{-2})$
C		Kapazität	F
	C_B	Basis(diffusions)kapazität	
	C_{sbc}	Basis-Kollektor-Sperrschichtkapazität	
	C_{sbe}	Basis-Emitter-Sperrschichtkapazität	
	C_{diff}	Diffusionskapazität	
	C_{DS}	Drain-Source-Kapazität	
	C_G	Gate-Kapazität (Gate-Kanal)	
	C_{GD}	Gate-Drain-Kapazität	
	C_{GS}	Gate-Source-Kapazität	
	C_I	Isolatorkapazität	
	C_S	Sperrschichtkapazität	
D		Durchgriff	
D		dielektrische Verschiebung	$C\ m^{-2}$
D		Diffusionskonstante	$m^2\ s^{-1}$
	D_{pE}	Diffusionskonstante für Löcher im Emitter (n-Typ-Halbleiter)	
	D_{nB}	Diffusionskonstante für Elektronen in der Basis (p-Typ)	
	D_{pC}	Diffusionskonstante für Löcher im Kollektor (n-Typ)	
E		elektrische Feldstärke	$V\ m^{-1}$
	E_c	kritische Feldstärke	
E		Energie	eV
	E_F	Fermi-Niveau	
	$E_{F,\,HL}$	Fermi-Niveau im Halbleiter	
	$E_{F,\,M}$	Fermi-Niveau im Metall	
	E_c	Energie der Leitungsbandkante	
	E_v	Energie der Valenzbandkante	
	E_{Fn}	Quasi-Fermi-Niveau für Elektronen	
	E_{Fp}	Quasi-Fermi-Niveau für Löcher	
	E_g	Bandabstand	
e		Elementarladung	$1,602 \cdot 10^{-19}\ C$
F		Rauschzahl	

11

Physikalische Größen (Fortsetzung)

Größe		Bedeutung	Einheit
f		Frequenz	Hz
	f_α	α-Grenzfrequenz	
	f_β	β-Grenzfrequenz	
	f_g	Grenzfrequenz	
	f_{max}	maximale Schwingfrequenz	
	f_T	Transitfrequenz	
	f_r	RC-Grenzfrequenz	
G_{th}		thermische Generationsrate	$m^{-3}\,s^{-1}$
g		zusätzliche Generationsrate	$m^{-3}\,s^{-1}$
g		differentieller Leitwert	S
	g_0	differentieller Leitwert für $f \to 0$	
	g_D	Ausgangsleitwert, Kanalleitwert	
	g_m	Steilheit	S
	g_{max}	maximale Steilheit	
h		Plancksche Konstante	$6{,}625 \cdot 10^{-34}\,\mathrm{Js}$
I		Strom	A
	I_B	Basisstrom	
	$\left.\begin{array}{l} I_{BB} \\ I_{BC} \\ I_{BE} \end{array}\right\}$	Basisstromanteile	
	I_C	Kollektorstrom	
	I_{CR}	Kollektorreststrom	
	I_D	Drainstrom	
	I_E	Emitterstrom	
	I_{infl}	Influenzstrom	
	I_k	Kurzschlußstrom	
	I_L	zusätzlicher Diodenstrom als Folge von Lichteinstrahlung	
	I_N	Nennstrom	
	I_R	Rückstrom	
	I_S	Sperrsättigungsstrom	
	I_{sp}	Sperrstrom im Thyristor	
	I_{st}	Steuerstrom des Thyristors	
i		Strom, Wechselgröße	A
i		Stromdichte	$A\,m^{-2}$
$\overline{i^2}$		mittleres Schwankungsquadrat des Stromes	A^2
k		Wellenvektor	m^{-1}
k		Boltzmann-Konstante	$1{,}380 \cdot 10^{-23}\,\mathrm{JK^{-1}}$
L		Länge, Kanallänge	m
	L_n	Diffusionslänge für Elektronen im p-Typ-Halbleiter	
	L_{nB}	Diffusionslänge für Elektronen in der Basis (p-Typ)	
	L_p	Diffusionslänge für Löcher im n-Typ-Halbleiter	

Physikalische Größen (Fortsetzung)

Größe	Bedeutung	Einheit
L_{pC}	Diffusionslänge für Löcher im Kollektor (n-Typ)	
L_{pE}	Diffusionslänge für Löcher im Emitter (n-Typ)	
l	Länge, Weite, Weite der Raumladungszone	m
m	Laufzahl	
m_n^*	effektive Masse der Elektronen im Leitungsband	kg
N	Nettodotierungskonzentration ($N = N_D - N_A$)	m^{-3}
N_A	Akzeptordotierungskonzentration	
N_D	Donatordotierungskonzentration	
n^+	Bezeichnung für stark dotierten n-Typ-Halbleiter	
n_0	Elektronendichte bei therm. Gleichgewicht (Anzahldichte)	m^{-3}
n_B	($= n_{B0} + n'_B$) Dichte der Elektronen in der Basis (p-Typ)	
n_{B0}	Dichte der Elektronen in der Basis für thermodynamisches Gleichgewicht	
n'_B	Überschußelektronendichte in der Basis	
n_i	Dichte der Elektronen im eigenleitenden (intrinsic) Halbleiter	
n_{p0}	Dichte der Elektronen im p-Typ-Halbleiter bei thermodynamischem Gleichgewicht	
P	Leistung, Verlustleistung	W
p^+	Bezeichnung für stark dotierten p-Typ-Halbleiter	
p_0	Löcherdichte bei therm. Gleichgewicht (Anzahldichte)	m^{-3}
p_{E0}	Dichte der Löcher im Emitter bei thermodynamischem Gleichgewicht	
p_{C0}	Dichte der Löcher im Kollektor bei thermodynamischem Gleichgewicht	
p_n	($= p_{n0} + p'_n$) Löcherdichte im n-Typ-Halbleiter	
p'_n	Überschußlöcherdichte im n-Typ-Halbleiter	
Q	Gütefaktor	
Q	elektrische Ladung	C
Q_{th}	Wärmefluß	W
R	Rekombinationsrate	$m^{-3}\,s^{-1}$
R^*	modifizierte Richardson-Konstante	$A\,m^{-2}\,K^{-2}$
R	Hall-Konstante	$m^3\,A^{-1}\,s^{-1}$
R_n	Hall-Konstante für n-Typ-Halbleiter	
R_p	Hall-Konstante für p-Typ-Halbleiter	
R_i	Hall-Konstante für eigenleitenden (intrinsic) Halbleiter	

Größe	Bedeutung	Einheit
R_{th}	Wärmewiderstand	$K\,W^{-1}$
R	Widerstand	Ω
$\quad R_G$	Generatorwiderstand	
$\quad R_i$	Innenwiderstand	
$\quad R_L$	Lastwiderstand	
$\quad R_p$	Parallelwiderstand	
$\quad R_s$	Serienwiderstand	
r	differentieller Widerstand	Ω
$\quad r_-$	negativer differentieller Widerstand	
$\quad r_b$	Bahnwiderstand	
$\quad r_{bb'}$	Basisbahnwiderstand	
S	Stabilisierungsfaktor	
S	spektrale Leistungsdichte	z. B.: $A^2\,Hz^{-1}$
s_n	Bezeichnung für schwach dotierten n-Typ-Halbleiter	
s_p	Bezeichnung für schwach dotierten p-Typ-Halbleiter	
T	Temperatur	K
$\quad T_C$	Curie-Temperatur	
$\quad T_j$	Sperrschichttemperatur	
$\quad T_{j\max}$	maximal zulässige Sperrschichttemperatur	
$\quad T_V$	Rauschtemperatur eines Verstärkers	
$\quad T_G$	Rauschtemperatur eines Generators	
T	Periodendauer	s
t	Zeitkoordinate	s
$\quad t_d$	Einschaltverzugszeit für ⎤	
$\quad t_f$	Freiwerdezeit für ⎟ Thyristoren	
$\quad t_r$	Durchschaltzeit für ⎟	
$\quad t_v$	Sperrverzögerungszeit für ⎦	
U	elektrische Spannung, Potentialdifferenz	V
$\quad U_0$	Leerlaufspannung, Gleichspannung	
$\quad U_{AK}$	Anoden-Kathoden-Spannung	
$\quad U_b$	Durchbruchspannung	
$\quad U_B$	Blockierspannung	
$\quad U_{Batt}$	Batteriespannung	
$\quad U_{BE}$	Basis-Emitter-Spannung ($U_{BE} = -U_{EB}$)	
$\quad U_{BT0}$	Nullkippspannung des Thyristors	
$\quad U_C$	Kollektorspannung ($U_C \simeq |\,U_{CB}\,| \simeq |\,U_{CE}\,|$)	
$\quad U_{CB}$	Kollektor-Basis-Spannung ($U_{CB} = -U_{BC}$)	
$\quad U_{CE}$	Kollektor-Emitter-Spannung	
$\quad U_D$	Diffusionsspannung, Kontaktspannung	
$\quad U_{DS}$	Drain-Source-Spannung	
$\quad U_G$	Gate-Spannung	
$\quad U_{GD}$	Gate-Drain-Spannung	
$\quad U_{GK}$	Gate-Kanal-Spannung	

Physikalische Größen (Fortsetzung)

Größe	Bedeutung	Einheit
U_{GS}	Gate-Source-Spannung	V
U_H	Hall-Spannung	
U_{MK}	Metall-Kanal-Spannung	
U_S	Schleusenspannung	
ΔU_T	Thermospannung	
U_E	Einsatzspannung eines FET	
u	Spannung, Wechselgröße	V
V	elektrisches Potential	V
V_i	Stromverstärkung	
V_p	Leistungsverstärkung	
V_u	Spannungsverstärkung	
v	Geschwindigkeit	ms^{-1}
v_D	Domänengeschwindigkeit	
v_s	Sättigungsgeschwindigkeit	
W	neutrale Basisweite eines Transistors	m
x, y, z	Ortskoordinaten	m
x_s	Abschnürpunkt	m
Y	Admittanz	S
y	Kleinsignaladmittanz	S
Z	Impedanz	Ω
z	Kleinsignalimpedanz	Ω
α	Absorptionskonstante	m^{-1}
α	Ionisationskoeffizient	m^{-1}
α	differentielle Thermospannung	V K^{-1}
α_{ab}	Seebeck-Koeffizient	V K^{-1}
α	dynamische Stromverstärkung in Basis-schaltung	
α_0	dynamische Stromverstärkung in Basis-schaltung für $f \approx 1\,\text{kHz}$	
α_r, α_v	Rückwärts-, Vorwärts-Kurzschlußstrom-verstärkung	
β	dynamische Stromverstärkung in Emitter-schaltung	
β_0	dynamische Stromverstärkung in Emitter-schaltung für $f \approx 1\,\text{kHz}$	
δ	„Defekt"	
δ_{rek}	„Defekt" auf Grund von Rekombination	
Γ	Verstärkungskonstante	m^{-1}
ε	Dielektrizitätskonstante ($\varepsilon = \varepsilon_0 \varepsilon_r$)	F m^{-1}
ε_0	elektrische Feldkonstante	$8{,}854 \cdot 10^{-12}\,\text{Fm}^{-1}$
ε_r	Dielektrizitätszahl	
η	Faktor maßgebend für Basisweitenmodulation	
η	Wirkungsgrad	
λ	Wellenlänge	m
λ	Wärmeleitfähigkeit	$\text{W m}^{-1}\,\text{K}^{-1}$

Physikalische Größen (Fortsetzung)

Größe	Bedeutung	Einheit
μ	Beweglichkeit	$m^2\,V^{-1}\,s^{-1}$
μ'	differentielle Beweglichkeit	
μ_H	Hall-Beweglichkeit	
μ_n	Beweglichkeit für Elektronen	
μ_p	Beweglichkeit für Löcher	
Π_{ab}	Peltier-Koeffizient	V
ϱ	spezifischer Widerstand	$\Omega\,m$
ϱ	Raumladungsdichte	$C\,m^{-3}$
ϱ_x	Ladung pro Längeneinheit	$C\,m^{-1}$
σ	Leitfähigkeit	$S\,m^{-1}$
σ'	differentielle Leitfähigkeit	
τ	Zeitkonstante, Laufzeit	s
τ_d	dielektrische Relaxationszeitkonstante	
τ_D	Wachstumszeitkonstante für den Aufbau einer Domäne	
τ_n	Minoritätsträger-Lebensdauer (Elektronen)	
τ_p	Minoritätsträger-Lebensdauer (Löcher)	
τ_{nB}	Minoritätsträger-Lebensdauer in der Basis (p-Typ)	
τ_t	Laufzeit der Ladungsträger in der Raumladungszone	
$e\Phi$	Austrittsarbeit	eV
$e\Phi_M$	Austrittsarbeit eines Metalls	
$e\Phi_{HL}$	Austrittsarbeit eines Halbleiters	
$e\Phi_{Bn}$	Barrierenhöhe eines Metall-n-Typ-Halbleiter-Übergangs	
eX	Elektronenaffinität	eV
ω	Kreisfrequenz ($\omega = 2\,\pi f$)	s^{-1}

1 Dioden

1.1 Kennlinie und Impedanz

Die Halbleiterdiode, bestehend aus einem *pn*-Übergang innerhalb eines Halbleiters oder einem Metall-Halbleiter-Übergang (Heteroübergang allgemein), weist eine große Vielzahl von speziellen, den Anforderungen angepaßten Ausführungsformen auf. In einer großen Zahl von Anwendungen (Gleichrichtung, Mischen, Schalten) interessieren die *nichtlinearen* Eigenschaften der Diode, wie sie die *I-U*-Kennlinie wiedergibt. Die Impedanz, der Quotient aus Spannung und Strom, kennzeichnet nur kleine Wechselspannungen sinnvoll. Die zusätzliche Unterscheidung zwischen Gleichstromeigenschaften und dynamischen Effekten führt zu Tabelle 1/1.

Tabelle 1/1. Kenngrößen der Dioden

Aussteuerung	Frequenz	
	Gleichstrom und tiefe Frequenzen	hohe Frequenzen (dynamisches Verhalten)
kleine Signale	Kleinsignalleitwert g_0	Kleinsignalleitwert g Sperrschichtkapazität C_s Diffusionskapazität C_{diff}
große Signale	*I-U*-Kennlinie	*I-U*-Kennlinie Schaltverhalten …

Je nach Anwendung haben bestimmte Diodeneigenschaften besondere Bedeutung. Durch eine Variation des Dotierungsprofils können solchen interessierenden Daten bestimmte Werte gegeben werden. Zum Beispiel kann durch Änderung der Dotierungskonzentration die Durchbruchspannung geändert werden ([3], S. 154). In den Abschnitten 1.5 bis 1.9 werden Dioden besprochen, die durch *Variation des Dotierungsprofils* entstehen, was die Charakteristiken $I(U)$ und $C(U)$ entscheidend beeinflußt.

Von großer Bedeutung ist der Metall-Halbleiter-Übergang (Abschn. 1.11), einmal als „Ohmscher Kontakt" in allen Halbleiterbauelementen und zum anderen als Gleichrichter (Schottky-Diode). Die meisten der bisher genannten Dioden sind in Band 8 dieser Reihe [162] ausführlich beschrieben.

Die in den Abschn. 1.4 bis 1.8 beschriebenen Dioden sind sog. *passive Elemente*, d. h. die abgegebene Wechselstromleistung ist kleiner als die aufgenommene. Eine Reihe von Dioden sind sog. *aktive Elemente* und können zur Schwingungserzeugung herangezogen werden. Dies sind die Tunneldiode (Abschn. 1.9), die Impattdiode und das Gunn-Element (Abschn. 1.14 und 1.15). Während das Verhalten der Tunneldiode mit Hilfe einer statischen Kennlinie beschrieben werden kann, sind für Impatt- und Gunn-Dioden Laufzeiterscheinungen verantwortlich. Diese Mikrowellengeneratoren werden im Band 9 dieser Reihe [163] ausführlich behandelt.

Eine dritte Gruppe von Dioden kann man als Wandler bezeichnen. In ihnen wird entweder elektrische Energie in Strahlungsenergie umgesetzt oder umgekehrt. Dazu zählen die in den Abschn. 1.12 und 1.13 beschriebenen Fotodioden, Solarzellen, Lumineszenz- und Laserdioden (siehe z. B. Band 10 und 11 dieser Reihe [164, 165]).

I-U-Kennlinie

Bild 1/1 zeigt typische gemessene *I-U*-Kennlinien für Ge-, Si- und GaAs-*pn*-Dioden, sowie für eine Silizium-Schottky-Diode. Man erkennt, daß der Diodenstrom bei Flußpolung bis zu einer gewissen Spannung, der Schleusenspannung U_s praktisch vernachlässigbar ist, während er dann sehr rasch mit der Spannung zunimmt. Die Kennlinie kann also für viele Anwen-

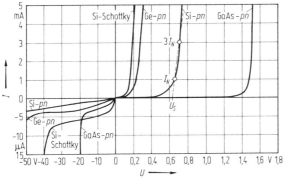

Bild 1/1. Beispiele für gemessene Diodenkennlinien. Beachte die unterschiedlichen Maßstäbe für Fluß- und Sperrpolung. Für die Si-*pn*-Diode erhält man für einen Nennstrom $I_N = 1$ mA die Schleusenspannung $U_s = 0,63$ V und den differentiellen Widerstand $r = 25\ \Omega$.

dungsfälle durch einen sog. „geraden Knick" angenähert werden, mit den beiden Kenngrößen „Schleusenspannung" und „differentieller Widerstand" r in Flußrichtung. Die Definition der Schleusenspannung U_s ist einigermaßen willkürlich, da es von der Wahl des Strommaßstabes abhängt, welcher Strom „vernachlässigbar klein" ist. Eine auf den Nennstrom bezogene Definition ist in Abb. 1 gezeigt; häufig wird U_s auch als die Spannung definiert, bei der der Strom 1/10 des maximal zulässigen Wertes ist [168]. Man erkennt, daß die Schleusenspannungen für jedes Halbleitermaterial (bei sonst vergleichbaren Bedingungen) charakteristische Werte annehmen (s. auch Übung 1.2. und 1.12.):

Ge: $U_s \approx 0,3$ V (0,2 bis 0,4 V) GaAs: $U_s \approx 1,4$ V
Si: $U_s \approx 0,6$ V (0,5 bis 0,8 V) Si Schottky: $U_s \approx 0,2$ V.

Bemerkenswert ist die kleine Schleusenspannung der Schottky-Dioden, wovon beispielsweise beim „Schottky-Dioden-Transistor" (s. Abschn. 5.6) Gebrauch gemacht wird.

Die Kennlinien von Dioden können allgemein durch folgende Gleichung beschrieben werden:

$$I = I_s \left[\exp \frac{U}{m U_T} - 1 \right]. \qquad (1/1)$$

Darin bedeutet $U_T = kT/e$ die sog. Temperaturspannung, die für Zimmertemperatur den Wert von 26 mV hat. Der „Idealitätsfaktor" m und der „Sperrstrom" I_s haben je nach dem dominierenden Mechanismus verschiedene Werte. Dies sei zunächst für Sperrpolung erläutert:

Bei Sperrpolung sind die Trägerdichten in der Raumladungszone und in den anschließenden neutralen Zonen *unter* den entsprechenden Gleichgewichtswerten (s. Bild 7/15). Man erhält daher eine Netto-*Generation* von Ladungsträgern in diesen Bereichen, wie in Bild 1/2 schematisch gezeigt.

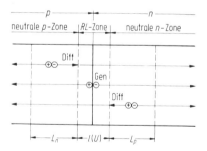

Bild 1/2. Schematische Darstellung des Zustandekommens des Sperrstromes einer *pn*-Diode mit Angabe des jeweils begrenzenden Mechanismus.

Je nachdem in welchem Bereich die Ladungsträger erzeugt werden, erhält man verschiedene Werte für m und I_s also verschiedene Kennlinien. Ganz Analoges gilt für Flußpolung der Diode; hier ist die Trägerdichte jeweils größer als die Gleichgewichtsdichte und es überwiegt die *Rekombination* und die Ladungsträger diffundieren in die neutralen Zonen hinein.

Bestimmt die Generation/Rekombination in den *neutralen Zonen* den Strom (Diffusionstheorie. Shockley-Theorie [176]), so gilt (s. z. B. [3]).

$$m = 1,$$

$$I_s = Ae\left(p_{n0}\frac{L_p}{\tau_p} + n_{p0}\frac{L_n}{\tau_n}\right)$$

$$= Aen_i^2\left(\frac{1}{N_D}\sqrt{\frac{D_p}{\tau_p}} + \frac{1}{N_A}\sqrt{\frac{D_n}{\tau_n}}\right). \tag{1/2a}$$

Der Sperrstrom ist spannungs*unabhängig*. Die Temperaturabhängigkeit ist im wesentlichen durch den Faktor n_i^2 (T) bestimmt und ergibt (s. [3], Gl. (7/27)):

$$\frac{dI_s}{dT}\frac{1}{I_s} = \frac{3}{T} + \frac{E_{g0}}{kT^2}.$$

Bestimmt Generation/Rekombination in der *Raumladungszone* den Diodenstrom, so ist der Sperrstrom I_s spannungs*abhängig* (Sah-Noyce-Shockley-Theorie [177]). Unter sehr vereinfachenden Annahmen (s. Anhang 7.4) erhält man:

$$m = 2,$$

$$I_s(U) = \frac{eAn_i l(U)}{2\tau_p \varkappa_1 \varkappa_2}.$$

Darin ist $l(U)$ die spannungsabhängige Weite der Raumladungszone und $\varkappa_1\varkappa_2$ ein von der Lage des die Rekombination bestimmenden Trapniveaus abhängiger Ausdruck, der für $E_t = E_i$ (wirksamstes Rekombinationszentrum etwa in Bandmitte) den Wert $(1 + \tau_n/\tau_p)/2$ annimmt, so daß gilt:

$$I_s(U) = \frac{eAn_i l(U)}{\tau_n + \tau_p}. \tag{1/2b}$$

Der Sperrstrom ist proportional zu $l(U)$. Für abrupte *pn*-Übergänge ergibt sich daher eine Spannungsabhängigkeit des Sperrstromes [3, 167]

$$I_s(U) \sim \sqrt[2]{|U| + U_D},$$

und für stetige *pn*-Übergänge mit linearem Dotierungsverlauf (linear graded)

$$I_s(U) \sim \sqrt[3]{|U| + U_D}.$$

Die Temperaturabhängigkeit ist durch den Faktor $n_i(T)$ bestimmt und daher halb so groß wie nach der Diffusionstheorie.

Für Ge gilt für Sperrpolung und Flußpolung die Diffusionstheorie (s. Anhang 7.4). Für Si gilt bei Sperrpolung und schwacher Flußpolung die Generationstheorie bis zu einer Spannung U^*, die im Anhang 7.4 abgeschätzt ist (s. Bild 1/3). Für vollständig symmetrische Verhältnisse ($N_D = N_A, D_n = D_p, \tau_n = \tau_p$) erhält man:

$$U^* = 2U_T \ln \frac{N_D}{n_i} \frac{l(U^*)}{4L_n}.$$

Da $l(U)$ eine langsam veränderliche Funktion von U ist, kann damit U^* abgeschätzt werden. Für beispielsweise $N_D = 10^{16}\,\text{cm}^{-3}$ und $\tau_n = 10^{-6}\,\text{s}$ bis $10^{-9}\,\text{s}$ erhält man bei Zimmertemperatur $U^* = 0{,}33\,\text{V}$ bis $0{,}5\,\text{V}$.

Der Generations/Rekombinations-Strom über tiefe Terme (und folglich U^*) hängt von der Termdichte, d. h. von der Technologie ab. Während typischerweise der Sperrstrom bei $1\,\mu\text{A}/\text{cm}^2$ liegt (und damit U^* beim oben abgeschätzten Wert), kann er durch hochwertige Getterverfahren bis unter $1\,\text{nA}/\text{cm}^2$ reduziert werden [179]. In diesen Fällen reicht der Bereich mit $m = 1$ bis in die Sperrpolung. Auch ist es möglich, daß dann andere Rekombinationsmechanismen eine Rolle spielen [178, 179].

Für GaAs-Dioden gilt diese Abschätzung nicht. Hier überwiegt wegen des direkten Übergangs die strahlende Band-Band-Rekombination. Der Diodenstrom weist dann auch bei dominierender Rekombination in der Raumladungszone einen Idealitätsfaktor $m = 1$ auf (siehe Anhang 7.4). Als Merkmal des Rekombinationsstroms bleibt lediglich die Abhängigkeit des Sperrsättigungsstroms von der Weite der Raumladungszone und damit von der Sperrspannung. Außerdem verschiebt sich in diesem Fall die Grenze U^* in Richtung steigender Diodenspannung, d. h. in den meisten Fällen dominiert der Generationsstrom. Nur dann, wenn Kristallstörungen oder Dotierstoffe eine Rekombination über Rekombinationszentren stark begünstigen, erhält man $m = 2$. Häufig wird experimentell durch Messung von m der maßgebende Mechanismus für den Stromtransport bestimmt [164].

Ebenfalls in Bild 1/3 ist die Grenze zu starker Injektion eingetragen. Definitionsgemäß liegt starke Injektion vor, wenn die Dichte der Minoritätsträger am Rande der Raumladungszone einen Wert erreicht, der gleich der

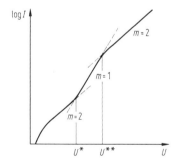

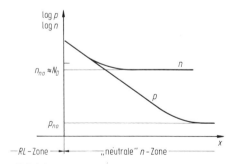

Bild 1/3. Typische I-U-Kennlinie einer Si-pn-Diode im halblogarithmischen Maßstab für Flußpolung.

Bild 1/4. Räumliche Verteilung der Ladungsträgerdichten in der neutralen n-Zone einer p^+n-Diode bei starker Injektion.

21

Majoritätsträgerkonzentration ist. Der Übergang zur starken Injektion erfolgt z. B. für eine p^+n-Diode bei $p_n(0) = N_D$ also mit der Gleichung für die Trägerkonzentration am Rand der Raumladungszone (s. z. B. [3] Gl. (7/19)) und $p_{n0} = n_i^2/N_D$ bei einer Spannung

$$U^{**} = 2 U_T \ln \frac{N_D}{n_i}.$$

Bei starker Injektion treten folgende zwei Effekte auf:

1. Der Diffusionsstrom vom Rande der Raumladungszone weg ist so groß, daß in der Raumladungszone die Gleichgewichtsbedingung (Shockley-Näherung) nicht mehr aufrecht erhalten wird. Dadurch steigt die Trägerkonzentration am Rande langsamer als der Gleichgewichtsbedingung entsprechend mit der Spannung an.

2. Wie Bild 1/4 zeigt, ist bei starker Injektion auch eine Anhebung der Majoritätsträgerdichte zu erwarten, wenn auch die Neutralitätsbedingung nicht mehr in der Schärfe wie bei schwacher Injektion eingehalten wird. Als Folge davon entsteht ein Majoritätsträgerdiffusionsstrom, der dem Minoritätsträgerdiffusionsstrom (elektrisch!) entgegen wirkt. Damit in dieser Randzone ein genügend großer Strom fließen kann, ist ein elektrisches Feld und damit ein Spannungsabfall in der neutralen Zone erforderlich.

Als Folge dieser beiden Effekte steigt bei starker Injektion der Strom nicht mehr so stark an wie bei schwacher Injektion. Diese Verhältnisse können im allgemeinen durch einen Idealitätsfaktor $m \approx 2$ beschrieben werden [1,166].

Darüber hinaus wird bei hohen Strömen der normale ohmsche Abfall in den Bahngebieten eine Rolle spielen. Im Ersatzschaltbild kann dies durch einen Serienwiderstand beschrieben werden. Durch Verwendung von sog. Epitaxiematerial kann dieser Serienwiderstand klein gehalten werden (hohe Dotierung im Grundmaterial).

Kleinsignal-Parameter

Für kleine Aussteuerung kann die Diodenkennlinie im Arbeitspunkt linearisiert werden und man erhält den Kleinsignalleitwert [3]

$$g_0 = \frac{I + I_s}{m U_T}. \tag{1/3}$$

Werden Wechselstromvorgänge untersucht, so sind die Effekte, die durch den Auf- bzw. Abbau der Ladungen entstehen, mitzuberücksichtigen. Die Zu- bzw. Abführung von *Majoritätsträgern* als Folge der durch eine Spannungsänderung hervorgerufenen Änderung der RL-Weite führt zu einem Blindstrom, der für kleine Wechselspannungen durch die Sperr-

22

schichtkapazität C_s beschrieben werden kann. Der Auf- bzw. Abbau der *Minoritätsträger* in den neutralen Zonen der Diode führt zur Diffusionskapazität. Genauer genommen sind es im Falle der Sperrschichtkapazität Majoritätsträger an *verschiedenen* Stellen, nämlich an den jeweiligen Rändern der Raumladungszone, die umgeladen werden und bei der Diffusionskapazität Minoritätsträger und (neutralisierende) Majoritätsträger an *derselben* Stelle. Daher ist die Diffusionskapazität auch prinzipiell verlustbehaftet, da die Ladungsträger rekombinieren.

Für einseitig abrupte *pn*-Übergänge gilt ([3], S. 193)

$$C_s = \varepsilon_0 \varepsilon_r \frac{A}{l}, \tag{1/4}$$

$$C_{\text{diff}} = g_0 \frac{\tau_p}{2}. \tag{1/5}$$

Bild 1/5 zeigt typische Kapazitätswerte für Ge-, Si- und GaAs-Dioden, Bild 1/6 ein Ersatzschaltbild für Dioden und Bild 1/7 eine typische Ortskurve der komplexen Diodenimpedanz Z.

Für *große Signale* ist eine einfache Beschreibung nur für $\omega \rightarrow 0$ möglich, und zwar, wie erwähnt, durch die I-U-Kennlinie. Für große Signale und hohe Frequenzen gibt es keine generelle Beschreibungsgröße. Je nach Anwendung interessieren verschiedene Daten. Arbeitet man vorwiegend bei

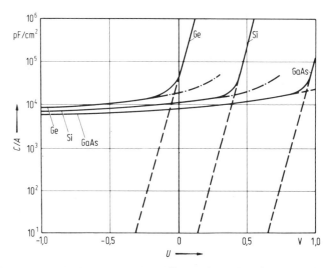

Bild 1/5. Sperrschichtkapazität (strichpunktiert), Diffusionskapazität (gestrichelt) und Gesamtkapazität (voll ausgezogen) je Flächeneinheit einer p^+n-Diode als Funktion der Diodenspannung U für Zimmertemperatur, berechnet für

Ge: $N_D = 10^{15}\,\text{cm}^{-3}$, $N_A = 10^{18}\,\text{cm}^{-3}$, $\tau_P = 10^{-3}\,\text{s}$;
Si: $N_D = 10^{15}\,\text{cm}^{-3}$, $N_A = 10^{18}\,\text{cm}^{-3}$, $\tau_P = 10^{-5}\,\text{s}$;
GaAs: $N_D = 10^{15}\,\text{cm}^{-3}$, $N_A = 10^{18}\,\text{cm}^{-3}$, $\tau_P = 10^{-8}\,\text{s}$;

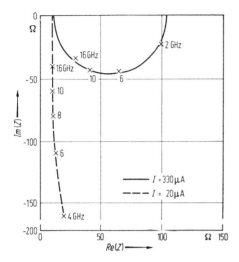

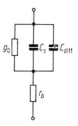

Bild 1/6. Kleinsignal-Ersatzschaltbild einer Diode (r_b: Bahnwiderstand der neutralen Zonen).

Bild 1/7. Ortskurven einer Si-Diode (hp 5082–2750) für zwei Diodenstromwerte.

einer einzigen Frequenz, so interessiert die amplituden- und frequenzabhängige Impedanz (Ortskurvenschar). Untersucht man die Misch- bzw. Vervielfachereigenschaften der Diode, so interessieren die Konversionssteilheiten und die (amplitudenabhängigen) Impedanzen bei den in Frage kommenden Frequenzen. Von besonderem Interesse ist das Schaltverhalten von Dioden (Beschreibung im Zeitbereich), welches im folgenden näher diskutiert wird.

1.2 Schaltverhalten

Bild 1/8 zeigt eine Schaltung, in der das Schaltverhalten von Dioden untersucht werden kann. Der „ideale" Schalter S weist drei Stellungen auf, wel-

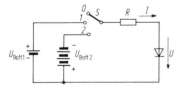

Bild 1/8. Anordnung zur Untersuchung des Schaltverhaltens von Dioden. Die Blindkomponenten der Last R müssen vernachlässigbar sein.

che die in Bild 1/9 (I-U-Kennlinie) eingetragenen Endzustände 0, 1 und 2 ergeben. In Stellung 0 ist $I = 0$, Stellung 1 entspricht der Flußpolung mit einem durch R begrenzten Strom und Stellung 2 der Sperrpolung, wobei $U_{\text{Batt 2}}$ unter der Durchbruchspannung liegen soll. Die Übergangszustände können jeweils auf den in Bild 1/9 eingetragenen Widerstandsgeraden „1"

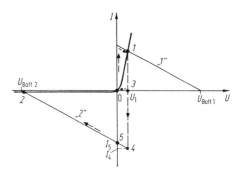

Bild 1/9. Schaltverhalten der Diode
im *I-U*-Kennlinienfeld.

und „2" liegen (Streukapazitäten seien vernachlässigt). Von Interesse sind
folgende Schaltvorgänge: $0-1$ und $1-0$ (Einschalt- und Ausschaltvorgang) bzw. $1-2$ (Schaltung von Fluß- auf Sperrpolung) [4]. Der Schaltvor-
gang $2-1$ (Sperr- auf Flußpolung) unterscheidet sich nur unwesentlich
vom Vorgang $0-1$, so daß er nicht eigens beschrieben werden muß. Der
Einfluß der Sperrschichtkapazität wird zunächst vernachlässigt.

Einschaltvorgang $0-1$

Wie aus Bild 1/8 ersichtlich, müssen nach Umschalten des Schalters *S* von
0 auf 1 Strom und Spannung an der Diode auf der Widerstandsgeraden 1
liegen. Wenn die Batteriespannung $U_{\text{Batt 1}}$ groß gegen die Flußspannung der
Diode im stationären Arbeitspunkt ist, wird vom Einschaltzeitpunkt t_1 an
etwa der Strom $I_1 = U_{\text{Batt 1}}/R$ fließen (Bild 1/10).

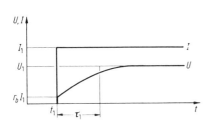

Bild 1/10. Einschaltverhalten einer
Diode.

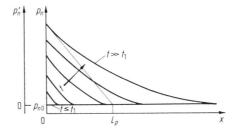

Bild 1/11. Minoritätsträgerverteilung im
n-Bereich einer p^+n-Diode während
des Einschaltvorganges.

Bild 1/11 zeigt die Minoritätsträgerverteilung im *n*-Bereich einer einseitig abrupten p^+n-Diode für aufeinanderfolgende Zeitpunkte. In Schalter-
stellung 0 (*vor* dem Einschalten) ist die Minoritätsträgerdichte in der neutralen *n*-Zone gleich p_{n0}, der thermischen Gleichgewichtsdichte. Für $t > t_1$
fließt ein (etwa konstanter) Strom I_1, der in der neutralen *n*-Zone als Diffu-

sionsstrom weiterfließt. Wegen der Annahme der einseitig abrupten Diode ist I_1 gleich dem Strom $I_{p\,\mathrm{diff}}$ in der n-Zone (z. B. [3], S. 138ff.) und damit proportional $\partial p_n/\partial x$ am Ort $x = 0$. Die Minoritätsträgerverteilung $p_n(x)$ wird sich dem stationären Zustand ($t \gg t_1$) so nähern, daß $\partial p_n/\partial x$ am Ort $x = 0$ etwa konstant bleibt. Am Anfang des Einschaltvorgangs, solange die Zone mit $p_n' > 0$ klein gegen die Diffusionslänge ist, kann die Trägerrekombination vernachlässigt werden, und die Fläche unter $p_n'(x)$ wird gleich dem Zeitintegral $\int_{t_1}^{t} (I/e)\,dt$ sein. Gegen Ende des Einschaltvorgangs spielt die Rekombination der Minoritätsträger eine Rolle, und die Zunahme der Minoritätsträgerladung erfolgt langsamer als am Anfang; die Trägerdichte nähert sich asymptotisch dem stationären Wert.

Die Spannung an der Diode wird „sofort" auf den durch den Spannungsabfall des Bahnwiderstandes gegebenen Wert $r_b I_1$ steigen. (Maßgebend für diesen Spannungsanstieg ist die RC-Zeitkonstante der Diode, die meist gegen die hier betrachteten Zeitintervalle kurz ist.) Anschließend wird die Spannung U an der Diode monoton zum stationären Endwert U_1 ansteigen, wobei jeweils die Gleichgewichtsbeziehung für die Minoritätsträgerdichte am Rande der RL-Zone erfüllt ist (z. B. [3], S. 138):

$$p_n(0) = p_{n0}\exp\frac{eU}{kT}. \tag{1/6}$$

Dies setzt voraus, daß die Trägerlaufzeit in der RL-Zone gegen die hier betrachteten Zeitintervalle kurz, für die RL-Zone also die quasistationäre Näherung (Aufeinanderfolge von Gleichgewichtszuständen) zulässig ist (Übung 1.6). Die Spannung nähert sich also asymptotisch dem Endwert U_1 wie in Bild 1/10 gezeigt. Eine einfache Abschätzung für einseitig abrupte pn-Übergänge zeigt, daß die Einschaltzeitkonstante τ_1 bei Stromsteuerung die Größenordnung der Minoritätsträgerlebensdauer τ_p hat (Übung 1.4). Es wird hier das Modell der Diffusionsstrom-begrenzten Diode benutzt. Für Dioden mit dominierender Generation/Rekombination in der Raumladungszone unterscheidet sich das Ergebnis nur unwesentlich. Wenn nämlich der stationäre Fall dadurch gekennzeichnet ist, daß die mit der Rate $1/\tau$ verschwindenden Ladungsträger gerade nachgeliefert werden, so ist τ etwa gleich der Zeit die erforderlich ist, um beim Einschalten die dem stationären Zustand entsprechende Ladung durch einen (dem stationären Strom gleichen) Einschaltstrom einzubringen, egal ob diese Rekombination in der neutralen Zone oder in der Raumladungszone erfolgt.

Der äußere Strom muß nicht nur die gespeicherte Minoritätsträgerladung, sondern auch die für die Verkürzung der RL-Zone notwendige Majoritätsträgerladung liefern. Für das oben behandelte Beispiel des p^+n-Übergangs bedeutet dies: In die p-Zone fließt von außen ein Strom, der die Löcherinjektion in die n-Zone verursacht *und* die Löcherladung für die p-seitige Verkürzung der RL-Zone aufbringt; der gleiche Strom fließt aus der n-Zone heraus (bzw. als Elektronenstrom in diese hinein). Diese Elektronen neutralisieren als Majoritätsträger die injizierten Löcher *und* dienen zur n-seitigen Verkürzung der RL-Zone. Wenn das Verhältnis von Sperrschichtkapazität zu Diffusionskapazität (Bild 1/5) sehr klein ist, kann dieser Effekt der Majoritätsträger vernachlässigt werden. Eventuell vorhandene Streu- und Gehäusekapazitäten können im Rahmen der äußeren Schaltung berücksichtigt werden.

Ausschaltvorgang 1 — 0

Wird zum Zeitpunkt t_2 der Schalter S geöffnet (von 1 auf 0), so muß der äußere Strom Null sein; die Minoritätsträgerladung und damit die Spannung an der Diode können sich nicht beliebig schnell ändern, so daß man den Punkt 3 im I-U-Diagramm (Bild 1/9) erreicht. Im stationären eingeschalteten Zustand 1 lieferte der stationäre Strom I_1 gerade so viele Minoritätsträger, wie durch Rekombination verloren gingen. Fällt für $t > t_2$ der Strom durch die Diode weg, so überwiegt die Rekombination, und die Minoritätsträgerladung sinkt mit der Lebensdauer τ_p als Zeitkonstante exponentiell ab. Die mit der Trägerkonzentration logarithmisch verknüpfte Diodenspannung (1/6) sinkt annähernd linear mit der Zeit und erreicht den Wert Null nach einer der Minoritätsträgerlebensdauer proportionalen Zeit ([5], S. 213; Übung 1.3).

Umschaltvorgang 1 — 2

In diesem Fall wird die Diode vom „Ein"-Zustand in den Sperrbereich geschaltet. Nach Umschalten des Schalters S (von 1 in 2) zur Zeit t_3 springt der Diodenstrom vom Wert I_1 auf den Wert I_4 auf der Widerstandsgeraden 2 (Bild 1/9). Die Spannung bleibt im ersten Moment unverändert, da sich die Minoritätsträgerladung nicht schlagartig ändern kann. (Der Spannungssprung durch den Spannungsabfall am Bahnwiderstand ist in diesem Maßstab (Bild 1/13) meist vernachlässigbar.)

Bild 1/12 zeigt die Minoritätsträgerverteilung mit der Zeit als Parameter. Solange die Minoritätsträgerdichte am Rand der RL-Zone *über* dem Gleichgewichtswert p_{n0} liegt, ist $U > 0$ (Bild 1/13). In dieser Zeit ändert sich der Strom nur unmerklich von I_4 auf I_5 (Rückstrom I_R) (Bild 1/9 und

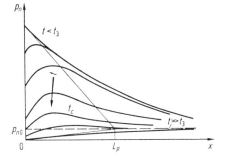

Bild 1/12. Minoritätsträgerverteilung im n-Bereich einer p^+n-Diode während des Umschaltvorganges.

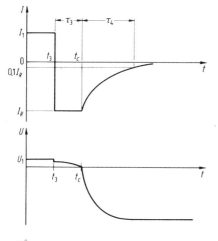

Bild 1/13. Umschaltverhalten einer Diode.

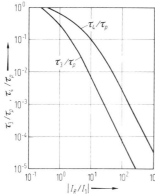

Bild 1/14. Normierte Speicherzeit als Funktion des normierten Rückstromes [6].

1/13). Da hier die gespeicherten Ladungsträger nicht nur durch Rekombination verschwinden, sondern auch abgesaugt werden, ist der entsprechende Zeitabschnitt τ_3 (Speicherzeit) wesentlich kürzer als die Minoritätsträgerlebensdauer τ_p (Bild 1/14). Nach diesem Ladungsträgerabbau bis zum Wert p_{n0} geht die Diode vom Zustand 5 in den gesperrten Zustand 2 über. Der Strom fällt auf den Wert des kleinen Sperrsättigungsstromes, und die Spannung nähert sich dem Wert der Batteriespannung $U_{\text{Batt 2}}$.

Die Verkürzung der Speicherzeit τ_3 gegenüber der Trägerlebensdauer hängt vom Verhältnis des Rückstromes I_R zum Flußstrom I_1 (Maß für die gespeicherte Ladung) ab. Bild 1/14 zeigt das Verhältnis τ_3/τ_p als Funktion von $|I_R/I_1|$. Für verschwindenden Rückstrom I_R ist τ_3 von der Größenordnung τ_p (Ausschaltvorgang 1 — 0). Mit zunehmendem Rückstrom nimmt die Speicherzeit τ_3 rasch ab. Für die Praxis von Bedeutung ist noch die Zeitdauer τ_4, in welcher der Rückstrom auf 1/10 seines Anfangswertes gesunken ist. Diese Zeitspanne ist ebenfalls in Bild 1/14 normiert eingetragen.

1.3 Rauschen

Schrotrauschen einer in Sperrichtung gepolten Diode

Der bei hinreichender Polung in Sperrichtung fließende Strom entsteht dadurch, daß in dem an die RL-Zone anschließenden Volumen AL (L Diffusionslänge) Minoritätsträger entstehen, die zur RL-Zone diffundieren und diese unter dem Einfluß eines elektrischen Feldes durchlaufen. Jeder Ladungsträger erzeugt dabei im äußeren Stromkreis einen Stromimpuls, der bei Annahme einer konstanten (gesättigten) Ladungsträgergeschwindigkeit eine rechteckige Form der Länge τ_t (Laufzeit der Ladungsträger in der RL-Zone) und die Fläche e (Elementarladung) hat (Abschn. 7.2). Die einzelnen Stromimpulse treten zu statistisch verteilten Zeiten auf (Bild 1/15).

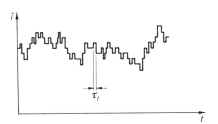

Bild 1/15. Überlagerung der Influenzstromimpulse einer in Sperrichtung gepolten Diode.

Bild 1/16. Leistungsspektrum des Schrotrauschens.

Werden die Ladungsträger in der Raumladungszone erzeugt, so entsteht ebenfalls ein Influenzstromimpuls der Ladung e [144].

Das zu diesem „Schroteffekt" gehörige Leistungsspektrum S_I ist in Bild 1/16 gezeigt (Abschn. 7.1). Es hat für $f = 0$ eine dem Gleichstrom I entsprechende δ-Funktion. Für Frequenzen, die klein gegen die reziproke Laufzeit sind, hat es den konstanten Wert $2e|I|$ und Nullstellen bei den Frequenzen m/τ_t (m = ganze Zahl, Übung 1.5). Die Laufzeit τ_t liegt etwa in der Größenordnung von 10^{-11} s (Übung 1.6), so daß im allgemeinen das Leistungsspektrum in allen interessierenden Frequenzbereichen als konstant angesehen werden kann. Das mittlere Schwankungsquadrat des Schroteffektes im Frequenzbereich Δf ist daher

$$\overline{i^2} = 2e|I|\,\Delta f. \tag{1/7}$$

Eine hinreichend in Sperrichtung gepolte Diode weist Schrotrauschen auf, wobei als Gleichstrom I der Sperrsättigungsstrom I_s einzusetzen ist.

Schrotrauschen einer in Flußrichtung gepolten Diode

Verringert man die Sperrspannung der Diode, so werden zwar wegen des auch dann noch vorhandenen Potentialunterschiedes die Minoritätsträger über den *pn*-Übergang gezogen, aber es entsteht eine neue Stromkomponente dadurch, daß Ladungsträger durch Überwindung der Potentialbarriere in der entgegengesetzten Richtung fließen. Es können also Elektronen aus dem *n*-Gebiet ins *p*-Gebiet gelangen und Löcher aus dem *p*-Gebiet in die *n*-Zone. Dieser Stromanteil wächst gemäß der zunehmenden Wahrscheinlichkeit zur Überwindung der Potentialbarriere exponentiell mit der Spannung an.

Für $U = 0$ fließt der Sperrsättigungsstrom unverändert weiter (die Minoritätsträger werden durch die Diffusionsspannung „abgesaugt"); es fließt jedoch ein Strom gleichen Betrages, aber in entgegengesetzter Richtung, als Folge der thermischen Energie der Ladungsträger; der Gesamtgleichstrom ist Null. Die Rauschströme hingegen addieren sich, da es sich um zwei statistisch unabhängige Vorgänge handelt (Abschn. 7.1).

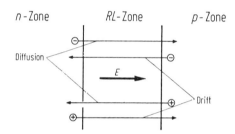

Bild 1/17. Ladungsträgerbewegung in einer Diode für $U = 0$.

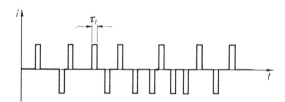

Bild 1/18. Influenzstromimpulse einer Diode für $U = 0$.

Bild 1/17 zeigt schematisch diesen Vorgang, Bild 1/18 die Stromimpulse. Entscheidend dabei ist die Tatsache, daß nach diesem Modell sowohl Elektronen als auch Löcher tatsächlich die RL-Zone durchlaufen. (Mit Hilfe der Unschärferelation kann man abschätzen, daß eine Lokalisierung des Elektrons innerhalb der RL-Zone nicht unbedingt sinnvoll ist. Das Rauschen wird jedoch dann richtig beschrieben, wenn die Vorgänge gemäß Bild 1/17 angenommen werden.)

Obige Überlegungen gelten auch bei Flußpolung, zumindest für geringe Spannungen im Vergleich zur Diffusionsspannung. Der Flußstrom I einer

Diode muß daher in die beiden nachstehend angegebenen Komponenten I_1 und I_2 aufgeteilt werden:

$$I = I_1 + I_2,$$
$$I_1 = -I_s, \tag{1/8}$$
$$I_2 = I_s \exp \frac{eU}{kT}.$$

Diese beiden Stromanteile haben bezüglich ihrer Gleichstromanteile entgegengesetzte Vorzeichen. Ihre Schwankungsquadrate addieren sich jedoch, da es sich um voneinander statistisch unabhängige Stromanteile handelt. Demgemäß erhält man für die spektrale Leistungsdichte des Stroms

$$S_I = 2e|I_1| + 2e|I_2| = 2e(2I_s + I). \tag{1/9}$$

Für große Sperrspannungen ist $I = -I_s$ und (1/9) reduziert sich zu (1/7). Für hinreichend große Flußpolung ist $I \gg I_s$ und (1/9) reduziert sich zu

$$S_I = 2e|I|. \tag{1/10}$$

Für $U = 0$ $(I = 0)$ erhält man mit (1/3)

$$S_I = 4eI_s = 4kTg_0.$$

Im thermodynamischen Gleichgewicht rauscht also die Diode wie ein normaler Widerstand, wie zu erwarten war.

Zusammenfassend kann man sagen: Die Diode rauscht außer für $U \approx 0$ mit einem ihrem Strom I entsprechenden Schrotrauschen; für $U = 0$ rauscht sie wie ein normaler Widerstand.

1/f-Rauschen

In fast allen elektronischen Bauelementen tritt bei tiefen Frequenzen eine über dem Schroteffekt und dem thermischen Rauschen liegende Rauschkomponente auf, dessen spektrale Leistungsdichte proportional $1/f$ ist. Die dafür in Frage kommenden physikalischen Effekte sind sehr vielfältig. Zum Beispiel führt der Einfang von Ladungsträgern durch „Traps" und deren Reemission zu einem $1/f$-Spektrum, wenn die diesem Vorgang zugeordneten Zeitkonstanten ein bestimmtes Spektrum aufweisen [8]. Solche Traps sind besonders in Oberflächennähe vorhanden und hängen stark von den Herstellungsbedingungen ab. Im allgemeinen ist man in der Lage, dieses $1/f$-Rauschen durch technologische Maßnahmen so klein zu halten, daß es bei Dioden für Frequenzen höher als etwa 1 kHz nicht mehr ausschlaggebend ist.

1.4 Ausführungsformen von Gleichrichterdioden

Bild 1/19 zeigt verschiedene Ausführungsformen von *pn*-Dioden. Bild 1/19a zeigt eine sog. Ge-Golddrahtdiode. Hier wird ein stumpfer Golddraht auf das Halbleiterplättchen (*n*-Typ-Ge) aufgesetzt und mit die-

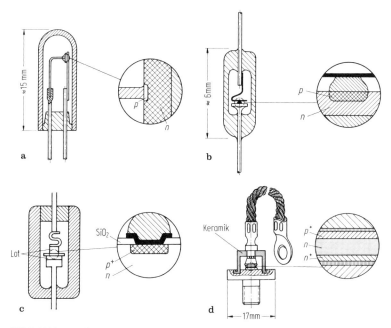

Bild 1/19. Ausführungsformen von *pn*-Dioden: **a** Ge-Golddrahtdiode; **b** legierte Si-Flächendiode; **c** Si-Planardiode (diffundiert); **d** Si-Leistungsdiode (diffundiert).

sem „verschweißt". Dabei bildet sich eine eutektische Schmelze (12 Gew.-% Ge, 88 Gew.-% Au bei 356 °C), aus der bei der Abkühlung Ge rekristallisiert. Bei der Rekristallisation verbleiben jedoch ein geringer Anteil Gold bzw. *p*-dotierende Zusätze des Golddrahtes im Ge, so daß dadurch eine *p*-dotierte Zone entsteht. Für Golddrahtdioden ist die Sperrverzögerungszeit sehr klein, da Gold auch als Rekombinationszentrum eingebaut wird und die Trägerlebensdauer verkürzt (z. B. [3], S. 98). Ge-Golddrahtdioden finden daher besonders als Schaltdioden Verwendung.

In zunehmendem Maße setzen sich wegen der Vielseitigkeit ihrer Anwendungen Flächendioden (vor allem aus Si) durch. Bild 1/19b zeigt eine „legierte" Si-Flächendiode im Schnitt. Ein Metallkügelchen (z. B. Al) wird auf ein Halbleiterplättchen (z. B. *n*-Si) aufgebracht. Bei einer Erhitzung entsteht wie bei der Golddrahtdiode eine geschmolzene Legierung aus Metall und Halbleiter, aus der bei Abkühlung der Halbleiter rekristallisiert. Das im rekristallisierten Halbleiter verbleibende Metall ergibt die Dotierung. Solche Si-Dioden lassen hohe Sperrspannungen zu und sind stärker belastbar als Ge-Dioden. Wie Bild 1/1 zeigt, haben Ge-Dioden eine kleinere Schleusenspannung als Si-Dioden (Übung 1.2).

Bild 1/19c zeigt die Si-Standarddiode. Sie wird in Planartechnik hergestellt (s. z. B. [158]): Auf n-Typ Grundmaterial wird eine Oxidschicht aufgewachsen, in welche nach einem Fotolithographieverfahren Fenster geätzt werden. Durch diese können Dotierstoffe eindiffundieren (hier Akzeptoren), so daß ein pn-Übergang entsteht. Insbesondere liegt der Rand des pn-Übergangs wegen der seitlichen Eindiffusion unter der schützenden Oxidschicht.

Bild 1/19d zeigt den Aufbau einer diffundierten Si-Leistungsdiode. Hier wird beispielsweise von einer n-dotierten Si-Scheibe (einige Millimeter Durchmesser und mehr) ausgegangen, in welche durch Erhitzen in einem borhaltigen Gas dieses Element eindiffundiert, so daß eine p-Zone entsteht. Die Bor-Konzentration muß dabei größer sein als die Konzentration der ursprünglichen n-Dotierung, damit p-Dotierung entsteht.

Gleichrichter dieser Art (Abschn. 1.6) weisen Sperrspannungen bis zu einigen tausend Volt auf und gestatten Durchlaßströme bis zu einigen tausend Ampere (Kap. 4).

In den Abschn. 1.5 bis 1.9 wird gezeigt, wie sich die elektrischen Eigenschaften von pn-Dioden ändern, wenn die Konzentration der Dotierungsatome verändert wird. Die schwächste Dotierung in einer Zwischenzone weist die pin-Diode auf, die stärkste die Tunneldiode.

1.5 pin-Diode

pin-Dioden haben ein typisches Dotierungsprofil, wie es in Bild 1/20 gezeigt wird [9]. Bereits bei sehr kleinen Sperrspannungen (evtl. genügt bereits die Diffusionsspannung) wird die ganze i-Zone von freien Ladungs-

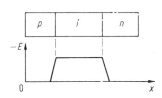

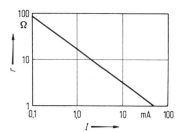

Bild 1/20 Dotierungsverlauf und elektrische Feldstärke in einer pin-Diode (Sperrpolung).

Bild 1/21. Typischer Kleinsignalwiderstand einer in Flußrichtung gepolten pin-Diode als Funktion des Diodenstromes ([1], S. 140; Übung 1.9).

33

trägern ausgeräumt, so daß die RL-Zone etwa gleich der Weite der *i*-Zone ist. Die spannungsabhängige Ausdehnung der RL-Zone in die *p*-Zone ist im Vergleich dazu vernachlässigbar. Die (Sperrschicht-)Kapazität dieser Diode ist daher im Sperrbereich nahezu spannungsunabhängig.

Wegen der geringen Trägerdichte ist die Leitfähigkeit von eigenleitendem Halbleitermaterial extrem klein. Die *i*-Zone kann jedoch gut leiten, wenn Ladungsträger von den angrenzenden stärker dotierten Zonen in die *i*-Zone gelangen. Dies ist der Fall, wenn die Diode in Flußrichtung gepolt und die *i*-Zone genügend dünn ist. Der Realteil der Diodenimpedanz hängt daher sehr stark vom Flußstrom der Diode ab (Bild 1/21).

pin-Dioden finden vorwiegend in der Mikrowellentechnik Anwendung als variable Dämpfungsglieder und Schalter, wobei die Schaltzeit in der Größenordnung der Trägerlaufzeit durch die *i*-Zone ist [10, 11, 162].

1.6 p^+sn^+-Leistungsgleichrichter

Der Einsatz von Halbleiterdioden in der Starkstromtechnik wird durch folgende Anforderungen bestimmt:

a) der Sperrsättigungsstrom soll möglichst klein sein, um die Sperrverluste möglichst gering zu halten;

b) die Durchbruchspannung in Sperrichtung soll möglichst hoch sein, um eine große Aussteuerung zu ermöglichen; und

c) der Spannungsabfall der Diode bei Polung in Flußrichtung soll möglichst klein sein, um die Verluste bei Stromfluß möglichst gering zu halten.

Der Sperrsättigungsstrom ist in Si-Dioden wegen des großen Bandabstandes genügend klein, sofern nicht sekundäre Effekte (z. B. Oberflächenströme) stören. Die Durchbruchspannung steigt mit abnehmender Dotierung ([3], S. 154) und erreicht in Si Werte von 1 000 V für Dotierungsdichten um $2 \cdot 10^{14}$ cm^{-3}. Schwache Dotierungen in der Größenordnung von 10^{14} bis 10^{15} cm^{-3} ergeben jedoch beachtliche Verluste bei Polung in Flußrichtung, da der Widerstand des Halbleitermaterials zu groß ist. Für geringe Verluste bei Flußpolung wäre also starke Dotierung günstig.

Beide Forderungen können in den *psn*-Dioden realisiert werden. Das Symbol *s* bedeutet schwache Dotierung. Bild 1/22 zeigt eine Diode mit schwach *n*-dotierter Zwischenzone. Bei Polung in Sperrichtung liegt die RL-Zone vor allem in der schwach dotierten Zone. Ihre Weite *l* soll groß genug sein, um die ganze RL-Zone bei der Durchbruchspannung gerade noch aufzunehmen. Bei Polung in Flußrichtung ist die RL-Zone sehr schmal und liegt in unmittelbarer Nähe des *pn*-Überganges. Wären in der *s*-Zone nur die durch die Dotierung gegebenen freien Ladungsträger vorhanden (in Bild 1/22 durchgezogene Kurve), so wäre der Widerstand der *s*-Zone sehr groß. Wegen der benachbarten stark dotierten Zonen wird je-

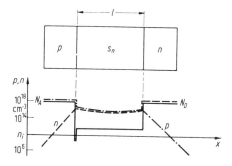

Bild 1/22. Trägerdichten in *psn*-Dioden (Flußpolung) [12].

doch bei Polung in Flußrichtung die *s*-Zone durch freie Ladungsträger überschwemmt (in Bild 1/22) gestrichelte und strichpunktierte Kurven) und dadurch gut leitend. Wegen der großen Trägerdichte genügen äußerst geringe elektrische Felder, um einen genügend hohen Driftstrom zu erzeugen. Der Spannungsabfall in der schwach dotierten Zone, deren Weite in der Größenordnung von 10 bis 100 µm liegt, beträgt meist nur einige zehntel Volt, so daß der gesamte Spannungsabfall an der Diode für beispielsweise 1 600 A nur 1,5 bis 2 V beträgt.

Bild 1/19d zeigt den Aufbau einer Leistungdiode; man erkennt daran die konstruktiven Maßnahmen zur Wärmeableitung. Leistungsdioden mit Scheibendurchmessern von ca. 30 mm gestatten Strombelastungen bis in die Größenordnung von 1 000 A. Um Durchbrucherscheinungen am Rand der Diode zu vermeiden, wird diese häufig „konturiert" ausgeführt (Abschn. 4.7).

1.7 Z-Diode

Bei Erreichen der Durchbruchspannung steigt der Diodenstrom sehr stark an (Bild 1/23). Dies ist bei schwachen und mittleren Dotierungsdichten eine Folge des Lawineneffektes und bei höherer Dotierung eine Folge des

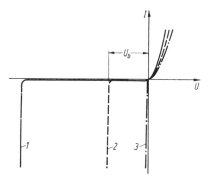

Bild 1/23. Diodenkennlinien für unterschiedliche Dotierungen. *1*: Schwache Dotierung (Z-Diode mit Lawinendurchbruch), *2*: mittlere Dotierung (Z-Diode mit Zener-Durchbruch), *3*: starke Dotierung (Rückwärtsdiode).

Zener-Effektes ([3], S. 152 bis 154). Beide Diodentypen nennt man allgemein Z-Dioden; sie können zur Spannungsstabilisierung herangezogen werden. Erwünscht ist dabei ein möglichst scharfer Einsatz des Durchbruchs, der dann auftritt, wenn die Diode homogen über den ganzen Querschnitt durchbricht. Inhomogenitäten im Halbleitermaterial führen aber meist zu lokalen Durchbrüchen und damit zu nicht scharf einsetzenden Durchbruchkennlinien; sie sind ebenso wie Randdurchbrüche möglichst zu vermeiden.

1.8 Rückwärts-Diode

Bild 1/23 zeigt I-U-Kennlinien verschieden dotierter Dioden. Mit zunehmender Dotierung sinkt die Durchbruchspannung U_b. Schließlich wird ein Zustand erreicht bei dem die Durchbruchspannung Null wird. In diesem Fall ist das durch die Diffusionsspannung verursachte elektrische Feld bereits ausreichend, um den Zener-Effekt (Tunneleffekt) zu verursachen.

Man nennt diese Dioden Rückwärts-Dioden (backward-Dioden), da sie in „Sperrichtung" besser leiten als in „Flußrichtung". Sie finden Anwendung zur Gleichrichtung extrem kleiner Signale (starke Krümmung im Ursprung). Der Übergang zu der nachfolgend besprochenen Tunneldiode ist fließend. In beiden Fällen ist der Stromfluß durch den extrem raschen Tunnelmechanismus gegeben, so daß ein Betrieb bei sehr hohen Frequenzen möglich ist. Diese Eigenschaft weist auch die Schottky-Diode (Abschn. 1.11) auf.

1.9 Tunneldiode

In der Tunneldiode ist die Dotierung so weit erhöht, daß auch bei einer positiven Diodenspannung der Tunnelstrom dominiert; die Kennlinie verläuft dann sehr steil durch den Ursprung (Bild 1/24). Damit ein Tunnel-

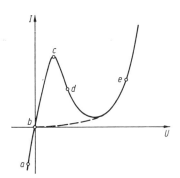

Bild 1/24. Kennlinie einer Tunneldiode. Die Symbole a bis e beziehen sich auf Bild 1/25.

strom fließen kann, muß einmal die zu durchtunnelnde Strecke genügend klein sein, und außerdem müssen den Ladungsträgern auf der einen Seite freie Plätze etwa gleicher Energie auf der anderen Seite gegenüberstehen. Diese Bedingungen sind erfüllt bei Polung in „Sperrichtung". Bei Polung in Flußrichtung ist dies nur bis zu einer bestimmten Spannung gegeben, so daß der Tunnelstrom mit weiter zunehmender Flußspannung langsam verschwindet und nur der bei diesen Spannungen wesentlich kleinere normale Diodenstrom (in Bild 1/24 gestrichelt) fließt. Dies ergibt die in Bild 1/24 dargestellte Kennlinie mit einem Abschnitt negativen differentiellen Widerstandes.

Bild 1/25. Bänderschema der Tunneldiode für die in Bild 1/24 eingezeichneten Punkte der Kennlinie.

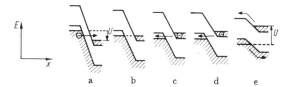

a   b   c   d   e

Dies sei anhand des Bänderschemas näher erklärt (Bild 1/25): Wegen der starken Dotierung ist der Halbleiter entartet, d. h. das Fermi-Niveau liegt im erlaubten Band (z. B. [3], S. 84). Für $U = 0$ (Bild 1/25b) liegen die Fermi-Niveaus in beiden Bereichen auf gleicher Höhe, und es fließt insgesamt kein Strom. Bei Polung in Sperrichtung (Bild 1/25a) und ebenso bei schwacher Polung in Flußrichtung (Bild 1/25c) können Tunnelströme fließen. Dieser Tunnelstrom nimmt ab, wenn den Elektronen des Leitungsbandes weniger verfügbare Plätze im Valenzband gegenüberstehen (Bild 1/25d). Man befindet sich dann am fallenden Kennlinienabschnitt, der in die normale Diodenkennlinie übergeht (Überwindung der Potentialschwelle aufgrund der thermischen Energie, (Bild 1/25e).

Für thermodynamisches Gleichgewicht ($U = 0$) beschreibt das Fermi-Niveau E_F eindeutig die Trägerdichten. Für $U \neq 0$ sind an sich die Quasi-Fermi-Niveaus zu benutzen (s. z. B. [3]). In Bild 1/25 wurde jedoch für $U \neq 0$ das Fermi-Niveau in den neutralen Zonen unverändert bezogen auf die Bandkante eingetragen. Dies ist zulässig, weil der Übertritt der Träger zwischen den Zonen durch Tunneln den „Flaschenhals" darstellt und nicht die Nachlieferung der Ladungsträger in den einzelnen Zonen. Es bleibt dann der Gleichgewichtszustand innerhalb der n- bzw. p-Zone bestehen. Zwischen der n-Zone und der p-Zone besteht kein Gleichgewicht, was sich durch die verschiedene Lage der Fermi-Niveaus äußert. Man benützt also auch hier das Fermi-Niveau zur Kennzeichnung der Trägerdichten, muß allerdings zwischen solchen in den verschiedenen Zonen unterscheiden.

Interessant an der Tunneldiode sind der Bereich negativen differentiellen Widerstandes und die Tatsache, daß die Kennlinie bis zu extrem hohen Frequenzen (auch im ganzen Mikrowellenbereich) gültig ist. Dies liegt daran, daß Minoritätsträger-Speichereffekte (Abschn. 1.2) wegfallen und der Tunnelprozeß extrem schnell ist.

Die Möglichkeit der Schwingungserzeugung durch negative differentielle Widerstände sei kurz anhand von Bild 1/26 erläutert. Kennzeichnend für den negativen

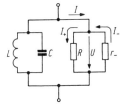

Bild 1/26. Entdämpfung eines Schwingkreises mit Hilfe eines negativen Widerstandes. Die Verluste sind durch R berücksichtigt ($I_+ > 0$; $I_- > 0$).

Wechselstromwiderstand r_- ist die Tatsache, daß eine Wechselspannung einen um 180° phasenverschobenen Wechselstrom hervorruft (Aussteuerung um den Arbeitspunkt d in Bild 1/24).

Die Schaltung der Bild 1/26 sei an einen HF-Generator angeschlossen, der ein Signal bei der Eigenresonanz des Schwingkreises abgibt. Ist r_- nicht vorhanden, dann muß dieser Generator die durch R verbrauchte Leistung aufbringen, um eine stationäre Amplitude aufrechtzuhalten. Wird der Widerstand r_- dazugeschaltet, dann verringert sich der vom Generator zu liefernde Strom I. Wenn speziell $|R| = |r_-|$ gilt, ist $|I_+| = |I_-|$, und der Strom des äußeren Generators ist Null. Es ist daher eine stationäre Schwingung in der Schaltung *ohne* externen Generator möglich.

Wegen der aus Energiegründen prinzipiell vorhandenen Amplitudenabhängigkeit des negativen Widerstandes stellt sich der genannte Zustand $|R| = |r_-|$ im stabilen Arbeitspunkt von selbst ein.

Es gibt negative Widerstände verschiedenen Typs [13]. Insbesondere verlangt der eine Typ Parallelresonanzkreise (kurzschlußstabile negative Widerstände) und der andere Serienresonanzkreise (leerlaufstabile negative Widerstände) zur eindeutigen Festlegung der Schwingfrequenz. Vom Mechanismus her (innere Klemmen) verlangt die Tunneldiode einen Parallelresonanzkreis; sie ist kurzschlußstabil. Wegen der Impedanztransformation durch Zuleitungsinduktivitäten und Gehäusekapazitäten kann jedoch die Diode an den äußeren Klemmen durchaus auch kurzschlußinstabil sein (s. auch [144] Anhang 14.1).

1.10 Varaktordiode (Sperrschichtvaraktor, Speichervaraktor, MIS-Diode)

Eine in Sperrichtung gepolte Diode führt im stationären Zustand nur den durch die Ladungsträgergeneration gegebenen Sperrsättigungsstrom I_s (sekundäre Effekte vernachlässigt). Wohl aber fließt bei einer Spannungs*änderung* ein kapazitiver Strom, da diese eine Änderung der Länge l der Raumladungszone bewirkt und die dazu erforderliche Ladung zu- bzw. abfließen muß. Wie Bild 1/27 zeigt, wird diese Ladung ΔQ durch Majoritätsträger

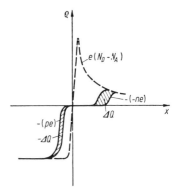

Bild 1/27. Änderung der Majoritätsträgerladung als Folge einer Spannungsänderung in einer gesperrten pn-Diode mit hyperabruptem Dotierungsverlauf.

aufgebracht. Minoritätsträgereffekte (Diffusionskapazität) sind im Sperrbereich zu vernachlässigen (Bild 1/5). Das Verhalten der Diode ist also bei genügend hohen Frequenzen durch die Sperrschichtkapazität bestimmt (Sperrschichtvaraktor). Diese ist allgemein (für beliebigen Dotierungsverlauf) gegeben durch die Beziehung (z. B. [14], S. 66)

$$C_s(U) = \varepsilon_0 \, \varepsilon_r \frac{A}{l(U)}. \tag{1/11}$$

Diese differentielle Kapazität hängt von der angelegten Vorspannung ab, da die Weite l der RL-Zone von der Spannung abhängt; man hat eine elektrisch abstimmbare Kapazität. Es ist möglich, den Verlauf $C(U)$ durch den räumlichen Verlauf der Dotierung $N(x)$ zu beeinflussen, da die Abhängigkeit $l(U)$ durch den Dotierungsverlauf bestimmt ist. Für beispielsweise einen Dotierungsverlauf, der durch die Beziehung $N(x) = Bx^m$ beschreibbar ist, erhält man (z. B. [15])

$$C \sim (U_D - U)^{-\frac{1}{m+2}}. \tag{1/12}$$

Diese Eigenschaft der Diode findet Anwendung in *Abstimmdioden*, die zur elektronischen Abstimmung von Resonanzkreisen bzw. zur Frequenzmodulation dienen. Will man beispielsweise einen linearen Zusammenhang zwischen Steuerspannung und Resonanzfrequenz des elektronisch abgestimmten Resonanzkreises erhalten, so hat man $m = -3/2$ zu wählen; dies entspricht einer sog. hyperabrupten Dotierung (Bild 1/27). Es sind (mit evtl. noch größerem negativem m-Wert) Frequenzabstimmungen im Bereich 1:3 möglich.

Weiter finden Varaktordioden Anwendung in parametrischen Verstärkern, in welchen eine Schwingung durch geeignete hochfrequente Variation eines Blindwiderstandes (Energiespeichers) verstärkt wird. Solche Verstärker sind vom Arbeitsprinzip her besonders rauscharm (z. B. [16],

S. 159). Die Spannungsabhängigkeit der Kapazität kann auch zur Frequenzvervielfachung und Mischung herangezogen werden.

Ähnlichen Anwendungszwecken dienen auch die *Speichervaraktoren* (step recovery Dioden), bei denen die Speicherung der *Minoritätsträger* ausgenutzt wird [17, 162]. Wenn eine *pn*-Diode bis in die Flußrichtung hinein ausgesteuert wird, dann entsteht beim Zurückschwingen in den Sperrbereich ein Rückstrom, der dadurch zustande kommt, daß die gespeicherten Minoritätsträger abgesaugt werden (Bild 1/13). Diese kurzen Stromimpulse sind sehr reich an Oberwellen, so daß damit Frequenzvervielfachung mit gutem Wirkungsgrad möglich ist. Durch geeignete Dimensionierung der Schaltung kann der Rückstrom sehr groß und der Stromimpuls nahezu rechteckförmig und sehr kurz werden (Größenordnung: Pikosekunden). Wenn die bei Polung in Flußrichtung injizierten Minoritätsträger eine Lebensdauer aufweisen, die groß gegen die Periodendauer der Schwingung ist, wird der Großteil der injizierten Minoritätsträger wieder abgesaugt, und die Verluste durch die Aussteuerung in den Flußbereich erhöhen sich nicht nennenswert. Speichervaraktoren werden meist aus Si mit relativ langer Minoritätsträgerlebensdauer hergestellt, um die Verluste durch Rekombination zu vermeiden.

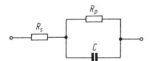

Bild 1/28. Ersatzschaltbild einer Varaktordiode.

Bild 1/28 zeigt das Ersatzschaltbild einer Kapazitätsdiode. Der Parallelwiderstand R_p berücksichtigt den Gleichstrom (Sperrsättigungsstrom) der Diode; der Serienwiderstand R_s berücksichtigt den endlichen Widerstand der neutralen Zonen und der Kontakte. Man erkennt, daß die Kapazitätsdiode eine verlustbehaftete Kapazität darstellt, für welche man eine Güte Q definieren kann (gespeicherte Energie zu Energieverlust pro Periode). Diese Güte ist frequenzabhängig; sie hat ein Maximum. Für eine obere Grenzfrequenz f_g wird wegen des endlichen Bahnwiderstandes R_s die Güte 1. Es sind Dioden mit Grenzfrequenzen bis über 500 GHz herstellbar (GaAs). Für genauere Rechnungen sind zusätzlich noch die Zuleitungsinduktivität und die Gehäusekapazität zu berücksichtigen.

Eine vollkommen andere Ausführungsform für eine spannungsabhängige Kapazität ist die MIS-Diode (z. B. [1]). Hier liegt zwischen einem Metall M und einem Halbleiter (semiconductor) S ein *Isolator I* (Bild 1/29). Wegen der Isolatorschicht kann nur ein vernachlässigbarer Gleichstrom fließen; die Diode wirkt als eine Serienschaltung von zwei Kapazitäten, der Isolatorkapazität C_I und der „Sperrschichtkapazität" C_s. Diese ist spannungsabhängig, so daß die Gesamtkapazität abhängig von der Diodenspan-

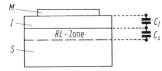

Bild 1/29. MIS-Diode (schematisch).

Bild 1/30. Kapazitäts-Spannungs-Kennlinie einer MIS-Diode.

nung ist (Bild 1/30). Für genügend stark negative Spannungen am Metall (der Halbleiter sei vom p-Typ) ist die Weite der RL-Zone Null und die Gesamtkapazität gleich der Isolatorschichtkapazität C_I. Für positive Spannungen am Metall entsteht eine RL-Zone, und die Gesamtkapazität wird kleiner als C_I.

Im Gegensatz zur pn-Diode kann sich hier ab einer gewissen (Sperr-) Spannung an der Grenzschicht Isolator-Halbleiter eine sog. Inversionsschicht bilden. Es sind dies in diesem Beispiel Elektronen, die durch die positive Ladung auf der Metallelektrode an der Randschicht gehalten werden (Kap. 3). Eine weitere Erhöhung der Spannung bewirkt keine weitere Vergrößerung der RL-Zone, sondern verursacht ein Ansteigen der Ladung in der Inversionsschicht.

Voraussetzung für die Bildung bzw. Umladung der Inversionsschicht ist eine genügend langsame Spannungsänderung (z. B. unter 100 Hz); denn nur dann reicht die thermische Generationsrate zur Ladungs„erzeugung" bzw. die Rekombination zum Ladungsabbau aus. Wird also die differentielle Kapazität bei sehr niedriger Frequenz gemessen, so erhält man eine Spannungsabhängigkeit der Kapazität nach Kurve a in Bild 1/30; die Kapazität nähert sich wieder dem Wert C_I. Ist die Meßfrequenz so hochfrequent, daß die Inversionsschichtladung sich unter dem Einfluß der Meßspannung *nicht* ändert, so erhält man einen Kurvenverlauf b; sofern die *Vorspannungs*änderung genügend langsam erfolgt, um den Aufbau der Inversionsschicht zu gewährleisten; die Weite der RL-Zone bleibt konstant und damit auch die Sperrschichtkapazität. Wenn auch die Vorspannung so schnell geändert wird, daß die Inversionsschicht sich *nicht* aufbaut, erhält man einen Kurvenverlauf c, welcher der normalen pn-Diode entspricht. Diese MIS-Struktur (oder wenn der Isolator Siliziumdioxid ist, die MOS-Struktur) ist das Kernelement der MOS-Feldeffekttransistoren und wird dort nochmals beschrieben (s. Kap. 3 oder z. B. [169]). Die dann vorhandenen seitlichen „Elektroden" (source und drain) ermöglichen eine rasche Änderung der Inversionsladung.

1.11 Metall-Halbleiter-Kontakt (Schottky-Diode, Ohmscher Kontakt)

Metall-Halbleiter-Kontakte kann man hinsichtlich ihrer Kennlinien in zwei Gruppen teilen (Bild 1/31): „Ohmsche" Kontakte mit einem der Spannung etwa proportionalen Strom und Schottky-Dioden mit einer stark

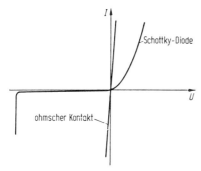

Bild 1/31. I-U-Kennlinien für Metall-Halbleiter-Übergänge.

nichtlinearen Diodenkennlinie. Ohmsche Kennlinien sind erforderlich an den Kontaktierungen aller Halbleiterbauelemente, wenn das Metall nur den Zweck der Kontaktierung erfüllen soll; Schottky-Dioden finden Anwendung als Gleichrichter, insbesondere bei extrem hohen Frequenzen.

Der Metall-Halbleiter-Kontakt als Gleichrichter ist jetzt beinahe hundert Jahre alt (Schottky hat die entscheidenden Beiträge zur Erklärung dieses Mechanismus geliefert). Interessant ist die Tatsache, daß bei den Untersuchungen zur Klärung dieses Metall-Halbleiter-Gleichrichtereffektes der Transistoreffekt gefunden wurde, der dann zu der bekannten stürmischen Entwicklung der Halbleitertechnik führte.

Die Wirkungsweise der Metall-Halbleiter-Kontakte kann mit Hilfe des Bänderschemas verstanden werden. Von Bedeutung ist in diesem Zusammenhang die Austrittsarbeit $e\Phi$, das ist diejenige Energie, die einem Elektron im Festkörper (auf der Energie des Fermi-Niveaus) gegeben werden muß (z. B. durch Lichteinstrahlung), um ihm den Austritt aus dem Festkörper zu ermöglichen. Solange das Elektron im Metall bzw. im Halbleiter ist, wird seine Ladung durch die ebenfalls vorhandenen Gitterbausteine neutralisiert. Wenn das Elektron aus dem Festkörper austritt, so hat es diese anziehenden elektrostatischen Kräfte zu überwinden. Diese Trennungsenergie nennt man Austrittsarbeit.

Bild 1/32 zeigt oben links das Energieschema für ein Metall mit Austrittsarbeit $e\Phi_M$. Die Austrittsarbeit für Halbleiter ist analog definiert (oben rechts). Da sich jedoch im nichtentarteten Halbleiter keine Elektronen auf der Höhe des Fermi-Niveaus befinden, wird hier zusätzlich die Elektronenaffinität X definiert. Die Größe eX ist diejenige Energie, die

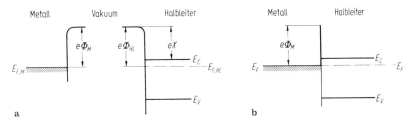

Bild 32. Bänderschema für Metall-Halbleiter-Übergang für *fehlende* Grenzflächen-ladung ($Q_{ss} = 0$) und *gleiche* Austrittsarbeit von Metall und Halbleiter ($\varnothing_M = \varnothing_{HL}$). **a** Metall und Halbleiter getrennt; **b** Metall und Halbleiter in Kontakt; Ladungsver-teilung (hier $\varrho = 0$) und Potentialverlauf (hier $V = $ const) nicht gezeichnet.

einem *Leitungs*elektron (bei E_c) zusätzlich gegeben werden muß, um sei-nen Austritt zu ermöglichen. Für Bild 1/32 (ebenso wie für Bild 1/33) wird angenommen, daß Metall und Halbleiter außen in irgendeiner Weise mit-einander verbunden sind, so daß die Fermi-Niveaus auf gleicher Höhe lie-gen. Zunächst werden keine Spannungen angelegt.

Es hat sich gezeigt, daß das Verhalten der Schottky-Diode am besten durch eine Kombination von zwei Modellen beschrieben wird:

1. Ein Modell, bei welchem als Folge unterschiedlicher Austrittsarbeiten von Halbleiter und Metall eine Potentialbarriere an der Grenzfläche Metall-Halbleiter entsteht und
2. ein Modell, bei dem an der Halbleiteroberfläche Ladungen angenom-men werden, so daß eine von den Austrittsarbeiten *unabhängige* Poten-tialbarriere an der Grenzfläche entsteht.

Es wird zunächst das Modell 1 (keine Oberflächenzustände, $Q_{SS} = 0$) unter-sucht: Bild 1/32 zeigt eine Metall-Halbleiter-Kombination mit gleicher Austrittsarbeit. Werden diese beiden Stoffe zusammengebracht, so ändert sich das Bänderschema in keiner der beiden Substanzen. Man nennt dies den Flachbandfall (Bild 1/32b). Die als δ-Funktion dargestellte verblei-bende Potentialbarriere ist ohne Belang, da sie durchtunnelt werden kann; sie wird in den späteren Bildern (Bild 1/36) weggelassen. Da keine Raum-ladungen auftreten, ist das elektrische Potential räumlich konstant.

Bild 1/33 zeigt im Gegensatz dazu ein Metall, welches eine größere Aus-trittsarbeit aufweist als der Halbleiter, d. h. Elektronen können aus dem hier angenommenen n-Typ Halbleiter leichter in das Metall gelangen als umgekehrt. Bei Annäherung der beiden Substanzen wird also eine Verar-mung der Elektronen an der Halbleiteroberfläche und damit eine Freile-gung der ionisierten Donatorionen erfolgen. Wie in Bild 1/33b gezeigt, ent-steht dadurch eine Bandverbiegung im Halbleiter, der positiven Ladung im hier angenommenen n-Typ Halbleiter steht eine negative Ladung im Me-tall gegenüber (Bild 1/33c). Als Folge des dadurch entstehenden elektri-

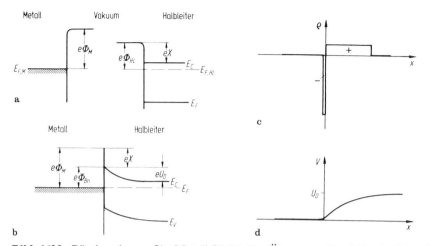

Bild 1/33. Bänderschema für Metall-Halbleiter-Übergang für *fehlende* Grenzflächenladung ($Q_{ss} = 0$) und *ungleiche* Austrittsarbeiten ($\varnothing_M > \varnothing_{HL}$).
a Metall und Halbleiter getrennt; **b** Metall und Halbleiter in Kontakt; **c** Ladungsverteilung; **d** Potentialverlauf.

schen Feldes entsteht ein Potentialunterschied (Kontakt-Spannung, Diffusionsspannung) zwischen Metall und Halbleiter wie in Bild 1/33d gezeigt. Die Diffusionsspannung U_D ist gleich der Differenz der beiden Austrittsarbeiten. Da die Ladungsdichte im Metall wesentlich größer ist als im Halbleiter, kann (gemäß Poisson-Gleichung) der „Spannungsabfall" im Metall vernachlässigt werden.

Die (wenigen) Elektronen im Halbleiter sehen eine Potentialbarriere U_D; die (vielen) Elektronen im Metall sehen die etwas größere Potentialbarriere Φ_{Bn} (Übung 1.10):

$$U_D = \Phi_M - \Phi_{HL}, \qquad \Phi_{Bn} = \Phi_M - X. \tag{1/13}$$

Diese Potentialbarriere Φ_{Bn} kann beispielsweise durch Strommessung bei Einstrahlung von Licht geeigneter Wellenlänge gemessen werden. Trägt man Φ_{Bn} nach (1/13) in Abhängigkeit von der Austrittsarbeit des Metalls auf, so erhält man die mit $N_{SS} = 0$ gekennzeichnete Gerade in Bild 1/34. Die ebenfalls eingetragenen Meßpunkte [18] liegen jedoch keineswegs auf dieser Geraden.

Nach dem zweiten Modell wird angenommen, daß an der Halbleiteroberfläche durch Störung des Kristallgitters eine große Anzahl von Oberflächenzuständen existieren. Für Silizium liegen diese etwa um $E_g/3$ über der Valenzbandkante. Diese Oberflächenzustände können eine große Anzahl von Ladungen aufnehmen und halten daher das Fermi-Niveau an dieser Stelle fest. Als Folge davon entsteht eine Potentialbarriere Φ_{Bn}, die einen Wert von etwa $2E_g/3$ hat (Bild 1/35) [20]. Dieses Modell liefert eine

44

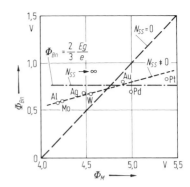

Bild 1/34. Potentialbarrieren für verschiedene Metalle auf n-Si ($X = 4{,}05$ V für Si) [18, 19, 1].

von der Austrittsarbeit des Metalls *unabhängige* Potentialbarriere Φ_{Bn} und ist in Bild 1/34 mit $N_{SS} \to \infty$ gekennzeichnet. Die gestrichelt eingezeichnete Gerade entspricht einer *endlichen* Oberflächenzustandsdichte und gibt die experimentellen Ergebnisse gut wieder.

In Bild 1/35 ist zwischen Halbleiter und Metall eine „Zwischenschicht" eingetragen, in welcher die Spannungsdifferenz" auftritt, die zwischen der Potentialbarriere gemäß Bild 1/33b und $2E_g/3$ auftritt. Für den Ladungstransport ist diese Barriere wie erwähnt ohne Bedeutung, da sie durchtunnelt wird. Die Kontaktspannung zwischen Halbleiter und Metall (als Eigenschaft der beiden Materialien *ohne* Einfluß der Zwischenschicht) wird durch die Oberflächenzustände *nicht* beeinflußt (s. Abschn. 3.7.2).

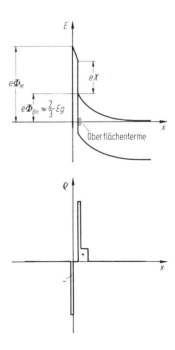

Bild 1/35. Bänderschema für Metall-Halbleiter-Übergang *mit* Grenzflächenladung ($Q_{ss} \neq 0$) und Ladungsverteilung.

45

Ganz analoge Ergebnisse erhält man für p-dotierte Halbleiter. Die Potentialbarriere für Löcher im Halbleiter hat dann etwa den Wert $E_g/3$.

Schottky-Diode

Nach dieser Klärung des Bänderschemas kann der Stromtransport beschrieben werden. Es wird dazu zunächst ein Halbleiter mit nicht zu starker Dotierung (n-Typ-Si mit $N_D < 10^{18}\,\mathrm{cm}^{-3}$) betrachtet. Bild 1/36 zeigt

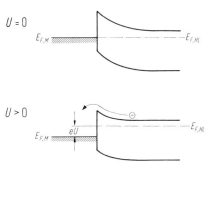

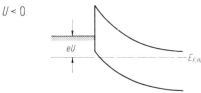

Bild 1/36. Bänderschema einer Schottky-Diode für verschiedene Diodenspannungen.

einen Metall-Halbleiter-Übergang für die Spannung $U = 0$, für Flußpolung und Sperrpolung. Bei $U = 0$ fließt kein Strom, da die Anzahl der Elektronen, welche vom Metall her die Potentialbarriere überwinden können, gleich der Zahl der Elektronen ist, die vom Halbleiter her die Potentialbarriere überwinden können (Übung 1.10). Für $U > 0$ können die Elektronen vom Halbleiter leichter in das Metall übertreten, da die Potentialbarriere kleiner geworden ist. Man erhält einen Strom, der mit der Spannung U exponentiell ansteigt, da die Anzahl der Elektronen, welche die Potentialbarriere $U_D - U$ überwinden können, exponentiell mit U anwächst. Man erhält den Flußkennlinienast der Schottky-Diode (Bild 1/31). Für Sperrpolung (positiv vorgespannter n-Typ-Halbleiter) wird die Potentialbarriere $U_D - U$ vergrößert, und vom Halbleiter können Elektronen schwerer in das Metall gelangen. Wohl aber bleibt der Stromanteil vom Metall in den Halbleiter erhalten. Für $|U| \gg kT/e$ ist dies schließlich der einzige Stromanteil; dieser ist sehr klein und in erster Näherung spannungsunabhängig, da Φ_{Bn} in erster Näherung spannungsunabhängig ist. Man erhält daher in Sperrichtung einen Sperrsättigungsstrom I_s (Bild 1/31). Die Kennliniengleichung für die Schottky-Diode lautet daher [21]:

$$I = I_s \left(\exp \frac{eU}{kT} - 1 \right),$$

$$I_s = AR^* T^2 \exp \left(-\frac{e\Phi_{Bn}}{kT} \right). \tag{1/14}$$

Zur Berechnung des Sperrsättigungsstromes integriert man über alle Elektronen im Metall, die in senkrechter Richtung eine genügend hohe Geschwindigkeit aufweisen, so daß sie durch ihre kinetische Energie die Potentialbarriere $e\Phi_{Bn}$ überwinden können (thermische Elektronenemission vom Metall in den Halbleiter) (A: Querschnitt, R^* modifizierte Richardson-Konstante) mit dem Wert $R^* = R (m^*/m_0)$ und $R = 120 \, \text{A/cm}^2 \, \text{K}^2$ [1].

Eine kleine Spannungsabhängigkeit von I_s kommt dadurch zustande, daß die Potentialbarriere wegen ihrer nicht streng abrupten Form geringfügig von der Feldstärke und damit vom Potential abhängt. Bei sehr großen Sperrspannungen bricht die Diode wegen des in der RL-Zone auftretenden Lawineneffektes durch.

Für die Weite l der Raumladungszone gilt die Beziehung für die einseitig abrupte pn-Diode (z. B. [3], S. 193). Damit läßt sich auch die Sperrschichtkapazität C_s der Schottky-Diode bzw.

$$\frac{1}{C_s^2} = \frac{2}{A^2 e \varepsilon_0 \varepsilon_r N} (U_D - U) \tag{1/15}$$

angeben. Trägt man $1/C_s^2$ als Funktion von U auf, so erhält man aus der Neigung die Dotierungskonzentration N am Rand der RL-Zone, also $N(x)$, wenn die Vorspannung variiert wird. Der Dotierungsverlauf kann also mit Hilfe von Metallelektroden im darunterliegenden Halbleiter bestimmt werden.

Im Gegensatz zu pn-Dioden wird das Verhalten von Schottky-Dioden durch die Majoritätsträger bestimmt (Elektronen in unserem Beispiel). Aus diesem Grunde sind Speichereffekte der Minoritätsträger unwesentlich, und die Diffusionskapazität ist vernachlässigbar. Schottky-Dioden sind daher von besonderem Interesse in der Mikrowellentechnik [19, 162]. Da für Schottky-Dioden die Schleusenspannung kleiner ist als für pn-Dioden (Übung 1.12), werden sie häufig als Clamping Dioden mit Schalttransistoren integriert (Abschn. 5.6 und [22, 170]).

Ohmscher Kontakt

Wenn die Dotierung des Halbleiters einer Schottky-Diode erhöht wird, so sinkt die Durchbruchspannung ebenso wie bei normalen pn-Dioden. Bei hoher Dotierung ist das Durchtunneln der Potentialbarriere der entscheidende Durchbruchmechanismus. Wird schließlich die Dotierung so hoch, daß die Tunnelwahrscheinlichkeit bereits bei $U = 0$ genügend groß ist, so wird der Halbleiter-Metall-Kontakt seine Sperrfähigkeit verlieren und in beiden Richtungen gut leitend (Ohmscher Kontakt). Ein geeignetes Maß für die Leitfähigkeit eines solchen ist der Leitwert je Flächeneinheit $1/\varrho_k$ der in Bild 1/37 als Funktion der Dotierung für Aluminium auf p- bzw. n-Si angegeben ist.

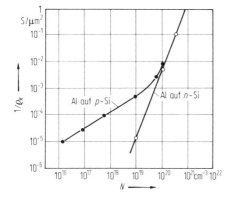

Bild 1/37. Kontaktleitwert je Flächeneinheit für Aluminium als Kontaktmetall auf Si nach [171] als Funktion der Dotierungskonzentration.

Die Kontaktierung von Halbleitern wird also dadurch vorgenommen, daß der Halbleiter zumindest unmittelbar unter dem Kontaktmaterial stark dotiert wird. Diese Dotierung wird vielfach durch das Kontaktmaterial selbst (z. B. Al) verursacht. Deshalb ergibt Al auf p-Si bereits bei geringer Grunddotierung einen guten Kontakt, während es auf n-Si eine hohe Grunddotierung (größer als $10^{20}\,\text{cm}^{-3}$) erfordert.

1.12 Fotodiode und Solarzelle

Fotodioden

Der Sperrstrom einer *pn*-Diode wird bestimmt durch die Trägererzeugung in der RL-Zone und in den ihr benachbarten Bereichen der neutralen Zonen. Aus ihnen wandern die erzeugten Ladungsträger (Minoritätsträger) durch Diffusion zur RL-Zone, die sie dann unter dem Einfluß des elektrischen Feldes durchlaufen. Der Einzugsbereich in der neutralen Zone ist daher etwa gleich der Diffusionslänge.

In der normalen (in Sperrichtung betriebenen) *pn*-Diode liegt nur thermische Generation vor (z. B. [3], S. 140). In der Fotodiode wird die zusätzliche Trägererzeugung durch Licht in den genannten Bereichen (RL-Zone und angrenzender Diffusionsbereich) ausgenutzt. Dadurch entsteht zusätzlich zum Sperrstrom (der hier Dunkelstrom genannt wird) ein durch die Lichteinstrahlung verursachter Fotostrom I_L. Man erhält eine Kennlinienschar mit der Beleuchtungsstärke als Parameter (Bild 1/38). Wegen der ge-

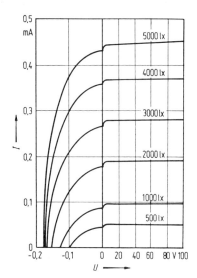

Bild 1/38. Kennlinienfeld einer Ge-Fotodiode (APY 12). Beleuchtungsstärke als Parameter.

ringen Abhängigkeit des Sperrstromes von der Sperrspannung kann ein großer Arbeitswiderstand verwendet werden, und man erhält ein Signal mit großem Spannungshub. Die geringe Abhängigkeit des Fotostromes von der Diodensperrspannung entsteht durch die Spannungsabhängigkeit der Weite der RL-Zone.

Die Fotodiode ist bei Lichteinstrahlung *nicht* im thermischen Gleichgewicht; aus diesem Grunde laufen auch die Kennlinien des Bildes 1/38 *nicht* durch den Ursprung.

Die Kennliniengleichung der Fotodiode lautet

$$I = I_s\left(\exp\frac{U}{U_T} - 1\right) - I_L.$$ (1/16)

Der Fotostrom I_L ist proportional zur auftreffenden Lichtleistung P_L:

$$I_L = \frac{P_L}{h\nu}\,e\eta_Q(\lambda).$$ (1/16a)

Dabei ist $h\nu$ die Energie der auftreffenden Photonen (ν die Lichtfrequenz) und η_Q der (äußere) Quantenwirkungsgrad; er berücksichtigt die Tatsache, daß nicht jedes auftreffende Photon einen Beitrag (der Ladung e) zum Fotostrom ergibt.

Vom Standpunkt der Anwendung interessiert vor allem die spektrale Empfindlichkeit, d. h. die Abhängigkeit des Signalstromes von der Wellenlänge des eingestrahlten Lichtes. Außerdem interessiert die Frage des Si-

49

gnal/Geräuschabstandes und die Grenze der Ansprechgeschwindigkeit, also die höchste noch demodulierbare Lichtmodulationsfrequenz.

Bild 1/39 zeigt die spektrale Empfindlichkeit von Si- und Ge-Fotodioden. Aufgetragen ist der (äußere) Quantenwirkungsgrad. Zum Vergleich ist die relative Augenempfindlichkeit eingetragen. Außerdem sind auf der Abszissenachse die Wellenlängen einiger Laser angegeben.

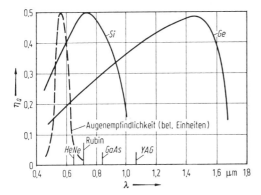

Bild 1/39. Typischer Quantenwirkungsgrad η_Q von Ge- und Si-Fotodioden als Funktion der Wellenlänge [24], verglichen mit der Augenempfindlichkeit.

Zur Erzeugung eines Elektron-Loch-Paares ist eine bestimmte Mindestenergie erforderlich, die für Ge etwa 0,7 eV und für Si etwa 1,1 eV beträgt. Dadurch ergibt sich eine Grenzwellenlänge, über der die Empfindlichkeit stark absinkt; sie liegt für Ge bei etwa 1,7 µm und für Si bei 1,1 µm. Dieser Effekt äußert sich auch in den Absorptionskoeffizienten, die für Wellenlängen unter der Grenzwellenlänge sehr stark zunehmen ([3], S. 63). Für 1 µm Wellenlänge ist beispielsweise der Absorptionskoeffizient α für Ge gleich 10^4 cm^{-1}, d. h. die Lichtintensität sinkt in der Strecke von 1 µm auf $1/e$ ihres Eintrittswertes.

Da an der Oberfläche wegen der Unterbrechung des Kristallgitters und eventueller Verunreinigungen die Anzahl der Rekombinationszentren sehr groß ist, ist dort die Trägerlebensdauer sehr kurz, und die Ladungsträger rekombinieren zum Großteil, bevor sie wegdiffundieren bzw. abgesaugt werden und zum Signal beitragen. (Maßgebend für den im Außenkreis fließenden Strom ist der sog. Schubweg, das ist die innerhalb der Lebensdauer durch *Drift* zurückgelegte Strecke, also ein Pendant zur Diffusionslänge.) Das elektrische Signal wird daher mit abnehmender Lichtwellenlänge wieder abnehmen, da die Trägererzeugung immer mehr in Oberflächennähe erfolgt. Zwischen diesen beiden Bereichen des Empfindlichkeitsabfalles liegt das Maximum mit einem äußeren Quantenwirkungsgrad von bis zu 90 %. (Unter innerem Quantenwirkungsgrad versteht man das Verhältnis von *erzeugten* Elektron-Loch-Paaren zur Anzahl der *absorbierten* Photonen.) Mit Hilfe von (1/16a) kann damit die Empfindlichkeit I_L/P_L der Fotodiode bestimmt werden, die beispielsweise für eine Si-Diode bei $\lambda = 0,7\,\mu\text{m}$ den Wert der Größenordnung 1 A/W hat.

In Bild 1/38 ist als Maß für die auftreffende Lichtleistung die mit der Augenempfindlichkeit gewichtete photometrische Größe, die Beleuchtungsstärke, in lx eingetragen. Der Zusammenhang zwischen photometrischen und strahlungsphysikalischen Größen ist in Anhang 7.5 angegeben.

Für das Signal/Geräusch-Verhältnis bestimmend ist vor allem das Schrotrauschen des ohne Lichteinstrahlung vorhandenen „Dunkelstroms" und das Schrotrauschen des Fotostroms (z. B. [25, 144]).

Der Fotostrom ist proportional der eingestrahlten Licht*intensität*, so daß moduliertes Licht demoduliert wird. Die maximal demodulierbare Modulationsfrequenz wird bestimmt durch die Diffusionszeit, die Laufzeit in der RL-Zone und die Kapazität der Diode.

Die zur Ladungsträgerdiffusion zur RL-Zone benötigte Zeit (die für die Diffusionslänge gleich der Lebensdauer ist) kann klein gehalten werden, wenn der *pn*-Übergang sehr nahe an die Oberfläche gebracht wird, die Träger also in oder nahe an der RL-Zone erzeugt werden. Diese muß dann genügend weit sein (schwache Dotierung; *i*-Zone), damit der Hauptanteil der Photonen darin absorbiert wird. Eine obere Grenze ist jedoch durch die Trägerlaufzeit in der RL-Zone gegeben.

Wenn die Trägerlaufzeit gleich der Periodendauer der Modulationsfrequenz ist, ist der Wechselanteil des Influenzstroms Null (Übung 1.5). Anderseits wirkt die Sperrschichtkapazität als Nebenschluß für den Fotostrom. Je größer die Kapazität ist, um so größer ist der Anteil der in der Sperrschichtkapazität bei endlichen Spannungsänderungen gespeicherten Ladung. Aus *diesem* Grunde sollte die RL-Zone möglichst weit sein. Ein optimaler Kompromiß ist erreicht, wenn die Trägerlaufzeit in der RL-Zone etwa gleich der halben Periodendauer der maximalen Modulationsfrequenz ist. Für eine solche von 10 GHz entspricht dies in Si einer Weite der RL-Zone von ca. 5 μm. Diese Überlegungen führen zu den sog. *pin*-Fotodioden. Wie Bild 1/40 zeigt, ist die *n*-Zone sehr dünn und die *i*-Zone (für eine mittlere Wellenlänge) etwa so groß wie $1/\alpha$.

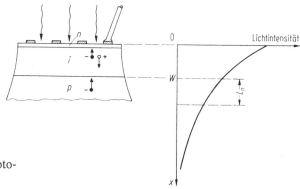

Bild 1/40. Schematische Darstellung einer *p i n*-Fotodiode [26].

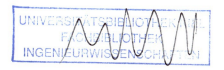
51

Wenn die Diodenspannung bis zum Beginn des Durchbruchs erhöht wird, wird der Fotostrom durch Trägermultiplikation verstärkt [25, 27]. Es ist dazu notwendig, daß der Lawinendurchbruch homogen über dem ganzen Querschnitt erfolgt. In normalen Dioden erfolgt aber der Durchbruch am Rande der Diode, da dort das elektrische Feld am größten ist (z. B. [3], S. 157). Um dies zu vermeiden, kann ein sog. Schutzring eindiffundiert werden, durch den die Feldstärke am Rand erniedrigt und dadurch der Durchbruch im homogenen Innenbereich erzwungen wird.

Auch Metall-Halbleiter-Dioden sind lichtempfindlich und können als Fotodioden Verwendung finden. Es sind hier zwei Mechanismen, die einen Fotostrom liefern können: einmal die Trägererzeugung in der RL-Zone des Halbleiters und zum anderen die Elektronenemission aus dem Metall in den Halbleiter; dazu muß die Energie der Photonen mindestens gleich der Potentialbarriere $e\Phi_{Bn}$ sein (Bild 1/35).

Wenn anstelle der Lichtstrahlung Röntgenstrahlung, β-Strahlung oder α-Teilchen auf die Diode auftreffen, so werden ebenfalls Elektron-Loch-Paare und ein „Fotostrom" erzeugt. Wegen der unterschiedlichen Absorptionsverhältnisse können solche Dioden, die man Teilchenzähler nennt, gänzlich andere Abmessungen haben, obwohl sie nach dem gleichen Prinzip arbeiten [28, 29].

Solarzellen

Die Fotodioden werden in Sperrichtung betrieben; Photonen lösen einen Fotostrom aus, der unter dem Einfluß des angelegten Feldes fließt. Die Signalleistung entstammt zum Großteil der Batterie. Das durch sie verursachte Feld hat die gleiche Richtung wie das Feld des Diffusionspotentials (Sperrpolung). Der Fotostrom wird daher auch für $U = 0$ ziemlich unverändert fließen, da das Diffusionspotential zur Trennung der Ladungsträger genügt (Bild 1/38). Dies gilt auch dann noch, wenn die Spannung U leicht positiv ist wie dies der Fall ist, wenn der Fotostrom über einen angeschlossenen Lastwiderstand fließt. Dann wirkt die Diode als Generator und wandelt Lichtenergie in elektrische Energie um.

Dioden, die so dimensioniert sind, daß diese Umwandlung (insbesondere von Sonnenlicht) mit möglichst großem Wirkungsgrad stattfindet, nennt man Solarzellen. Sie sind großflächig, um viel Strahlung aufzunehmen (10 cm² und mehr pro Einzelzelle). Es sind meist diffundierte Si-Dioden mit einem Gesamtwirkungsgrad von ca. 10 % (auffallende Sonnenenergie zu abgegebener elektrischer Energie). In Bild 1/41 erkennt man die sehr dünne n-Zone und die Kammstruktur zur Kontaktierung der großflächigen Diode.

Die spektrale Empfindlichkeit ist sehr ähnlich der der Si-Fotodiode (Bild 1/39), d. h. die Empfindlichkeit nimmt unter $\lambda \approx 0,5\,\mu\text{m}$ und über $\lambda = 1\,\mu\text{m}$ rasch ab. Im Gegensatz zur Fotodiode ist hier die Trägererzeugung in der RL-Zone vernachlässigbar gegen die Trägererzeugung innerhalb der „Duffusionszonen".

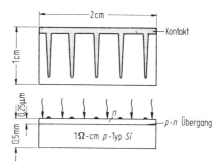

Bild 1/41. Solarzelle mit typischen technologischen Daten.

Die Solarzelle hat wie jeder Generator einen Kurzschlußstrom I_k und eine Leerlaufspannung U_0. Ein „Innenwiderstand" im üblichen Sinn läßt sich nicht definieren, da die I-U-Abhängigkeit sehr stark nichtlinear ist (Bild 1/45). Der Kurzschlußstrom erklärt sich aus der Trennung der erzeugten Ladungsträger im Diffusionspotential. Die Elektronen werden dadurch in die n-Zone und die Löcher in die p-Zone getrieben, so daß außen ein Strom von der „p-Klemme" zur „n-Klemme" fließt (Bild 1/42). Ist der

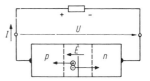

Bild 1/42. Trennung der erzeugten Ladungsträger in der Solarzelle.

Lastwiderstand unendlich, so entsteht eine positive Aufladung der p-Zone und eine negative Aufladung der n-Zone (Leerlaufspannung). Während sich eine Gleichrichterdiode durch die HF-Spannung (bei endlichem Lastwiderstand) in Sperrichtung polt, polt sich die Solarzelle (das Fotoelement) in Flußrichtung.

Die Kennliniengleichung der Solarzelle ist ebenfalls durch (1/16) mit (1/16a) gegeben.

Wenn die beiden Ströme I_L und $I_s (\exp U/U_T - 1)$ gleich groß sind, ist der Gesamtstrom Null, und man erhält die Leerlaufspannung U_0. Es ist daraus ersichtlich, daß für Solarzellen Halbleiter mit großem Bandabstand erwünscht sind; es ist dann wegen des kleineren I_s der Diodenstromanteil erst bei einer höheren Spannung U_0 gleich dem „Generationsstrom" I_L. Aus diesem Grunde ist Si wesentlich besser geeignet als Ge. Noch höhere Bandabstände ergeben zwar eine weitere Vergrößerung der Leerlaufspannung, es wird aber vom Sonnenspektrum ein immer kleinerer Teil ausgenutzt, da die Absorptionskante sich ins UV verschiebt. GaAs ist für Zimmertemperatur optimal, Si nur wenig schlechter.

Aus diesen Überlegungen erklärt sich auch die starke Abnahme der

53

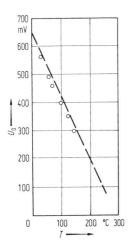

Bild 1/43. Temperaturabhängigkeit der Leerlaufspannung U_0 einer Solarzelle [30]; $N = 10^{17} \, \text{cm}^{-3}$.

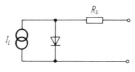

Bild 1/44. Ersatzschaltbild einer Solarzelle.

Leerlaufspannung mit der Temperatur (Bild 1/43). Mit zunehmender Temperatur wird der normale Diodenstrom größer, so daß nach (1/16) die Spannung für $I = 0$ sinkt.

Besonders schädlich ist der Einfluß eines Bahnwiderstandes auf den Wirkungsgrad von Solarzellen. Bild 1/44 zeigt das Ersatzschaltbild einer Solarzelle und Bild 1/45 die I-U-Kennlinie. Man sieht, daß die Kennlinie für $R_s = 0$ nahezu rechteckig verläuft. Man kommt daher im optimalen Arbeitspunkt A mit der verfügbaren Leistung sehr nahe an das Produkt $U_0 I_k$ heran (80%). Für beispielsweise $R_s = 5 \, \Omega$ hingegen ist in diesem Beispiel (es handelt sich um eine Solarzelle mit ca. 10 cm² Fläche) der Wirkungsgrad auf 30% des Wertes für $R_s = 0$ gesunken. Für gute Solarzellen dieser Größe ist der Widerstand R_s etwa 0,7 Ω (p-Zone außen) [32].

Durch Solarzellen lassen sich weitgehend wartungsfreie Stromversorgungen von netzfreien Geräten, z. B. von Satelliten erzielen. Der Gesamtwir-

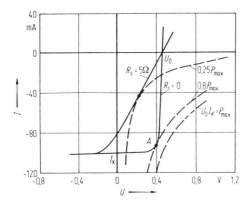

Bild 1/45. Einfluß des Bahnwiderstandes einer Solarzelle auf deren Wirkungsgrad [31].

kungsgrad von Solarzellen beträgt typisch 10 %, in Sonderfällen bis zu 25 % [240, 241]. Für eine Strahlungsleistung der Sonne von $100 \, mW/cm^2$ ergibt sich daher für beispielsweise 100 W elektrische Leistung ein Flächenbedarf von ca. $1 \, m^2$.

1.13 Lumineszenz- und Laserdiode

Während in Solarzellen und Fotodioden Strahlungsenergie dazu benützt wird um Ladungsträger zu erzeugen, wird in Lumineszens- und Laserdioden die bei der Rekombination von Ladungsträgern frei werdende Energie in Form von Strahlung ausgesandt. In der Lumineszenzdiode sind die einzelnen Rekombinations- und damit Emissionsvorgänge voneinander unabhängig und man erhält eine inkohärente Strahlung mit einer typischen Linienbreite von der Größenordnung einiger 10 nm. In der Laserdiode sind die einzelnen Emissionsvorgänge über das Strahlungsfeld eines Resonators miteinander verkoppelt, wodurch sog. kohärente Strahlung entsteht mit Linienbreiten der Größenordnung 0,1 nm und scharfer Bündelung.

Lumineszenzdioden

Die Frequenz f der ausgesandten Strahlung ist immer durch die Beziehung $hf = E_2 - E_1$ bestimmt. Bei den Rekombinationsprozessen müssen allgemein Energiesatz *und* Impulssatz erfüllt sein. Da der Impuls von Photonen hf/c vernachlässigbar klein gegen den Elektronenimpuls (bei der kinetischen Energie kT) ist, muß der Impulswert des Leitungselektrons (nahezu) gleich dem Impulswert des Loches sein, damit der Übergang strahlend, d. h. unter Emission eines Photons erfolgt. Diese Bedingung ist erfüllt in Halbleitern mit direktem Übergang (Bild 1/46 links), wie z. B. GaAs (z. B. [3], S. 73) und $GaAs_{1-x}P_x$ mit $0 \leq x < 0,46$ (Band-Band-Übergänge).

In Halbleitern mit indirektem Übergang (Bild 1/46 rechts) ist ein weiterer Partner erforderlich, um die Impulsänderung zu ermöglichen. Dies kann durch Phononen (Gitterschwingungen) erfolgen, die bei kleinen Energiewerten einen großen Impuls aufnehmen können. Dieser Dreiteilchenprozeß ist sehr unwahrscheinlich. Die Wahrscheinlichkeit für strahlende Übergänge kann jedoch durch Rekombinationszentren wesentlich er-

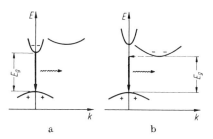

Bild 1/46. Bandstruktur für Halbleiter mit (a) direktem und (b) indirektem Übergang. Die Wellenzahl k ist proportional dem Impuls.

höht werden. Wird beispielsweise ein Ladungsträger durch ein geeignetes Dotierungsatom eingefangen, so ist er sehr scharf lokalisiert, und sein Impulswert erstreckt sich wegen der Unschärferelation über einen sehr breiten Bereich, so daß dann strahlende Rekombination möglich ist (z. B. mit einem Exziton als Zwischenstufe s. z. B. [164]). Die Frequenz der emittierten Strahlung entspricht hier dem Energieunterschied zwischen „Term" und Band und ist daher tiefer, als es dem Band-Band-Übergang entspricht. Beispielsweise ergibt die Substitution eines Phosphoratoms in GaP (Bandabstand 2,26 eV) durch Stickstoff eine Emission im grünen Spektralbereich [33, 34], und der ZnO-Komplex (Zn und O auf benachbarten Ga- und P-Plätzen) Emission im roten Spektralbereich [35, 36].

Außer diesen strahlenden Übergängen sind immer strahlungslose Übergänge vorhanden. Die Anzahl der strahlenden Übergänge bezogen auf die Gesamtzahl der Übergänge (pro Zeiteinheit) ergibt den Lumineszenzwirkungsgrad, der z. B. sehr stark von der Dichte der Rekombinationszentren abhängt.

Damit Lumineszenz auftritt (mehr als dem schwarzen Strahler bei 300 K entspricht), müssen in Materialien mit den genannten Eigenschaften Elektronen und Löcher mit einer über der Gleichgewichtsbesetzung liegenden Konzentration vorhanden sein. Das Material muß „angeregt" werden. Der am häufigsten gebrauchte Anregungsmechanismus ist die Trägerinjektion durch die Flußpolung von pn-Übergängen. Dadurch gelangen z. B. Elektronen in die p-Zone der pn-Diode, wo sie nach den oben beschriebenen Mechanismen mit den dort vorhandenen Löchern rekombinieren.

Die Ansprechzeit der Lumineszenzdioden wird im wesentlichen durch die Trägerlebensdauer bestimmt und liegt beispielsweise für GaAs-Dioden in der Größenordnung von Nanosekunden. Für die Erzeugung sichtbarer Strahlung werden heute vorwiegend GaP-Dioden mit den genannten Dotierungen verwendet. Man benutzt Term-Band- bzw. Term-Term-Übergänge [37, 38]. Solche Lumineszenzdioden finden z. B. Anwendung in Anzeigegeräten.

Tabelle 1/2 zeigt einige charakteristische Daten von Leuchtdioden [164]. Die besonders weit entwickelte GaAs-Lumineszenzdiode emittiert im nahen Infrarot. GaAs weist einen direkten Übergang auf, so daß Band-Band-Übergänge strahlend erfolgen. Dem Bandabstand von ca. 1,4 eV entspre-

Tabelle 1/2. Charakteristische Daten von Leuchtdioden

Material	Farbe des emittierten Lichtes	äußerer Quantenwirkungsgrad	Lichtausbeute lm/W (s. Abschn. 7.5)
GaP: ZnO	rot	5 %	1
GaP: N	grün	0,5 %	1
SiC: Al, N	blau	0,01 %	0,01

chend liegt die Wellenlänge der emittierten Strahlung bei ca. 0,88 µm. Bild 1/47 zeigt das emittierte Spektrum einer GaAs-Lumineszenzdiode für Zimmertemperatur und 77 K. Man erkennt, daß die Temperaturabhängigkeit des Spektrums durch die Temperaturabhängigkeit des Bandabstandes ([3], S. 79) erklärt werden kann. Es hat hier, wie erwartet, die Linienbreite die Größenordnung von kT (zumindest bei höheren Temperaturen).

GaAs hat einen Brechungsindex von ca. 3,6. Aus diesem Grunde wird ein Großteil der erzeugten Strahlung an der Grenzfläche GaAs-Luft reflektiert und der äußere Wirkungsgrad (die vom Bauelement abgegebene Strahlungsleistung bezogen auf die elektrische Eingangsleistung) ist wesentlich kleiner als der bereits erwähnte innere Wirkungsgrad. Bild 1/48 zeigt, daß bei einer normalen Diodenanordnung nur etwa 1/10 der erzeugten Strahlung die Diode verläßt; der Rest wird in die Diode reflektiert und dort absorbiert. Man hat daher Formen entwickelt, die einen besseren Gesamtwirkungsgrad ergeben. Bild 1/49 zeigt eine Halbkugeldiode und eine Diode mit parabolischem Reflektor. Der Gesamtwirkungsgrad dieser Dioden liegt bei ca. 5 % für Zimmertemperatur und bei ca. 40 % für 20 K. Durch diese Formgebungen wird auch die räumliche Verteilung der emittierten Strahlung beeinflußt. Bild 1/50 zeigt die Strahlungsdiagramme der drei Anordnungen nach den Bildern 1/48 und 1/49.

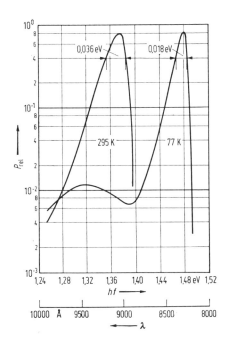

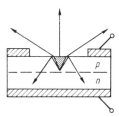

Bild 1/48. Lumineszenzdiode; Rechteckstruktur.

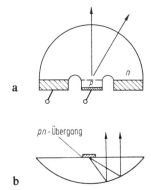

Bild 1/47. Emissionsspektrum einer GaAs-Lumineszenzdiode für Zimmertemperatur und 77 K [39].

Bild 1/49. Lumineszenzdiode mit (a) Halbkugel und (b) parabolischer Geometrie [14, 41].

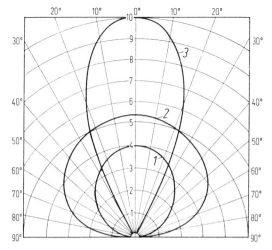

Bild 1/50. Strahlungsdiagramme von Lumineszenzdioden [41]. *1* Rechteckstruktur (Bild 1/48.); *2* Halbkugel (Bild 1/49a.); *3* parabolische Geometrie (Bild 1/49b.).

GaAs-Lumineszenzdioden finden z. B. Anwendung in Lochstreifenlesern oder in optischen Relais (Optokoppler). Hier wird eine Lumineszenzdiode durch Glas (zur Reduzierung von Reflexionsverlusten) mit einem Fototransistor verbunden, wodurch ein elektrisches Ausgangssignal in einem vom Eingang isolierten Stromkreis entsteht. Die Emissionswellenlänge der mit hohem Wirkungsgrad strahlenden GaAs-Dioden fällt sehr gut mit dem Maximum der Empfindlichkeit von Si-Fotodioden zusammen, weshalb immer die Kombination GaAs-Si für Optokoppler benutzt wird.

Laserdioden

Während in Lumineszenzdioden der Emissionsvorgang spontan vor sich geht, arbeiten Laserdioden nach dem Prinzip der *induzierten* Emission (Laser = Abkürzung für *l*ight *a*mplification by *s*timulated *e*mission of *r*adiation). Die Grundgedanken des Laserprinzips sind im Abschn. 7.3 dargelegt. Damit eine Laserschwingung entstehen kann, müssen folgende Bedingungen erfüllt sein:

a) eine durch ein bestimmtes Medium hindurchtretende Lichtstrahlung muß in diesem verstärkt werden;
b) dieses Medium muß in einem geeigneten Resonator liegen, so daß eine oder mehrere Eigenschwingungen des Resonators entdämpft werden.

Zu a:

Voraussetzungen für die Verstärkung von Strahlung ist die Existenz geeigneter Energieniveaus und eine „invertierte" Besetzung dieser Energieniveaus. In der Laserdiode wird die Inversion durch Trägerinjektion über einen *pn*-Übergang erzeugt. Andere Anregungsmechanismen im Halbleiter (Elektronenbeschuß, Lichteinstrahlung) haben bisher geringere Bedeutung erlangt.

Ist eine *pn*-Diode so stark dotiert, daß die beiden Zonen entartet sind, so kann bei starker Polung in Flußrichtung eine Besetzung der Zustände im Leitungs- bzw. Valenzband, wie in Bild 1/51c gezeichnet ist, entstehen.

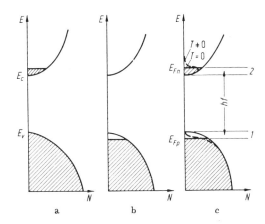

Bild 1/51. Besetzung der verfügbaren Zustände durch Elektronen (schraffierte Bereiche besetzt). **a** *n*-entartet; **b** *p*-entartet; **c** invertiert.

Dann liegt das Quasi-Fermi-Niveau (s. z. B. [3]) für Elektronen im Leitungsband, das für Löcher im Valenzband. Dieser Zustand entspricht der Besetzungsinversion in anderen Laserstoffen. Der mit 1 bezeichnete Energiebereich entspricht dem (schwach besetzten) unteren Laserniveau, der Energiebereich 2 dem (stärker besetzten) oberen Laserniveau. Für $T \to 0$ (die in Bild 1/51c voll ausgezogene Kurve) kann in einem endlichen Frequenzbereich keine Absorption auftreten, da keine Elektronen im tieferen Zustand vorhanden sind. Wohl aber kann es induzierte Emission geben, da Elektronen im oberen Zustand existieren. Für $T \neq 0$ (in Bild 1/51c gestrichelt gezeichnete Kurve) kann zwar Absorption auftreten, aber die induzierte Emission überwiegt, da im oberen Zustand mehr Elektronen vorhanden sind als im unteren. Man erhält für eine bestimmte mittlere Frequenz eine maximale Verstärkung und etwa symmetrischen Verstärkungsabfall nach beiden Seiten (Linienform). Die Bedingung

$$E_g < E_{Fn} - E_{Fp} \tag{1/17}$$

entspricht also der Inversionsbedingung $n_2 - n_1 > 0$ im normalen Laser (s. Abschn. 7.3).

Die Verstärkungskonstante Γ hängt gemäß

$$\Gamma(f) = k_1(f) \left[1 - \exp \frac{hf - (E_{Fn} - E_{Fp})}{kT} \right] \tag{1/18}$$

von dem Abstand der Quasi-Fermi-Niveaus ab ([1, 164]). Die Proportionalitätskonstante $k_1(f)$ enthält vor allem die frequenzabhängige Übergangswahrscheinlichkeit für den strahlenden Übergang, die speziell für $hf < E_g$

Null wird. Für $E_{Fn} - E_{Fp} > hf$ wird Γ positiv; die Welle wird gemäß $\exp \Gamma x$ verstärkt.

Es wurde in obigen Überlegungen angenommen, daß alle Band-Band-Übergänge strahlend sind. Dies ist nicht der Fall bei Halbleitern mit indirektem Übergang, wohl aber vorwiegend in Halbleitern mit direktem Übergang (z. B. GaAs). Wegen der auch dann noch vorhandenen endlichen Häufigkeit nichtstrahlender Übergänge ist der zur Erzielung einer bestimmten Verstärkung (Inversion) erforderliche Diodenstrom größer, als der Annahme *nur* strahlender Übergänge entspricht. In diesem Zusammenhang sei auf die Änderung der Bandstruktur durch die starke Dotierung hingewiesen. Insbesondere ist der Bandabstand bei starker Dotierung kleiner als im undotierten Halbleiter (z. B. [3], S. 83).

Dieser Zustand der Inversion wird vorzugsweise durch starke Injektion der Elektronen in die entartete *p*-Zone und Injektion beider Trägertypen in die RL-Zone erreicht ([42], S. 382). Der aktive (verstärkende) Bereich der Laserdiode ist also eine dünne Schicht in unmittelbarer Umgebung der RL-Zone (Bild 1/52).

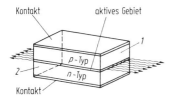

Bild 1/52. Laserdiode schematisch. Typische Dicke der aktiven Zone: 1 μm ([42], S. 392).

Zu b:

Der optische Resonator, z. B. bestehend aus zwei planparallelen reflektierenden Flächen, ist so anzuordnen, daß die Strahlung parallel zum *pn*-Übergang verläuft. Bild 1/52 zeigt schematisch eine Laserdiode. Der Resonator wird durch die parallelen Grenzflächen 1 und 2 zwischen Halbleiter und Luft gebildet. Die dazu senkrechten Grenzflächen sind rauh, so daß eine Schwingung in dieser Richtung vermieden wird. Wenn die Verstärkung in der aktiven Zone genügend groß ist, um die Verluste bei der Reflexion an der Grenzfläche zu überwinden, so wird sich eine Schwingung im Resonator bei einer oder mehreren seiner Eigenfrequenzen aufbauen. Ein Teil der Strahlung wird wegen der nicht vollständigen Reflexion aus dem GaAs als „Laserstrahlung" austreten. Wegen des hohen Brechungsindex von GaAs ist eine Verspiegelung der Grenzflächen nicht unbedingt erforderlich.

Bild 1/53 zeigt das vereinfachte Spektrum einer Laserdiodenstrahlung. Man erkennt, daß innerhalb der Verstärkungsbandbreite des Halbleiters mehrere Eigenfrequenzen des Resonators liegen. Da im Laser Eigenschwingungen des Resonators angeregt werden, ist die Phase der von ver-

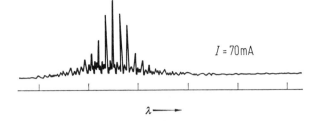

Bild 1/53. Vereinfachtes Emissionsspektrum im Bereich um 0,83 μm einer GaAs-Laserdiode bei 2,1 K [43]; Abszissenteilung ca. 1,5 nm.

$I = 70\,mA$

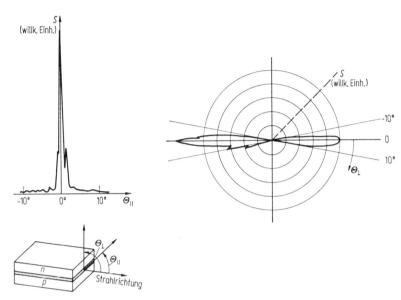

Bild 1/54. Strahlungsdiagramm einer GaAs Laserdiode ([42], S. 304).

schiedenen Bereichen abgestrahlten Wellen zueinander fest vorgegeben; man spricht von „räumlicher Kohärenz". Eine Folge davon ist die scharfe Bündelung der Strahlung. Bild 1/54 zeigt die räumliche Verteilung der Strahlung eines Diodenlasers. Wegen der Anregung von Resonatoreigenfrequenzen ist auch die Linienbreite der abgegebenen Strahlung klein, und man spricht von „zeitlicher Kohärenz" (für eine genaue Darstellung des Begriffes Kohärenz vgl. z. B. [42, S. 477 ff., 173]).

Bild 1/55 zeigt die Ausgangsleistung (Lichtstrahlung) zweier verschiedener Laser als Funktion des Diodenstroms. Man erkennt, daß zur Erreichung der Inversion ein Mindeststrom fließen muß (Schwellenstrom) und darüber die ausgesandte Lichtleistung stark zunimmt (im Gegensatz dazu ist die Strahlung der Lumineszenzdiode etwa proportional dem Diodenstrom). Im stationären Schwingbetrieb bleibt die Verstärkung im Resonator konstant (Anhang 7.3); der größere Strom verschiebt (in erster Näherung) nicht mehr die Quasi-Fermi-Niveaus, sondern erhöht die Häufigkeit der indu-

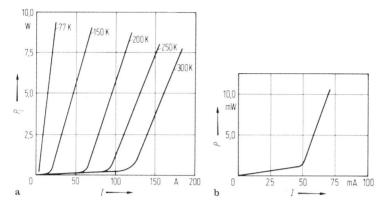

Bild 1/55. Strahlungsleistung einer Laserdiode als Funktion des Diodenstromes. (a) Gepulster GaAs-Laser [44]; (b) Dauerstrich-AlGaAs-Heterodioden-Streifenlaser [174] bei 300 K.

zierten Übergänge. Der Schwellenwert hängt stark von der Temperatur ab (Bild 1/55a), (1/18), [164].

Die ersten Laserdioden mit einfachen p^+n^+-Übergängen in GaAs hatten bei Zimmertemperatur Schwellenstromdichten zwischen 30 000 und 100 000 A/cm². Für typische Flächen der pn-Übergänge von etwa 100×50 μm ergab dies Schwellenströme von einigen Ampere, so daß wegen der hohen Verlustleistung (der Wirkungsgrad beträgt nur einige Prozent) bei Zimmertemperatur zunächst nur Pulsbetrieb möglich war.

Die weitere Entwicklung der Laserdiode zielte vor allem auf eine Reduzierung der Schwellenströme. Der entscheidende Schritt gelang mit Einführung des Heterodiodenlasers [46]. Wird in GaAs ein Teil des Ga durch Al ersetzt, so ändert sich bei praktisch gleichbleibender Gitterkonstante

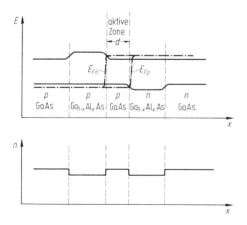

Bild 1/56. Bänderschema des AlGaAs-Heterodiodenlasers und räumlicher Verlauf des Brechungsindex.

62

der Bandabstand. Man kann also einkristalline Übergänge von GaAs zu $Al_xGa_{1-x}As$ herstellen (Heteroübergänge). Bis zu einem x-Wert von ca 0,4 bleibt der Übergang direkt und es nimmt der Bandabstand von etwa 1,4 eV (GaAs) bis zu etwa 2,0 eV zu. Gleichzeitig nimmt der Berechnungsindex ab und zwar von etwa 3,5 (GaAs) bis etwa 3,3 bei $x \approx 0,4$. Bild 1/56 zeigt die Schichtenfolge einer sog. Doppelheterostruktur im Bänderschema für starke Flußpolung. Die eingezeichneten Quasi-Fermi-Niveaus kennzeichnen die Verteilung der Ladungsträger: In der aktiven Mittelzone besteht Inversion. Die größeren Bandabstände der beiden anschließenden Al-GaAs-Zonen ergeben bei geeigneter Dotierung an den Heteroübergängen die hier gezeichneten Potentialbarrieren. Dadurch können beispielsweise die Löcher aus der aktiven Zone nicht in die benachbarte n-Zone fließen, so daß dort fast keine Überschußträger vorhanden sind und daher dort auch kaum Rekombination stattfindet. Analog werden die Elektronen am anderen Rand der aktiven Zone am Verlassen dieser gehindert. Rekombination findet daher fast nur in der aktiven Zone statt, in welcher wegen der Inversion induzierte (Laser-) Emission dominiert. Der Injektionsstrom muß also „nur" die Ladungsträger für die gewünschte induzierte Emission nachliefern. Man nennt diesen Effekt carrier confinement. Dies steht im Gegensatz zur sog. Homodiode (Bild 7/12), in welcher die Ladungsträger aus der aktiven Zone herauswandern können. Der Injektionsstrom muß dann auch die Ladungsträger für die Rekombination in den (viel größeren) Nachbarzonen nachliefern.

Je kleiner die Dicke d der aktiven Zone ist, um so kleiner ist die Schwellenstromdichte. Reduziert man d von beispielsweise 1 µm auf 0,2 µm, so verringert sich die Schwellenstromdichte von etwa 5 000 auf 1 000 A/cm² [164].

In Bild 1/56 ist unten der Brechungsindex als Funktion des Ortes aufgetragen. Man erkennt, daß in der aktiven Zone der Brechungsindex höher ist als in den Nachbarzonen, wodurch das optische Feld besser in der aktiven Zone geführt wird (optical confinement), so daß die Güte des optischen Resonators besser ist als beim Homoübergang. Dieser Effekt unterstützt die oben genannte Reduzierung der Schwellenstromdichte durch carrier confinement.

Laser dieser Art ermöglichen Dauerstrichbetrieb bei Zimmertemperatur. Zusätzlich konnte durch Verwendung von $Al_yGa_{1-y}As$ mit $y < x$ als aktive Schicht unter Beibehaltung obiger Vorteile die Laserstrahlung in den sichtbaren Bereich ($\lambda = 0,77$ µm) geschoben werden [47].

Je kleiner die abstrahlende Fläche des Lasers ist, um so größer ist der Divergenzwinkel der emittierten Strahlung (etwa gemäß der Gleichung für den Beugungswinkel $\Theta = \lambda/d$, die allerdings für $d/\lambda \ll 1$ keine Gültigkeit mehr hat). Die Schwellenstromdichte kann jedoch durch Verringerung von d ohne Vergrößerung des Divergenzwinkels reduziert werden, wenn jede Randzone in zwei Zonen mit unterschiedlichen x-Werten aufgeteilt wird, so daß je zwei Stufen im Bandabstand und im Brechungsindex entstehen.

Bei geeigneter Wahl der x-Werte werden dann die Ladungsträger auf die innere Schicht konzentriert, während das optische Resonatorfeld bis zur 2. Stufe reicht. Solche Laser nennt man SCH-Laser (*s*eparate *c*onfinement *h*eterostructure) oder LOC-Laser (*l*arge *o*ptical *c*avity) [174]. Neben dem kleineren Abstrahlwinkel haben diese Laser wegen der besseren Güte des optischen Resonators meist eine höhere Ausgangsleistung.

Eine technologisch durchaus mögliche weitere Verringerung der Dicke d der aktiven Zone führt schließlich zu Quanteneffekten auf die weiter unten (Potentialtopflaser) und im Anhang 7.6 kurz eingegangen wird.

Die genannten Maßnahmen reduzieren die Schwellenstrom*dichte*. Darüber hinaus kann der Schwellen*strom* reduziert werden, wenn die Diodenfläche verkleinert wird. Hält man die Länge der aktiven Zone konstant um genügend Verstärkung zu erzielen, so führt dies zum *Streifenlaser*, der in verschiedenen technologischen Versionen existiert (BH-Laser = *b*uried *h*eterostructure, Mesastreifenlaser, gewinngeführter Laser usw. [164, 174]. Bild 1/57 zeigt einen gewinngeführten Laser mit typischen Maßen.

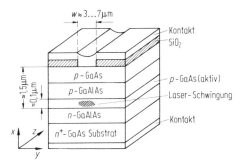

Bild 1/57. Gewinngeführter Streifenlaser. Beachte die unterschiedlichen Maßstäbe.

Laser dieser Art haben Schwellenströme von nur 10 bis 100 mA und differentielle Wirkungsgrade von 20–70 %. Bild 1/55b zeigt die Kennlinie für einen 6 µm-Streifenlaser [174].

Die bereits erwähnte Verringerung der Dicke d der GaAs-Schicht führt zu einer Quantisierung der Energiezustände für die Elektronenbewegung in Richtung der Schichtdicke (Anhang 7.6). Insbesondere führt die von der Dicke d abhängige Mindestenergie der Elektronen zu einer scheinbaren Zunahme des Bandabstandes und damit zu einer durch Strukturgrößen einstellbaren Laserwellenlänge (s. Bild 7/22). Außerdem ist bei diesen sog. Potentialtopf (oder QW = *q*uantum *w*ell)-Lasern der Schwellenstrom sehr klein, weil die Zustandsdichte an der (verschobenen) Bandkante sprunghaft zunimmt (s. Bild 7/20). Will man trotz der kleinen d-Werte von nur einigen nm ein größeres aktives Volumen, so setzt man mehrere Potentialtöpfe hintereinander (MQW-Laser, *m*ultiple, *q*uantum *w*ell, s. Bild 7/23).

An Stelle der als Spiegel wirkenden Grenzflächen (Halbleiter/Luft) können in der Halbleiterschicht verteilte periodische Störungen (z. B. realisiert durch wellige Grenzflächen zwischen GaAs und AlGaAs) benutzt werden, die als selektive Spiegel wirken [164]. Man nennt solche Laser DFB-Laser (*d*istributed *f*eed *b*ack) oder DBR-Laser (distributed Bragg-Reflection).

Sie können monomodig betrieben werden (im Gegensatz zu Bild 1/53 nur eine einzige Laserwellenlänge), sind sehr temperaturstabil (die Temperaturabhängigkeit des Brechungsindex wirkt sich weniger aus, als die Temperaturabhängigkeit des Bandabstands) und vor allem eröffnen sie die Möglichkeiten der „integrierten Optik".

Laserdioden können einfach durch Modulation des Diodenstromes moduliert werden. Die *P-I*-Kurve nach Bild 1/55 ist dann die Modulationskennlinie, die bis in den GHz-Bereich Gültigkeit haben kann [164, 174]. Laserdioden haben daher in Verbindung mit der Glasfasertechnik die optische Nachrichtentechnik ermöglicht [? ?] Da die ? ?ste der Glasfaser bei der Wellenlänge des GaAs-Lasers (etwa 0,9 µm) etwas größer sind als bei 1,3–1,6 µm, und auch wegen des Verschwindens der Dispersion bei etwa 1,3 µm [173] besteht die Tendenz durch Verwendung anderer Halbleiter (z. B. InGa-AsP) die Laserwellenlänge diesem Optimum anzupassen [164, 173].

1.14 Impatt-Diode

Impatt-Dioden (Impatt = *imp*act *a*valanche *t*ransit *t*ime) oder LLDs (*L*awinen-*L*aufzeit-*D*ioden) sind Halbleiter-Mikrowellengeneratoren, deren Funktion durch den Lawineneffekt in Verbindung mit Laufzeiteffekten bestimmt ist. Man kann damit mittlere Leistungen (Größenordnung 1 W) im Wellenlängenbereich von 1 mm (300 GHz) bis 1 m (300 MHz) erzeugen.

Es gibt verschiedene Betriebs- und Ausführungsarten, von denen zunächst die von Read [48] vorgeschlagene Form beschrieben wird. Bild 1/58 zeigt oben schematisch die vorgeschlagene p^+nin^+-Diode. Wird diese Diode in Sperrichtung gepolt, so entsteht zunächst eine RL-Zone am p^+n-Übergang. Wegen der starken *p*-Dotierung ist diese fast ausschließlich

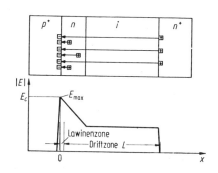

Bild 1/58. Feldstärkeverlauf in einer Read-Diode.

in der n-Zone. Bei weiterer Erhöhung der Sperrspannung werden schließlich die ganze n-Zone und die i-Zone ausgeräumt, und die RL-Zone reicht bis zur n^+-Zone, in welche die RL-Zone wegen der starken Dotierung nur sehr schwach eindringt. Man erhält als Folge der Ladungen der ionisierten Dotierungsatome ein elektrisches Feld (Bild 1/58 unten). Die an der Diode liegende Sperrspannung sei nun gerade so groß, daß der Lawinendurchbruch einsetzt ($U = U_b$). Es gilt dann ([3], S. 157)

$$\int \alpha \, dx = 1. \tag{1/19}$$

Das Integral ist über die Raumladungszone zu erstrecken. Da der Ionisationskoeffizient α (geeignet definierter Mittelwert für Elektronen und Löcher) sehr stark von der Feldstärke abhängt ([3], S. 155) entsteht nur in der Umgebung von $x = 0$ (Maximum der Feldstärke) ein nennenswerter Beitrag zu obigem Integral. Es sei E_c diejenige Feldstärke bei $x = 0$, für die (1/19) erfüllt ist. Für $|U| > |U_b|$ ist das Integral größer als 1, und der Konvektionsstrom (am Ort $x = 0$) wird zeitlich ansteigen; für $|U| < |U_b|$ wird der Strom sinken. Der Anstieg des Konvektionsstromes ist außerdem proportional der Anzahl der vorhandenen Ladungsträger, also proportional dem Konvektionsstrom I. Es gilt ([3], (7/61))

$$\frac{\partial I}{\partial t} \sim I(\int \alpha \, dx - 1) \tag{1/20}$$

(der Einfluß des Sperrsättigungsstromes ist hier vernachlässigt). Der Klammerausdruck in (1/20) ist in Bild 1/59 als Funktion der Feldstärke am Ort $x = 0$, $E(0)$ aufgetragen.

Es wird nun die Wechselstromimpedanz der Diode in diesem Arbeitspunkt ($U = U_b$) untersucht. Dazu wird eine Wechselspannung u angenom-

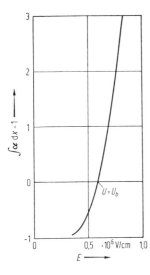

Bild 1/59. Ionisationsintegral als Funktion der elektrischen Feldstärke für Si mit $N = 5 \cdot 10^{16} \, \text{cm}^{-3}$ [49].

men und der Wechselstrom i ermittelt. Wenn der sich ergebende Wechselstrom mit der Wechselspannung in Phase ist, so nimmt die Diode Leistung auf. Wenn zwischen u und i eine Phasendifferenz von 180° existiert (oder allgemeiner zwischen $\pi/2$ und $3\pi/2$), gibt die Diode Wechselleistung ab; sie stellt einen negativen Widerstand dar (Abschn. 1.9).

Bild 1/60. Wechselspannung und Wechselströme der Read-Diode als Funktion der Zeit --- Konvektionsstrom bei $x = 0$; ──── Influenzstrom.

Bild 1/60 zeigt oben die der Gleichspannung $U_0 = U_b$ überlagerte Wechselspannung u als Funktion der Zeit (normiert). Im Bereich $0 < \omega t < \pi$ ist $|U| > |U_b|$, und der Konvektionsstrom in der Lawinenzone steigt an (Bild 1/59). Allerdings ist dieser Anstieg zunächst klein, da der Diodenstrom klein ist (1/20). Man erhält daher erst gegen Ende dieses Zeitbereiches einen großen Konvektionsstrom (Bild 1/60 unten). Für $\omega t = \pi$ ist $U = U_b$ und $\partial i/\partial t = 0$. Im Bereich $\pi < \omega t < 2\pi$ ist $|U| < |U_b|$ und daher $\partial i/\partial t$ negativ, der Konvektionsstrom nimmt, wie Bild 1/60 zeigt, ab, um erst wieder eine Periode später erneut einen neuen Stromimpuls zu ergeben. Man erkennt, daß die Grundwelle des Konvektionsstromes eine Phasenverschiebung von $\pi/2$ gegenüber der angelegten Spannung aufweist. (Die Lawinenzone wirkt wie eine Induktivität.)

Der aus den Diodenklemmen fließende Influenzstrom (Anhang 7.2) beginnt, wenn der Konvektionsstrom in die RL-Zone „injiziert" wird, und endet, wenn die Ladungsträger die RL-Zone verlassen. (Bei dem hier beschriebenen Feldprofil tragen nur Ladungsträger eines Typs — Elektronen — zum Influenzstrom bei. Die Ladungsträger des anderen Typs — Löcher — wandern von der Lawinenzone sofort in die stark dotierte p^+-Zone.) Wenn τ die Laufzeit der Ladungsträger in der „Driftzone" ist, dann entsteht in den Diodenzuleitungen ein Stromimpuls der Dauer τ. Die Grundwelle des Influenzstroms ist also gegen die Grundwelle des Konvektionsstroms in der Lawinendiode um $\tau/2$ zeitverschoben. Die Phasenverschiebung zwischen Diodenstrom (Influenzstrom) und Diodenspannung beträgt also $\pi/2 + \omega\tau/2$. Man kann nun die Länge der Driftstrecke so wählen, daß $\omega\tau \approx \pi$ gilt und erhält dann eine Phasenverschiebung von ca. π zwischen Strom und Spannung, also einen negativen Widerstand, der zur Entdämpfung eines Resonanzkreises benutzt werden kann. Der Diodenwechselstrom i ruft also an einem Lastwiderstand R einen Spannungsabfall hervor, der bei geeigneter Wahl von R gleich der ursprünglich angenommenen Wechselspannung u ist, so daß die angenommene Schwingung stationär bestehen bleiben kann.

Die Bedingung $\omega\tau \approx \pi$ führt für beispielsweise $f = 10\,\mathrm{GHz}$ mit $v = 10^7\,\mathrm{cm/s}$ (Grenzgeschwindigkeit, [3], S. 41) zu einer Driftstrecke von $L = 5\,\mu\mathrm{m}$ gemäß der Beziehung

$$f = \frac{v}{2L}. \tag{1/21}$$

Der geeignete Lastwiderstand für diesen Typ des negativen Widerstandes ist ein Serienresonanzkreis oder bei Berücksichtigung der diodeninternen Blindwiderstände eine Induktivität [13].

Aus energetischen Gründen muß ein negativer Widerstand amplitudenabhängig sein. Bild 1/61 zeigt die berechnete Ortskurve der Diodenimpedanz für verschiedene HF-Amplituden. Man erkennt, daß mit zunehmender Amplitude der Realteil des negativen Leitwerts abnimmt. Aus dieser Amplitudenabhängigkeit kann auch der Typ des negativen Widerstandes ermittelt werden [13, 144].

Der beschriebene Schwingungsmechanismus ist nicht auf das Dotie-

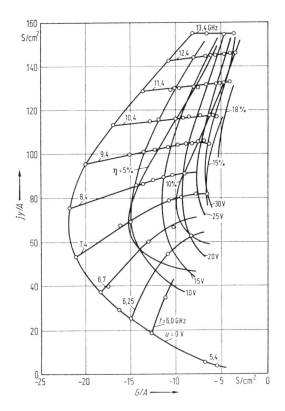

Bild 1/61. Amplitudenabhängigkeit der Ortskurve einer Read-Diode [50]; $I/A = 200\,\mathrm{A/cm}^2$.

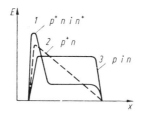
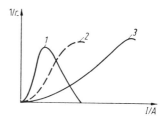

Bild 1/62. Stromabhängigkeit des negativen Widerstandes von Impatt-Dioden für verschiedene Dotierungsprofile [51].

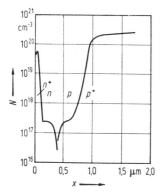

Bild 1/63. Dotierungsverlauf einer Impatt-Diode mit zwei Driftstrecken [52].

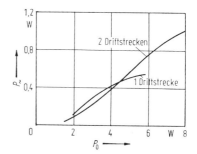

Bild 1/64. Ausgangsleistung von 50-GHz-Impatt-Dioden als Funktion der Eingangsleistung [52].

rungsprofil der Read-Diode beschränkt. Bild 1/62 vergleicht das Read-Profil mit zwei weiteren theoretisch und experimentell untersuchten Strukturen, nämlich normalen p^+n-Dioden und pin-Dioden. Es ist der Feldlinienverlauf und daneben der Betrag des negativen Leitwertes gezeigt. Man erkennt, daß der für Schwingbetrieb erforderliche Diodengleichstrom für die Read-Diode am kleinsten ist, für andere Profile aber bei größeren Strömen etwas größere Leistungen erzielbar sind.

Ein besonderes Dotierungsprofil zeigt Bild 1/63. Hier liegen zu beiden Seiten der Multiplikationszone Driftstrecken, wodurch Elektronen *und* Löcher zum Influenzstrom beitragen. Wie Bild 1/64 zeigt, entsteht dadurch eine Vergrößerung von Leistung und Wirkungsgrad, die besonders bei extrem hohen Frequenzen von Bedeutung ist.

Im allgemeinen wird Si als Halbleitermaterial verwendet, da es technologisch besonders gut beherrscht wird. Impatt-Dioden können jedoch auch aus Ge oder GaAs hergestellt werden, wenn besondere Gründe (z. B. geringeres Rauschen bei Ge und hoher Wirkungsgrad wegen $\alpha_n = \alpha_p$ bei GaAs [53, 54, 163]), dafür sprechen.

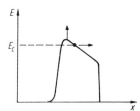

Bild 1/65. Feldprofil in einer Trapatt-Diode.

Ein besonders leistungsstarker Betriebszustand der Lawinenlaufzeitdioden ist der *Trapatt-Betrieb* (*t*rapped *p*lasma *a*valanche *t*riggered *t*ransit) [55, 56]. Der Feldverlauf in einer Trapatt-Diode (z. B. n^+pp^+) ist in Bild 1/65 gezeichnet. Wenn die Diodenspannung sehr rasch weiter ansteigt, so wandert der Punkt, an dem die Feldstärke E den kritischen Wert E_c überschreitet, sehr rasch nach rechts. Wenn speziell diese Wanderungsgeschwindigkeit wesentlich größer als die Teilchengeschwindigkeit ist, dann wird die RL-Zone der Diode durch diesen Spannungsanstieg mit einem Elektron-Loch-Plasma gefüllt, so daß diese sehr gut leitend wird. Dadurch bricht (geeignete Lastkreise vorausgesetzt) die Spannung an der Diode fast zusammen; es fließt ein großer Strom. Wenn die Ladungsträger in diesem kleinen Feld (entsprechend langsam) abgesaugt sind, wird der Strom klein, und die Spannung steigt wieder an. Die Trapatt-Diode wirkt also in erster Näherung als Schalter, bei dem entweder die Spannung sehr klein und der Strom groß, oder die Spannung groß und der Strom klein ist. Dies ist prinzipiell der einzige Betriebszustand in Halbleiterdioden, der einen hohen Wirkungsgrad erlaubt.

Die mit Trapatt-Dioden erzielbaren Hochfrequenzleistungen liegen z. B. bei einigen hundert Watt; Wirkungsgrade bis zu 75 % (bei 0,6 GHz) wurden

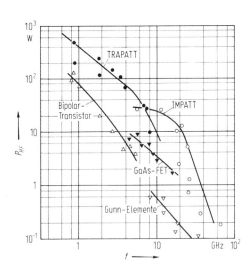

Bild 1/66. Oszillatorleistung als Funktion der Frequenz für Impatt- und Gunn-Dioden und Transistoren. [55, 58, 59, Datenblätter].

experimentell festgestellt [57]. Wegen der kleineren Trägergeschwindigkeit im schwachen elektrischen Feld arbeiten Trappatt-Dioden bei tieferen Frequenzen als geometrisch entsprechende Impatt-Dioden. Der hohe Wirkungsgrad wird außerdem durch kompliziertere Resonanzkreise erkauft, da für die angenähert rechteckigen Spannungsimpulse eine Oberwellenabstimmung notwendig ist.

Für die maximalen von Impatt-Dioden (und Gunn-Dioden, Abschn. 1.15) abgebbaren Leistungen existieren zwei Grenzen [58]. Erstens ist die Abführung der Verlustwärme begrenzt, und es entsteht eine sog. *thermische* Leistungsgrenze, die proportional $1/f$ abfällt, da bei höheren Frequenzen die Diode entsprechend kleiner sein muß. Zweitens ist die optimale Betriebsfeldstärke durch Materialeigenschaften fest vorgegeben, und es nimmt mit zunehmender Frequenz die Diodenspannung ab, da die Diodenlänge kleiner werden muß. Diese elektronische Leistungsgrenze führt zusammen mit der aus Impedanzgründen erforderlichen Querschnittsverkleinerung zu einer Leistungsabnahme proportional $1/f^2$. Bild 1/66 zeigt diese Zusammenhänge nach dem gegenwärtigen Stand der Technik.

1.15 Gunn- und LSA-Diode

Unter Gunn-„Dioden" versteht man Halbleiter-Mikrowellengeneratoren, deren Wirkungsweise auf dem negativen differentiellen Widerstand eines homogenen Halbleiterstücks (z. B. GaAs) beruht. (Gemäß der in Abschn. 1.1 gebrachten Definition sind dies eigentlich keine Dioden.) Der Effekt wurde von Gunn [60] entdeckt; allerdings wurde die Wirkungsweise erst später [61] verstanden.

Die $v(E)$-Charakteristik

Die $v(E)$-Charakteristik zeigt in einigen Materialien einen Kurvenabschnitt mit negativer Steigung (Bild 1/67). Diese Charakteristik kann verstanden werden, wenn die Bänderstruktur des betreffenden Halbleiters betrachtet wird.

Bild 1/68 zeigt, daß in GaAs zwei Minima im Leitungsband auftreten, die zu verschiedenen Impulswerten gehören. In der Umgebung des jeweili-

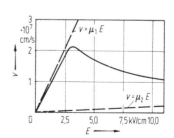

Bild 1/67. Driftgeschwindigkeit als Funktion der elektrischen Feldstärke E für GaAs [62], [63].

71

gen Minimums ist die Energie-Impuls-Charakteristik ebenso wie bei klassischen Teilchen durch eine Parabel anzunähern. Die Krümmung im Scheitel dieser Parabel bestimmt die Masse des Teilchens, hier die effektive Masse (z. B. [3], S. 69); je größer die Krümmung $d^2 E/dk^2$ (E = Energie) ist, um so kleiner ist die effektive Masse. Man erkennt aus Bild 1/68, daß bei GaAs im Leitungsbandminimum (bei $k = 0$) sehr „leichte" Elektronen existieren ($m_n^* = 0,068 m_0$), während die Elektronen in dem um 0,36 eV höher liegenden Nebenminimum größere Masse ($m_n^* = 1,2 m_0$) aufweisen.

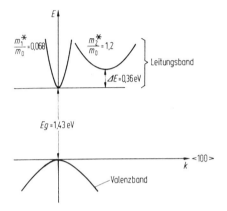

Bild 1/68. Schematische Darstellung der Bänderstruktur von GaAs [62] (E: Energie).

Die Beweglichkeit von Ladungsträgern hängt anderseits von deren Masse ab ([3], S. 40), und zwar ist die Beweglichkeit um so größer, je kleiner die Teilchenmasse ist. Dies bedeutet, daß die Beweglichkeit μ_1 der Elektronen im Hauptminimum des Leitungsbandes größer ist als die Beweglichkeit μ_2 im Nebenminimum.

In Bild 1/67 sind die den beiden Beweglichkeitswerten zugeordneten Geraden eingezeichnet. Bei kleinen elektrischen Feldern E sind alle Leitungsbandelektronen im Hauptminimum in der Umgebung von $k = 0$ (energetisch tiefster Bereich). Je höher das elektrische Feld wird, um so höhere Energiewerte (kinetische Energie) nehmen die Elektronen an, bis sie schließlich über dem Energiewert des Nebenminimums liegen, in welches sie mit einer gewissen Wahrscheinlichkeit gelangen. Da die Anzahl der in diesem Nebenminimum verfügbaren Plätze (Zustandsdichte) sehr groß ist (wegen der größeren effektiven Masse; [3], (3/28)), ist diese Übertrittswahrscheinlichkeit ziemlich groß, und man findet mit zunehmendem elektrischem Feld einen immer größeren Anteil von Elektronen im Nebenminimum. Damit *sinkt* aber die mittlere Beweglichkeit, und die negative differentielle Beweglichkeit $\mu' = dv/dE$ ist verständlich.

Notwendige Voraussetzung für eine negative differentielle Beweglichkeit von Elektronen ist also das Vorhandensein von mindestens zwei Minima im Leitungsband, wobei das energetisch tiefer liegende kleinere effektive

Masse und einen höheren Sättigungswert der Geschwindigkeit aufweisen muß. Außerdem muß die Übergangswahrscheinlichkeit in das energetisch höhere Minimum genügend groß sein. Die gezielte Erfüllung solcher Forderungen durch Aufbau von binären oder ternären Verbindungen nennt man im Englischen *band structure engineering*.

Die negative differentielle Beweglichkeit hat eine Reihe von interessanten und nützlichen Erscheinungen zur Folge, von denen zunächst das Anwachsen einer (beliebigen) Störung der Ladungsverteilung (wie in der Gunn-Diode vorliegend) besprochen wird.

Domänenwachstum

An ein homogenes Stück n-Typ-GaAs werde eine Spannung angelegt, so daß eine elektrische Feldstärke E_0 von ca. 5 000 V/cm entsteht, man sich also im fallenden Bereich der $v(E)$-Charakteristik befindet. Es wird nun eine Störung der Ladungsträgerverteilung angenommen und untersucht, ob diese anwächst oder abklingt. In Bild 1/69 ist am Ort $x = x_1$ eine kleine Überschußladung $-e\Delta n$ (Akkumulation) angenommen (eindimensionale Rechnung). Die Spannung an den Halbleiterkontakten sei konstant (Wechselstrom-Kurzschluß). Als Folge der Überschußladung wird im Bereich I (links der Ladung $-e\Delta n$) die Feldstärke unter E_0 abgesenkt, während sie sich rechts erhöht (div $E = \varrho/\varepsilon$). Wie aus dem $v(E)$-Diagramm zu erkennen, bedeutet dies aber eine Erhöhung der Elektronengeschwindigkeit im Bereich I und eine Verringerung im Bereich II. Dadurch laufen in den Bereichen Δx mehr Elektronen hinein als heraus, und es häuft sich weitere Ladung an (Kontinuitätsgleichung). Der Bereich der Ladungsanhäufung

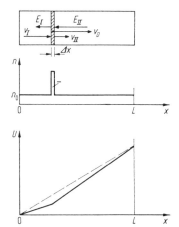

Bild 1/69. Bildung einer Akkumulationsschicht in einem Medium mit negativer differentieller Beweglichkeit [64].

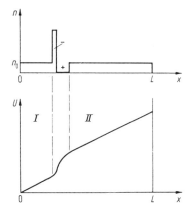

Bild 1/70. Bildung einer Dipoldomäne in einem Medium mit negativer differentieller Beweglichkeit [64].

läuft dabei mit einer mittleren Geschwindigkeit, der Domänengeschwindigkeit v_D, weiter. Mit zunehmender Ladung nimmt die Differenz der Feldstärken $\Delta E = E_{II} - E_I$ und folglich die Differenz der Geschwindigkeiten $\Delta v = v_{II} - v_I$ weiter zu, so daß das Wachstum proportional dem Wert der Ladung $-e\Delta n$ ist und der Anstieg exponentiell erfolgt.

Man kann leicht zeigen, daß dieses Wachstum für Störungen aller Art gilt, also beispielsweise auch für Verarmungsdomänen und Dipoldomänen (Bild 1/70), die aus energetischen Gründen besonders wahrscheinlich sind [65].

Der hier beschriebene Vorgang steht in vollkommener Analogie zur dielektrischen Relaxation ([3], S. 91). In beiden Fällen entsteht als Folge der angenommenen Ladung ein elektrisches Feld (hier dem Gleichfeld E_0 überlagert), welches eine Ladungsträgerbewegung zur Folge hat, die über die Kontinuitätsgleichung eine Änderung der Ladung bewirkt. Der Vorgang wird beschrieben durch die Poisson-Gleichung, die Bewegungsgleichung (Driftstrom) und die Kontinuitätsgleichung. Der einzige Unterschied besteht in der Richtung der Trägergeschwindigkeit (überlagert der „Gleichgeschwindigkeit" v_D), die bei der dielektrischen Relaxation wegen $\mu > 0$ die Ladungsanhäufung „zerfließen" läßt, während hier wegen $\mu' < 0$ die „Wechselladung" weiter anwächst. Es gilt daher hier auch das gleiche Gesetz, d. h. die dielektrische Zeitkonstante τ_d bestimmt den zeitlichen Verlauf, nur ist diese hier negativ, da die differentielle Leitfähigkeit σ' negativ ist:

$$\tau_d = \frac{\varepsilon_0 \varepsilon_r}{\sigma'} = \frac{\varepsilon_0 \varepsilon_r}{en\mu'} = -\tau_D < 0. \qquad (1/22)$$

Die Diffusion wurde hier nicht betrachtet; sie wirkt dem Ladungsaufbau entgegen, kann jedoch, zumindest für den Beginn des Domänenaufbaus, vernachlässigt werden [66].

Die Domäne wächst mit $\exp t/\tau_D$ und wandert mit v_D, so daß für die Trägerdichte gilt:

$$n(x, t) = n(x - v_D t, 0) \exp t/\tau_D. \qquad (1/23)$$

Bei der dielektrischen Relaxation wird die potentielle Energie der angehäuften Ladung durch den endlichen Leitwert in Wärme umgewandelt. Beim Domänenwachstum wird die zum Aufbau der Domäne erforderliche Energie aus dem Gleichfeld (der Batterie) geliefert. Aus energetischen Gründen muß daher der Bereich negativer differentieller Beweglichkeit begrenzt sein, und das Domänenwachstum nimmt mit zunehmender Amplitude ab. Die Domäne erreicht einen stabilen Sättigungswert.

Von technischem Interesse sind nun folgende drei Betriebszustände:

a) die Domäne wandert gesättigt durch den Großteil der Diode: Laufzeitbetrieb der Gunn-Diode;

b) die Domänen-Wachstumsgeschwindigkeit ist (bezogen auf die Laufzeit der Ladungsträger oder die Periodendauer der Hochfrequenzschwingung) so klein, daß man die Existenz von Domänen vernachlässigen kann: LSA-Diode;

c) durch geeignete Wahl des Lastwiderstandes entsteht eine so hohe Wechselspannung, daß das Domänenwachstum durch Verschiebung der Feldstärke auf der $v(E)$-Charakteristik unterbrochen wird: unterdrückte Domäne (quenched domain).

Diese Betriebszustände sowie deren Existenzbereiche werden im folgenden kurz beschrieben.

Laufzeitbetrieb der Gunn-Diode

Bei genügend starker Dotierung wachsen, wie erwähnt, die Domänen so rasch, daß der Sättigungswert bald nach der Domänenbildung an der Kathode erreicht ist. Ihr stationärer Endzustand ist gekennzeichnet durch gleiche Ladungsträgergeschwindigkeit in den Bereichen I und II, da nur dann die Anzahl der Ladungsträger in der Domäne konstant ist (Kontinuitätsgleichung).

Diese Ladungsträgergeschwindigkeit ist zeitlich konstant und ungefähr gleich der Sättigungsgeschwindigkeit v_s.

Wie Bild 1/70 zeigt, existiert innerhalb einer Dipoldomäne ein Spannungsabfall, der für gesättigte Domänen konstant ist. Die elektrische Feldstärke ist daher in den Bereichen I und II für gesättigte Dipoldomänen zeitlich konstant, so daß der Verschiebungsstrom in diesen Bereichen verschwindet. Der Konvektionsstrom, gegeben durch Trägerdichte und deren Geschwindigkeit, ist daher während der Wanderung der gesättigten Dipoldomäne zeitlich konstant und insbesondere kleiner als bei Abwesenheit der Domäne. (Die Trägerdichten sind mit Ausnahme der Domäne selbst konstant gleich der Dotierungsdichte.) Der Gesamtstrom hat daher den in Bild 1/71 gezeigten Verlauf. Der Strom sinkt während der Aufbauphase der Domäne ab und bleibt auf dem der Geschwindigkeit v_s entsprechenden Wert, bis die Domäne in der Anode verschwunden ist.

Während der Existenz einer gesättigten Domäne kann keine neue Domäne entstehen, da die Feldstärke außerhalb der Domäne unter dem kritischen Wert liegt.

Man erhält Stromimpulse im zeitlichen Abstand L/v_s, wobei L die

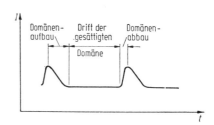

Bild 1/71. Zeitlicher Verlauf des Kurzschlußstromes einer Gunn-Diode.

Länge des GaAs-Stückes ist, und kann der Gunn-Diode eine sog. Laufzeitfrequenz f_L zuordnen:

$$f_L = v_s/L. \tag{1/24}$$

Für beispielsweise $L = 10\ \mu m$ ist $f_L = 10\ GHz$ ($v_s = 10^7\ cm/s$).

Obige Überlegungen wurden für den „Kurzschlußfall" angestellt. Die Stromimpulse sind nicht die Reaktion der Diode auf Spannungsänderungen. Ein negativer Widerstand in dem Sinne von Abschn. 1.14 kann daher hier nicht definiert werden, und die diesbezüglichen Stabilitätsbetrachtungen [13] sind hier nicht anwendbar. Trotzdem kann der Gunn-Diode Leistung entzogen werden; die Stromimpulse können einen Resonanzkreis anregen, der auf die Laufzeitfrequenz f_L der Diode abgestimmt ist. Bei endlichem Realteil des Lastwiderstandes wird ein Spannungsabfall am Lastwiderstand entstehen, der mit dem Grundwellenanteil des Diodenstromes in Gegenphase ist. Voraussetzung für diesen Betriebszustand ist das genügend rasche Domänenwachstum, worauf im nachfolgenden eingegangen wird.

LSA-Betrieb

Wenn die Ladung einer (schwach ausgeprägten) Domäne genügend klein ist, kann das dadurch verursachte Feld gegen das Gleichfeld in der Diode vernachlässigt werden (LSA = *l*imited *s*pace charge *a*ccumulation). Es gilt dann: $U = EL \sim E$ und $|i| = evn \sim v$, so daß die $v(E)$-Charakteristik gleich der I-U-Charakteristik der Diode ist. Wählt man einen Arbeitspunkt am fallenden Ast der Kennlinie, so wird eine überlagerte Wechselamplitude entdämpft; man erhält einen Oszillator, dessen Schwingfrequenz nur durch den Resonanzkreis und (im Gegensatz zum Laufzeitbetrieb) nicht von der Länge der Diode abhängt [67].

Es gibt zwei Möglichkeiten, stark ausgeprägte Domänen zu vermeiden:

a) Wenn die Laufzeit der Ladungsträger durch die Diode kleiner als die Wachstumszeitkonstante τ_D ist, können Domänen nur um weniger als den

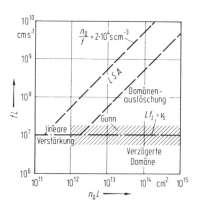

Bild 1/72. Existenzbereiche der verschiedenen Betriebszustände von Gunn-Dioden [68].

Faktor exp 1 anwachsen (1/23). Die genannte Voraussetzung ist erfüllt, wenn $L/v_s \leqq \tau_D$ gilt. Mit (1/22) und den Werten für GaAs ($|\mu'| \approx 1\,000\ \mathrm{cm^2/Vs}$) erhält man

$$n_0 L \leqq 10^{11}\ \mathrm{cm^{-2}}.$$

Wenn die Domäne zwar anwächst, aber innerhalb der Laufzeit durch die Diode noch nicht gesättigt ist, so wirkt die Diode als linearer Verstärker. Die Verstärkung ist optimal, wenn etwa die Laufzeitbedingung erfüllt ist. Bild 1/72 zeigt den Existenzbereich für lineare Verstärkung, und den bereits erwähnten Laufzeitbetrieb des Gunn-Oszillators.

b) Wenn bei genügend großer Hochfrequenz-Spannungsamplitude die Periodendauer der Schwingung etwa gleich der Wachstumszeitkonstante ist, wird durch die Hochfrequenzspannung der Arbeitspunkt der Diode aus dem instabilen Feldstärkebereich genommen, bevor die Domäne genügend angewachsen ist. Die Bedingung dafür lautet (für GaAs)

$$T \approx \tau_D, \qquad \frac{n_0}{f} \approx 2 \cdot 10^4\ \mathrm{s\,cm^{-3}}.$$

Voraussetzung für diesen Betriebszustand ist die Existenz einer genügend hohen Hochfrequenz-Spannungsamplitude (großer Lastwiderstand R_L für Oszillatorbetrieb). Damit anderseits innerhalb der Periodendauer überhaupt nennenswert verstärkt wird, muß $n_0 L$ genügend groß sein. Ein Intervall von einer Zehnerpotenz in den $n_0 L$-Werten wird als sinnvoller Bereich angesehen. Der sich daraus ergebende Existenzbereich für LSA-Betrieb ist in Bild 1/72 eingetragen. Wie man daraus erkennt, können LSA-Dioden um eine bis zwei Zehnerpotenzen größere Werte von L haben als Gunn-Dioden der gleichen Frequenz. Da damit die Kapazität pro Flächeneinheit kleiner wird, können für vergleichbare Kapazitätswerte größere Diodenquerschnitte gewählt werden, und man erhält mit LSA-Dioden größere Leistungen als mit Gunn-Dioden.

Domänenauslöschung (quenched domain)

Für $n_0 L > 10^{11}\ \mathrm{cm^{-2}}$ bzw. $n_0/f > 2 \cdot 10^4\ \mathrm{s\,cm^{-3}}$ entstehen Domänen. Man kann aber (bei Dioden, die *länger* sind, als der Laufzeitbedingung entspricht) die schon existierende Domäne wieder zum Verschwinden bringen, wenn man durch eine Hochfrequenzschwingung die Diodenspannung periodisch unter den kritischen Wert reduziert. Der Unterschied zum LSA-Betrieb besteht nur darin, daß bei diesem die Verstärkung entsprechend klein ist, so daß innerhalb der Periodendauer Domänen kaum entstehen.

In analoger Weise kann (bei Dioden, die *kürzer* sind, als der Laufzeitbedingung entspricht) das *Auftreten* von Domänen durch große Hochfrequenzamplituden verhindert werden (verzögerte Domäne, delayed domain).

Zusammenfassung: „Kurzschlußbetrieb" ist nur bei der Laufzeitbedingung möglich. Hat man jedoch große Spannungsamplituden, so kann entweder bei „zu kleinen" Laufstrecken die Domänenbildung verzögert oder bei „zu großen" die Domänen wieder ausgelöscht werden (Bild 1/72).

Gunn- und LSA-Dioden sind allgemein nicht so leistungsstark wie Impatt-Dioden (Bild 1/66). Da hier jedoch kein Lawineneffekt existiert, sind Gunn-Dioden rauschärmer. Sie finden z. B. Anwendung als Ortsüberlagerer in Mikrowellenempfängern und können wegen ihren nichtlinearen Eigenschaften gleichzeitig als Mischer benutzt werden [69]. Wegen der günstigen Rauscheigenschaften ist auch der Betrieb als Reflexionsverstärker [70] interessant.

Übungen

1.1

Bei einer Si-Diode mit idealer Kennlinie fließt in Durchlaßrichtung bei Zimmertemperatur ein Strom I von 0,5 mA. Folgende Daten der Diode sind bekannt: Dotierung der n-Zone: $N_D = 10^{16}$ cm^{-3}, Dotierung der p-Zone: $N_A = 10^{18}$ cm^{-3}, Beweglichkeit der Löcher in der n-Zone: $\mu_p = 420$ cm^2/Vs, Lebensdauer der Löcher in der n-Zone: $\tau_p = 50$ µs, Diodenfläche: $A = 10^{-2}$ cm^2.

a) Welche Spannung liegt an der Diode?
b) Wie groß ist die Weite l_n der Raumladungszone?
c) Wie groß sind die Sperrschichtkapazität, der Kleinsignalleitwert und die Diffusionskapazität?

Lösung:

a) Sperrsättigungsstrom: $I_s = \dfrac{e A p_{n0} L_p}{\tau_p} = 1{,}68 \cdot 10^{-14}$ A.

Der reale Sperrstrom ist wegen der Generation in der Raumladungszone wesentlich größer!

(mit $\quad p_{n0} = n_i^2/N_D, \qquad L_p = \sqrt{D_p \tau_p}, \qquad D_p = \mu_p U_T$)

ideale Kennlinie:

$$I = I_s\left(\exp\frac{U}{U_T} - 1\right) \rightarrow U = U_T \ln\left(\frac{I}{I_s} + 1\right) = 627\ \text{mV}.$$

b) Gesamtweite der RL-Zone wegen starker p-Dotierung gleich dem Anteil in der n-Zone:

$$l = l_n = \sqrt{\frac{2\varepsilon_0\varepsilon_r}{e N_D}(U_D - U)} = 0{,}16\ \mu\text{m} \quad \left(\text{mit}\quad U_D = U_T \ln\frac{N_D N_A}{n_i^2} = 817\ \text{mV}\right).$$

c) Kleinsignalleitwert: $g_0 = \dfrac{1}{U_T}(I + I_s) = 19{,}2$ mS.

Sperrschichtkapazität: $C_s = \dfrac{\varepsilon_r \varepsilon_0 A}{l} = 670$ pF.

Diffusionskapazität bei einseitig abruptem Übergang:

$$C_{\text{diff}} = g_0\frac{\tau_p}{2} = 481\ \text{nF}.$$

1.2

Das Durchlaßverhalten einer einseitig abrupten Ge-Diode soll mit dem Durchlaßverhalten einer entsprechenden Si-Diode verglichen werden. Diodenfläche, Diffusionslänge und Lebensdauer der Minoritätsträger sowie die Dotierung sind bei beiden Dioden von vergleichbarer Größe. Der Durchlaßstrom soll bei beiden Dioden
gleich sein. Welcher Unterschied der Durchlaßspannungen ergibt sich für den Betrieb bei Zimmertemperatur?

Lösung:

$$I = I_s \left(\exp \frac{U}{U_T} - 1 \right) \approx I_s \exp \frac{U}{U_T} \quad \text{für} \quad U \gg U_T,$$

$$I_s(\text{Ge}) \exp \frac{U(\text{Ge})}{U_T} = I_s(\text{Si}) \exp \frac{U(\text{Si})}{U_T},$$

$$U(\text{Si}) - U(\text{Ge}) = U_T \ln \left[\frac{n_i(\text{Ge})}{n_i(\text{Si})} \right]^2 = 0,38 \text{ V}.$$

Ge-Dioden haben eine um etwa 0,4 V kleinere Schleusenspannung als (vergleichbare) Si-Dioden.

1.3

Eine p^+n-Diode wird in Durchlaßrichtung mit der Diodenspannung U_0 und dem
Diodenstrom I_0 betrieben, der Bahnwiderstand sei zu vernachlässigen. Zur Zeit
$t = 0$ wird der Diodenstrom abgeschaltet und der zeitliche Verlauf der Diodenspannung gemessen.

a) Skizziere den zu erwartenden zeitlichen Verlauf der Diodenspannung und des
   Diodenstromes.
b) Skizziere die Minoritätsträgerverteilung in der neutralen n-Zone für verschiedene Zeiten $t > 0$.
c) Bestimme den zeitlichen Verlauf der Diodenspannung, wenn die Minoritätsträ-
   gerüberschußdichte exponentiell mit τ_p abklingt.
d) Gebe daraus eine Meßmethode für τ_p an.

Lösung:

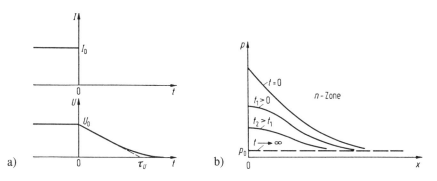

wegen $I = 0$: $dp/dx = 0$ bei $x = 0$.

c) In der n-Zone gilt:

$$p(0) = p_0 \exp \frac{U(t)}{U_T} \quad (1), \qquad p'(0) = p'(0)|_{t=0} \exp\left(-\frac{t}{\tau_p}\right).$$

Für genügend hohe Überschußträgerdichten ist $p' = p$ und damit

$$p(0) = p(0)|_{t=0} \exp\left(-\frac{t}{\tau_p}\right). \tag{2}$$

Gleichung (2) in (1) eingesetzt gibt mit $\dfrac{p(0)|_{t=0}}{p_0} = \exp\dfrac{U_0}{U_T}$:

$$U(t) = U_0 - U_T \frac{t}{\tau_p}. \tag{3}$$

Diese Gleichung gilt für $p' \gg p_0$; sie beschreibt den linearen Teil des Spannungs-Zeit-Verlaufs.

d) Die Extrapolation des linearen Verlaufes der Meßkurve auf $U = 0$ gibt nach (3) $U(\tau_u) = 0$ und damit: $\tau_p = \tau_u U_T \dfrac{1}{U_0}$.

1.4

Eine $p^+ n$-Diode wird in Durchlaßrichtung eingeschaltet, wobei Stromsteuerung angenommen wird.

a) Wie groß ist im stationären Endzustand die in der neutralen n-Zone durch die Überschußminoritätsträger gespeicherte Ladung, ausgedrückt durch den Durchlaßstrom I_1 und die Minoritätsträgerlebensdauer τ_p?

b) Wie groß ist die Einschaltzeitkonstante τ_1, wenn man die Rekombination und die Verschiebung der Raumladungszone (Sperrschichtkapazität) vernachlässigt?

Lösung:

a) Gespeicherte Ladung in der n-Zone: $Q = eA \int\limits_0^\infty p'(x)\, dx$.

mit $p'(x) = p'(0) \exp\left(-\dfrac{x}{L_p}\right), \qquad p'(0) = p_0\left(\exp\dfrac{U}{U_T} - 1\right),$

$$I = I_s\left(\exp\frac{U}{U_T} - 1\right), \qquad I_s = \frac{eAL_p p_0}{\tau_p}$$

wird $Q = I_1 \tau_p$.

b) Durch I_1 zugeführte Ladung: $Q = \int\limits_0^\infty I_1\, dt$.

Mit der Annahme $I_1(t) = I_1$ für $0 < t < \tau_1$ und $I_1(t) = 0$ für $t > \tau_1$ wird $Q = I_1 \tau_1$ und daher $\tau_1 = \tau_p$.

1.5

Erkläre anhand einer Skizze, warum der durch Ladungsträgerbewegung in der RL-Zone einer Diode verursachte Influenzstrom für Frequenzen f Null wird, die der Bedingung $\tau_t f = m\,(m = 1, 2, 3, \ldots)$ genügen ($\tau_t = $ Trägerlaufzeit).

Antwort:

Bei $t = 0$ startet ein Elektron mit Sättigungsgeschwindigkeit und erzeugt einen konstanten Influenzstrom während τ_t. Wenn bei $t = \tau_t (m = 1)$ das nächste Elektron startet, bei $t = 2\tau_t$ das übernächste usw. (Folgefrequenz für diesen Vorgang $f = 1/\tau_t$), wird der Wechselstromanteil des Influenzstromes Null.

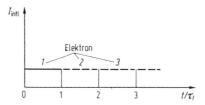

1.6

Bestimme mit den Daten aus Übung 1.1 die Laufzeit der Minoritätsträger in der Raumladungszone (gesättigte Geschwindigkeit für Löcher in Si bei 300 K: $v \simeq 10^7$ cm/s).

Lösung: $\qquad \tau_t = \dfrac{l}{v} = 1{,}6 \cdot 10^{-12}$ s.

1.7

Eine in Sperrichtung gepolte pn-Diode D wird in nebenstehender Schaltung als Fotodetektor betrieben. Der Verstärker V kann als rauscharm verglichen mit der Diode und dem Arbeitswiderstand R angesehen werden. Als Dunkelstrom (Diodensperrstrom ohne Lichteinstrahlung) werden bei Zimmertemperatur 5 nA gemessen.

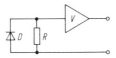

a) Für welchen Wert des Arbeitswiderstandes R ist das Schrotrauschen der Diode so groß wie das Widerstandsrauschen?
b) Welche Kriterien ergeben sich für die Auswahl des ersten Transistors im Verstärker V?

Lösung:

a) Widerstandsleerlaufspannung: $\sqrt{4kTR\Delta f}$,

Leerlaufspannung durch Schroteffekt: $\sqrt{2e|I|\Delta f}\,R$,

Durch Gleichsetzen erhält man: $R = \dfrac{2U_T}{|I|} = 10$ MΩ.

b) Eingangswiderstände im Bereich $10^7 \, \Omega$ und größer sind im allgemeinen nur mit Feldeffekttransistoren zu erzielen.

1.8

Die Si-Fotodiode aus Übung 1.7 wird mit monochromatischem Licht derjenigen Wellenlänge bestrahlt, bei der die maximale Empfindlichkeit (Bild 1/39) erreicht wird. Das bei dieser Wellenlänge absorbierte Licht soll vollständig zum Fotostrom beitragen (innerer Quantenwirkungsgrad $\eta_q = 1$).

a) Welche Lichtleistung ist erforderlich, damit bei einer *Gleichstrom*messung der Fotostrom gleich dem Dunkelstrom wird? Die Reflexion an der Trennfläche Luft−Si soll berücksichtigt werden (Brechungsindex für Si: $n = 3{,}42$).

b) Welche zu 100 % modulierte Lichtleistung ist erforderlich, wenn bei einer Wechselstrommessung mit einer Bandbreite von 1 Hz (mit Lock-in-Verstärkern realisierbar) der Fotowechselstrom gleich dem Rauschstrom sein soll?

Lösung:

Die zum Fotostrom beitragende Lichtleistung P_1 ist kleiner als die auf die Diode fallende Lichtleistung P_e, da an der Diodenoberfläche ein Teil des Lichtes reflektiert wird (η_1).

a) $P_1 = \eta_1 P_0$, $\eta_1 = 1 - \left(\dfrac{n-1}{n+1}\right)^2 = 0{,}7$.

Mit (1/16a) erhält man für $\lambda = 0{,}75\,\mu\text{m}$ $P_e = 1{,}1 \cdot 10^{-8}\,\text{W}$.

b) Der Rauschstrom beträgt für $I_d = 5\,\text{nA}$:

$$\sqrt{\overline{i^2}} = \sqrt{2eI_d\Delta f} = 4 \cdot 10^{-14}\,\text{A}.$$

Das modulierte Licht genüge der Gleichung $P(t) = P_0(1 + \cos\omega t)$. Damit ergibt sich ein Fotowechselstrom (Effektivwert):

$$i_{\text{eff}} = \frac{1}{\sqrt{2}}\,\frac{P_0}{h\nu}\,\eta_1 = \left(0{,}3\,\frac{\text{A}}{\text{W}}\right) P_0$$

Der Signalstrom i_{eff} ist gleich dem Rauschstrom $\sqrt{\overline{i_2}}$ für $P_0 = 1{,}3 \cdot 10^{-13}\,\text{W}$. Diese Leistung nennt man „rauschäquivalente Leistung" oder „NEP" (*n*oise *e*quivalent *p*ower)

1.9

Es soll der Realteil der Impedanz einer in Durchlaßrichtung betriebenen p^+in-Diode näherungsweise bestimmt werden. Der Durchlaßstrom sei ausschließlich durch das Verhalten der Löcher in der i-Zone der Länge l bestimmt. Das Volumen der i-Zone kann als Senke aufgefaßt werden, in der die injizierten Löcher durch Rekombination verschwinden; es stellt sich eine mittlere Löcherdichte p ein.

a) Wie groß ist der zur Aufrechterhaltung dieser Trägerkonzentration erforderliche Strom I, wenn man als Näherung für die Rekombinationsrate die für die schwache Injektion geltende Formel verwendet?

b) Wie hängen demnach die spezifische Leitfähigkeit der i-Zone und der Realteil R der Diodenimpedanz vom Durchlaßstrom ab?

Lösung:

a) Mit der Rekombinationsrate p/τ_p wird die je Zeiteinheit im Volumen der i-Zone verschwindende Ladung $e\dfrac{p}{\tau_p}Al$ und damit der Strom $I = \dfrac{eAlp}{\tau_p}$.

b) $\sigma = e p \mu_p = \dfrac{\mu_p \tau_p}{A l} I, \qquad R = \dfrac{l}{A \sigma} = \dfrac{l^2}{\mu_p \tau_p I}$ (Abb. 1/21).

1.10

Zeige, daß bei einer Schottky-Diode ohne Vorspannung der Elektronenstrom vom Metall zum Halbleiter gleich dem Elektronenstrom vom Halbleiter zum Metall ist. (Das Maximum der Potentialbarriere liegt im Halbleiter, deswegen ist für beide Vorgänge die effektive Elektronenmasse des Halbleiters zu verwenden.)

Lösung:

a) Die Anzahl der Elektronen, die über die Potentialbarriere vom Metall in den Halbleiter gelangen können, ist

$$B \int_{e\Phi_B}^{\infty} N(E_M) f(E_M)\, dE,$$

wobei mit $B < 1$ berücksichtigt ist, daß nur die Elektronen, deren Impuls senkrecht zur Grenzfläche genügend groß ist, das Metall verlassen können.

b) Analog dazu ist die Anzahl der Elektronen, die vom Halbleiter in das Metall gelangen können,

$$B \int_{e\Phi_B}^{\infty} N(E_{HL}) f(E_{HL})\, dE.$$

Im thermischen Gleichgewicht hat das Fermi-Niveau im Metall und Halbleiter denselben Wert, damit gilt für beide dieselbe Besetzungswahrscheinlichkeit

$$f(E_M) = f(E_{HL}).$$

Für die Zustandsdichte $N(E)$ gilt

$$N(E)\, dE = \frac{4\pi (2 m^*)^{3/2} \sqrt{E}}{h^3}\, dE.$$

Da für beide Vorgänge dieselbe effektive Masse einzusetzen ist, ist auch $N(E)\, dE$ für beide Vorgänge gleich.

Führt man obige Rechnung unter Berücksichtigung des geeigneten Impulses durch, so erhält man die I-U-Charakteristik (1/14).

1.11

Skizziere für verschiedene Vorspannungen U_{MS} und unter der Annahme, daß das Oxid keine Ladungen enthält, den Verlauf der Bandkanten bei einer MIS-Diode. Mache dabei den Aufbau der Inversionsschicht deutlich (Annahme: n-Typ Halbleiter).

Lösung:

a) $\qquad U_{MS} > 0$

An der Grenzfläche Isolator-Halbleiter werden Elektronen angereichert.

b) $U_{MS} = 0$

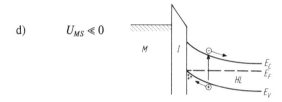

Da das Oxid keine Ladungen enthalten soll, ergibt sich der gerade Verlauf der Bandkanten. Dieser Fall wird als Flachbandfall bezeichnet; die anliegende Spannung (in diesem Fall $U = 0$) ist die Flachbandspannung.

c) $U_{MS} < 0$

Von der Grenzfläche Isolator-Halbleiter bildet sich in den Halbleiter hinein die RL-Zone aus, deren Weite von der Dotierung des Halbleiters und der anliegenden Spannung abhängt.

d) $U_{MS} \ll 0$

In der RL-Zone werden Elektronen und Löcher erzeugt. Die Löcher bewegen sich durch das Feld der RL-Zone zur Grenzfläche Isolator-Halbleiter und bauen dort die (positiv geladene) Inversionsschicht auf. Die Aufbauzeit wird durch die Generationsrate in der RL-Zone bestimmt und ist daher proportional τ_p, wenn die Ladungsträger nicht von der Seite zufließen können.

1.12

Es soll das Strom-Spannungs-Verhalten einer p^+n-Si-Diode mit dem einer flächengleichen Schottky-Diode verglichen werden. Daten der p^+n-Diode: Dotierung der n-Zone: $N_D = 10^{16}$ cm^{-3}, Beweglichkeit der Löcher in der n-Zone: $\mu_p = 420$ cm^2/Vs. Lebensdauer der Löcher in der n-Zone: $\tau_p = 50$ µs.
Daten der Schottky-Diode: Höhe der Barriere für Al-Si (Bild 1/34): $\Phi_B = 0{,}72$ V, modifizierte Richardson-Konstante für n-Si ([1], Seite 380): $R^* = 250$ A/cm^2 K^2.

a) Bestimme die Sperrsättigungsstromdichten für beide Dioden.
b) Bestimme damit den Unterschied der Durchlaßspannungen für gleiche Ströme in beiden Dioden.

Lösung:

a) Schottky-Diode: $i_s = R^* T^2 \exp\left(-\dfrac{e\Phi_B}{kT}\right) = 2{,}12 \cdot 10^{-5}$ A/cm^2.

    p^+n-Diode: $i_s = \dfrac{e L_p p_{n0}}{\tau_p} = 1{,}68 \cdot 10^{-12}$ A/cm^2.

Die Schottky-Diode weist also bei gleicher Durchlaßspannung einen erheblich größeren Durchlaufstrom auf.

b) In Analogie zu Übung 1.2 erhält man $U(p^+ n) - U(\text{Schottky}) = 425\,\text{mV}$.

1.13

Eine Gunn-Diode soll im Laufzeitbetrieb bei 12 GHz betrieben werden.

a) Welche Länge muß die aktive Zone haben?
b) Welche Mindestdotierung muß die aktive Zone haben, um Domänenwachstum zu ermöglichen?
c) Welche Spannung muß mindestens an die Diode gelegt werden, um beim Start der Domänen die kritische Feldstärke $E_c = 3\,\text{kV/cm}$ zu erreichen?

Lösung:

a) $l = \dfrac{v_s}{f} = 8{,}3\,\mu\text{m}$ (mit $v_s = 10^7\,\text{cm/s}$).

b) $n_0\, l > 2 \cdot 10^{12}\,\text{cm}^{-2}$, $\quad n_0 > 2{,}4 \cdot 10^{15}\,\text{cm}^{-3}$.

c) $U_c = E_c\, l = 2{,}5\,\text{V}$.

2 Injektionstransistoren

2.1 Aufbau und Wirkungsweise

Der Injektionstransistor ist ein Dreischicht-Element, d. h. eine *pnp*- bzw. eine *npn*-Struktur, in welcher die beiden *pn*-Übergänge räumlich so nahe angeordnet sind, daß sie sich gegenseitig beeinflussen.

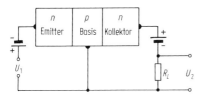

Bild 2/1. Injektionstransistor schematisch (*npn*-Transistor).

Bild 2/1 zeigt schematisch diese Struktur. Die Wirkungsweise kann kurz folgendermaßen erklärt werden: Ein in Flußrichtung gepolter *pn*-Übergang (Emitter-Basis) dient als Steuerelement. Es werden u. a. vom Emitter Ladungsträger in die Basis injiziert (Injektionstransistoren), die dort als Minoritätsträger von diesem *pn*-Übergang wegdiffundieren. Wenn die Dicke der Basiszone genügend klein im Vergleich zur Diffusionslänge ist, werden diese Minoritätsträger bis zur zweiten *pn*-Schicht gelangen. Dieser zweite, in Sperrichtung gepolte *pn*-Übergang (Basis-Kollektor), saugt die injizierten Minoritätsträger als Teil seines Sperrstromes ab. Man erhält daher am Kollektor einen Strom, der sehr stark von der Steuerspannung zwischen Emitter und Basis abhängt (Flußpolung), jedoch kaum von der Spannung zwischen Basis und Kollektor (Sperrpolung). Im Ausgangskreis (hier Basis-Kollektor) kann daher ein großer Arbeitswiderstand R_L Verwendung finden, und man kann Spannungsverstärkung erzielen. Da der Kollektorstrom annähernd so groß ist wie der Emitterstrom, ist damit auch eine Leistungsverstärkung verbunden.

Bild 2/2 zeigt einen nach der Diffusionstechnik hergestellten Planartransistor. Hier wird beispielsweise von einer *n*-dotierten Si-Scheibe ausgegangen. Diese ist auf ihrer Oberfläche oxidiert. In diese SiO_2-Schicht werden mit Hilfe phototechnischer Verfahren Fenster geätzt (ein Fenster je späterer Transistor). Setzt man diese so präparierte Scheibe bei hoher Temperatur (z. B. 1 000 °C) einem Gasgemisch aus, das Dotierungsstoffe enthält (z. B. Bor), so werden die Dotierungsatome an den *nicht* durch SiO_2 ge-

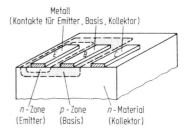

Bild 2/2. Si-Planartransistor.

Metall
(Kontakte für Emitter, Basis, Kollektor)

n-Zone p-Zone n-Material
(Emitter)   (Basis)   (Kollektor)

schützten Stellen in die Si-Scheibe eindiffundieren und die ursprüngliche Dotierung überkompensieren, so daß für dieses Beispiel eine p-dotierte Zone entsteht. Die SiO_2-Schicht wirkt als Maske gegen das Eindringen der Dotierungsstoffe. Während das ursprünglich n-dotierte Grundmaterial als Kollektor dient, ergibt diese p-Zone die Basis.

In einem weiteren analogen Herstellungsvorgang werden nun nach erneuter Oxidation und Photoätzung in diese p-Zonen kleinere n-Zonen, die Emitter, eindiffundiert. Diese Diffusion muß so gewählt werden, daß eine sehr flache, aber stark dotierte Zone entsteht, so daß unter dem Emitter noch eine Basiszone geeigneter Dicke verbleibt. Bei diesem Herstellungsverfahren wird die Halbleiterscheibe nur von einer Seite bearbeitet (Planartechnik), und man ist von der Stärke der Ausgangsscheibe unabhängig, so daß enge Toleranzen eingehalten werden können. Außerdem können auf einer Scheibe gleichzeitig sehr viele Transistoren hergestellt werden, was eine wirtschaftliche Fertigung ermöglicht. Die Planartechnik ist daher die Standardtechnik zur Herstellung von Transistoren und integrierten Schaltungen.

2.2 Emitter- und Kollektorstrom

Für die folgenden Überlegungen gelten nachstehende Annahmen [71-75]:

a) Eindimensionale Verhältnisse. Die Stärke der Basiszone ist klein gegen die transversalen Abmessungen, so daß zunächst der Stromfluß senkrecht zu den metallurgischen Übergängen angenommen werden kann. Alle betrachteten Größen hängen nur von der x-Koordinate (und der Zeit t) ab (Bild 2/3). (Man erkennt, daß wegen des endlichen Basisstromes I_B diese Voraussetzung nur näherungsweise gelten kann.)

b) Es wird ein npn-Transistor betrachtet. Das zugehörige Schaltungssymbol ist in Bild 2/4 mit den Spannungs- und Strompfeilen gezeichnet. Die eingetragenen Polungen der Batterien bewirken Flußpolung der Emitter-Basis-Diode und Sperrpolung der Basis-Kollektor-Diode. Der Pfeil im Transistorsymbol (Emitter) kennzeichnet die technische Stromrichtung. Das Symbol für den pnp-Transistor ist in Bild 2/4 rechts angegeben; die Batteriepolungen sind dann entsprechend zu ändern.

87

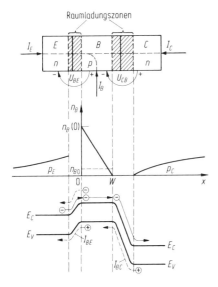

Bild 2/3. Schematische Darstellung eines *npn*-Transistors, Minoritätsträgerverteilung in der Basis und Bändermodell

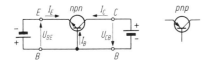

Bild 2/4. Strom- und Spannungspfeile am Transistor.

c) Es werden abrupte *pn*-Übergänge und homogen dotierte Halbleiterbereiche angenommen.

d) Es werden quasistationäre Verhältnisse (Aufeinanderfolge von Gleichgewichtszuständen) angenommen. Außerdem werden zunächst Speichereffekte vernachlässigt (Gleichstromverhalten).

Der Durchlaßstrom einer *pn*-Diode ist primär durch den Diffusionsvorgang der jeweils injizierten Minoritätsträger bestimmt. Maßgebend für die Diffusion ist das Konzentrationsgefälle, welches durch die Minoritätsträgerkonzentration am Rand der RL-Zone bestimmt wird. Für die RL-Zone (und daher auch für deren Rand) wird ein Gleichgewichtszustand angenommen, d. h. man setzt voraus, daß die Ladungsträgerkonzentration durch die potentielle Energie (das el. Potential) bestimmt ist (z. B. [3]).

Diese Annahme beschreibt eine Situation, bei der die Minoritätsträgerdiffusion in den neutralen Zonen den Flaschenhals im Ladungstransport darstellt. In der RL-Zone hingegen ist die Häufigkeit der sich in *beiden* Richtungen bewegenden Ladungsträger *eines* Typs (Diffusions- bzw. Driftstrom) so groß, daß sich bei einer Potentialänderung „sofort" (innerhalb der Trägerlaufzeit durch die RL-Zone) die Trägerdichte auf den neuen Gleichgewichtszustand einstellt. Solange das Konzentrationsgefälle in der RL-Zone groß gegen das Gefälle in den neutralen Zonen ist (z. B. Bild 91 in [3]), ist der Diffusionsstrom in der RL-Zone groß gegen den Diffusions-strom in den neutralen Zonen; es fließt dann ein großer Driftstrom in der RL-Zone, der den Gesamtstrom in der RL-Zone auf den Wert des Stromes in der neutralen Zone (der von gleicher Größenordnung wie der dort flie-ßende Diffusionsstrom ist) reduziert, und die Annahme des Gleichge-wichtszustandes für die RL-Zone ist gerechtfertigt.

Diese Überlegungen gelten in analoger Weise für den Transistor, d. h. auch hier ist die Minoritätsträgerdiffusion in der neutralen Zone (Basis) der Flaschenhals des Ladungstransportes. Auf den bei Si-*Dioden* meist do-minierenden Generationsrekombinationsstrom wird weiter unten noch ein-gegangen.

Der Durchlaßstrom der Diode Emitter-Basis hat zwei Anteile: Es werden Elektronen vom *n*-Emitter in die Basis injiziert und Löcher von der *p*-Ba-sis in den Emitter. Betrachten wir zunächst den ersten (und entscheiden-den) Anteil: Durch die Elektroneninjektion in die Basis wird am *p*-seitigen Rand der Raumladungszone ($x = 0$) die Minoritätsträgerkonzentration in der Basis n_B über den Gleichgewichtswert angehoben (Bild 2/3). (Der In-dex *B* kennzeichnet den Bezug auf die Basis.)

Durch die Sperrpolung des *pn*-Überganges Basis-Kollektor werden die Minoritätsträger am Rande dieser Raumladungszone abgesaugt, so daß die Elektronenkonzentration am kollektorseitigen Ende der neutralen Basis ($x = W$) sehr klein wird. Der Transport der Minoritätsträger innerhalb der homogen dotierten Basis erfolgt durch Diffusion. Wenn die Weite W der *neutralen* Basis (metallurgische Basisweite abzüglich der entsprechenden Anteile der Raumladungszonen) klein gegen die Diffusionslänge (die in-nerhalb der Minoritätsträgerlebensdauer durch Diffusion zurückgelegten Strecke) ist, kann in erster Näherung die Rekombination der Minoritätsträ-ger mit den Majoritätsträgern vernachlässigt werden. Der Diffusionsstrom (und damit grad n) ist dann unabhängig vom Ort x; dies entspricht einer linearen Abnahme der Minoritätsträgerdichte n_B, wie sie in Bild 2/3 ge-zeichnet ist.

Die Minoritätsträgerdichte $n_B(0)$ am emitterseitigen Rand der neutralen Basiszone ist (wie bei der Diode) gleich der dem elektrischen Potential ent-sprechenden Gleichgewichtsdichte (z. B. [3]).

$$n_B(0) = n_{B0} \exp \frac{U_{BE}}{U_T}. \qquad (2/1)$$

Darin ist n_{B0} die Gleichgewichtsdichte der Minoritätsträger in der Basis. Da $n_B(W)$ bei genügend hoher Sperrspannung vernachlässigbar gegen n_{B0} ist ($n_B(W) \simeq 0$), kann der Minoritätsträgerstrom in der Basis einfach be-stimmt werden. Dieser ist in erster Näherung gleich dem Emitter- bzw. Kollektorstrom

$$I_C \simeq -I_E \simeq -eAD_{nB} \operatorname{grad} n_B, \qquad \operatorname{grad} n_B = \frac{\partial n_B}{\partial x} = -\frac{n_B(0)}{W},$$

$$I_C \simeq -I_E \simeq \frac{eAD_{nB}\,n_B(0)}{W} \tag{2/2}$$

und mit (2/1)

$$\boxed{I_C \simeq -I_E \simeq \frac{eAD_{nB}\,n_{B0}}{W}\exp\frac{U_{BE}}{U_T}.} \tag{2/3}$$

Vergleicht man diesen Ausdruck für den Elektronendiffusionsstrom mit dem entsprechenden Anteil im Strom einer *pn*-Diode [3], so erkennt man, daß anstelle der Diffusionslänge (Diodenstrom) hier beim Transistor die Weite der neutralen Basiszone steht. Da diese beim Transistor wesentlich kleiner als die Diffusionslänge ist, ist der Transistorstrom wesentlich größer als der Strom (Elektronenanteil) einer entsprechenden Diode. Bild 2/5 zeigt die Minoritätsträgerkonzentration als Funktion des Ortes für eine *EB*-Diode ohne Kollektor (Kurve *2*) und für einen Transistor (Kurve *1*). Man erkennt, daß durch das Absaugen der Minoritätsträger am Kollektor ($x = W$) der Gradient der Trägerkonzentration bei $x = 0$ und damit der Strom stark ansteigt. Wegen dieser starken Erhöhung des Diffusionsstromes dominiert beim Transistor auch in Si der Diffusionsstromanteil, d. h. die Rekombination der Elektronen in der Raumladungszone zwischen Emitter und Basis kann für den Emitterstrom vernachlässigt werden.

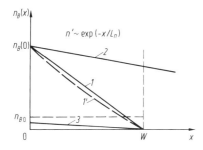

Bild 2/5. Minoritätsträgerverteilung in der Basis.

Der zweite, noch nicht diskutierte, Stromanteil der in Flußrichtung gepolten *EB*-Diode (die von der Basis in den Emitter injizierten Löcher) ändert sich gegenüber der Diode nicht. Er ist daher (selbst bei symmetrischer Dotierung) wesentlich kleiner als der gewünschte Stromanteil, worauf in 2.3 eingegangen wird.

Man erkennt aus Kurve *2* in Bild 2/5 außerdem, daß bereits innerhalb der Strecke $0 \leq x \leq W$ eine endliche Anzahl von Ladungsträgern durch Rekombination verschwindet (Unterschied im Wert von grad n_B bei $x = 0$ und $x = W$). Dies gilt im Prinzip auch dann, wenn die Minoritätsträger bei $x = W$ abgesaugt werden. Es fließen also genau genommen etwas mehr Ladungsträger (Elektronen) in die Basis als aus ihr heraus; die Neigung der Kurve $n(x)$ ist also bei $x = 0$ etwas größer als bei $x = W$, wie in Kurve $1'$ dargestellt.

Anhand von Bild 2/5 läßt sich außerdem der Sperrstrom der Diode Basis-Kollektor diskutieren: der Sperrstrom (Elektronenanteil) ist gegeben durch den Minoritätsträger-Diffusionsstrom am Rand der R-L-Zone, also durch die Neigung der Kurve $n_B(x)$ bei $x = W$. Wäre kein Emitter vorhanden, so ergäbe sich bei genügend großer Sperrspannung an der Diode die Minoritätsträgerverteilung nach Kurve 3. Im Transistor werden jedoch an der Stelle $x = 0$ vom Emitter Minoritätsträger injiziert, so daß eine Verteilung nach Kurve 1 bzw. $1'$ entsteht mit einer größeren Steigung der Kurve $n(x)$ an der Stelle $x = W$ als für die entsprechende Diode. Der Sperrstrom ist also größer als in einer entsprechenden Einzeldiode, und vor allem ist dieser Kollektorstrom von der Spannung U_{BE} abhängig, da $n_B(0)$ (exponentiell) von U_{BE} abhängt (2/1). Man erhält daher für die Diode BC ein (Sperr-)Kennlinienfeld mit U_{BE} als Parameter (Bild 2/6).

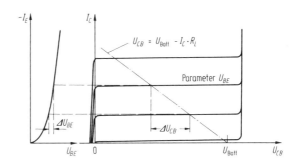

Bild 2/6. Transistorkennlinien für Basisschaltung.

Sofern das Modell der idealen Diode gegeben ist (keine Generation in der RL-Zone usw.; z. B. [3]), ist der Sperrstrom einer Diode von der angelegten Sperrspannung unabhängig. Im Transistor entsteht jedoch auch für das idealisierte Modell eine geringe Abhängigkeit des Kollektorstromes von der Basis-Kollektor-Spannung aus folgendem Grund: Bild 2/3 zeigt, daß die Strecke von $x = 0$ bis $x = W$ von der Weite der Raumladungszonen abhängt. Daher wird die Weite W der neutralen Basis von der Spannung U_{CB} abhängen und damit nach (2/3) auch der Kollektorstrom. Auf diese „Basisweitenmodulation" wird in Abschn. 2.6.3 näher eingegangen. Dieser Effekt erklärt die sehr kleine, aber endliche Neigung der I_C-U_{CB}-Kennlinien in Bild 2/6.

In Bild 2/6 ist links die Kennlinie der Steuerdiode EB gezeichnet. Da, wie das Kennlinienfeld in Bild 2/6 rechts zeigt, der Kollektorstrom (und damit der Emitterstrom) geringfügig von der Ausgangsspannung abhängt, gilt eine Eingangskennlinie nur für eine bestimmte Spannung U_{CB}, und man erhält auch für die Steuerdiode streng genommen eine Kurvenschar. Die Basisweitenmodulation führt also zu einer Rückwirkung der Spannung

U_{CB} auf die Steuerdiode *EB*. Diese Rückwirkung ist jedoch sehr gering, und es genügt für viele Fälle die Angabe einer einzigen Kennlinie für die Diode *EB*.

Liegt im Stromkreis der Diode *BC* ein Arbeitswiderstand R_L in Serie mit einer Batterie (Bild 2/1), so kann die Spannung U_{CB} nur die Werte auf der in Bild 2/6 rechts gezeichneten Widerstandsgeraden annehmen. Ändert man die Steuerspannung um einen Betrag ΔU_{BE}, so ändert sich die Ausgangsspannung wesentlich mehr, um ΔU_{CB}. Es ist in dieser Schaltung eine hohe Spannungsverstärkung möglich, weil die in Flußrichtung gepolte Eingangsdiode viel empfindlicher auf Spannungsänderungen reagiert als die in Sperrichtung gepolte Ausgangsdiode.

Die Wirkungsweise des Transistors kann auch anhand des Bändermodells (Bild 2/3) erklärt werden:

Für $U_{BE} = 0$ gelangen Elektronen durch Diffusion vom Emitter zur Basis und gleich viele durch Drift von der Basis zum Emitter. Für Flußpolung der Emitter-Basis-Diode überwiegt die Elektronendiffusion vom Emitter in die Basis; diese Elektronen überwinden auf Grund ihrer thermischen Energie die Potentialbarriere der Emitter-Basis-Raumladungszone. Dadurch entsteht ein Elektronenüberschuß am emitterseitigen Ende der Basis und Elektronen diffundieren in Richtung Kollektor, den sie unter dem Einfluß des Potentialgefälles der Basis-Kollektor-Raumladungszone erreichen.

Diese Bewegung der Minoritätsträger in der Basis kann durch eine inhomogene Basis-Dotierung wegen des dadurch entstehenden Potentialgefälles zusätzlich gefördert werden (Drifttransistor).

Nach (2/3) ist der Kollektorstrom umgekehrt proportional zur Weite *W* der neutralen Basis. Der Diffusionsstrom kann aber nicht beliebig steigen, wenn *W* sinkt. Er strebt vielmehr einem Grenzwert zu, der dadurch bestimmt ist, daß alle injizierten Ladungsträger mit thermischer Geschwindigkeit durch die Basis wandern. Der Strom ist dann nicht mehr durch die Diffusion in der Basis begrenzt, sondern durch die Nachlieferung der Ladungsträger aus dem Emitter. Dieser Übergang erfolgt bei Basisweiten der Größenordnung 0,1 μm [180].

2.3 Basisstrom

Folgende drei bisher vernachlässigten Stromanteile bilden den Basisstrom:

a) I_{BE}: Löcherinjektion aus der Basis in den Emitter (Anteil der Löcher am Durchlaßstrom der Diode *EB*, s. Verlauf der Löcherkonzentration p_E im Emitter in Bild 2/3) und Rekombination in der Raumladungszone *EB*;

b) I_{BB}: Rekombination eines kleinen Anteils der injizierten Elektronen mit Löchern in der Basis;

c) I_{BC}: Absaugen von Löchern aus dem Kollektor (Anteil der Löcher am Sperrstrom der Diode *BC*, s. Verlauf der Löcherkonzentration p_C im Kollektor in Bild 2/3) und Generation in der Raumladungszone *BC*.

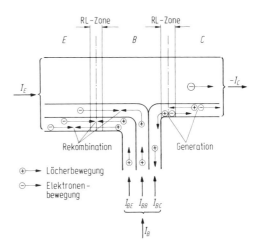

Bild 2/7. Schematische Darstellung der Ladungsträgerbewegung im Transistor.

Diese drei Stromanteile sind schematisch in Bild 2/7 angeführt. Alle fließen als Majoritätsträgerströme (Löcher) in der Basis über den Basisanschluß ab; die Stromanteile sind zwar klein, aber es sind die einzigen (gemäß unserem idealisierten Modell), die über den Basisanschluß fließen. Der Basisstrom liegt bei den meisten Transistoren unter 1 % des Kollektorstromes. In diesem Sinne ist auch das Zeichen $\simeq$ in (2/3) und (2/2) zu sehen: Kollektor- und Emitterstrom können nach (2/3) bestimmt werden. Die Differenz der beiden Ströme (der Strom zur dritten Elektrode, der Basis) kann jedoch daraus nicht ermittelt werden. Dem Basisstrom kommt besonders deshalb große Bedeutung zu, weil in der „Emitterschaltung" (Abschn. 2.4) die Basis als Steuerelektrode fungiert und der Basisstrom den Steuergenerator belastet.

Zu a). Nach (1/1) und (1/2a) ist der den Löchern entsprechende Anteil des „Diffusionsstroms" der Emitterbasisdiode gleich:

$$I_{BE_{\mathrm{diff}}} = \frac{eA\,D_{pE}\,p_{E0}}{L_{pE}} \left(\exp \frac{U_{BE}}{U_T} - 1 \right). \tag{2/4a}$$

Da auch der Rekombinationsstrom in der RL-Zone nicht zum Transistorhauptstrom beiträgt wohl aber Teil des *E-B*-Diodenstroms ist, wird er zu I_{BE} gezählt (1/2b):

$$I_{BE} = eA \left[\frac{D_{pE}\,p_{E0}}{L_{pE}} \left(\exp \frac{U_{BE}}{U_T} - 1 \right) + \frac{n_i\,l_E}{\tau_n + \tau_p} \left(\exp \frac{U_{BE}}{2\,U_T} - 1 \right) \right]. \tag{2/4}$$

Darin ist l_E die Weite der RL-Zone zwischen Emitter und Basis. In einem breiten Betriebsbereich des Transistors (Flußpolung der *E-B*-Diode) dominiert der „Diffusions"-term (s. Bild 2/8). Dann lautet das Verhältnis dieses

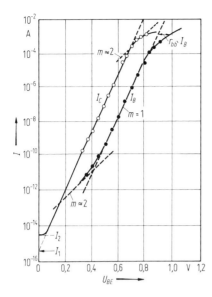

Bild 2/8. Kollektorstrom I_C und Basisstrom I_B als Funktion der Basis-Emitter-Spannung U_{BE} nach [1, 183].

Stromanteiles I_{BE} zum gewünschten Anteil (der ungefähr gleich dem gesamten Emitterstrom I_E ist):

$$\frac{I_{BE}}{-I_E} = \frac{D_{pE}\,p_{E0}}{D_{nB}\,n_{B0}}\,\frac{W}{L_{pE}}. \tag{2/5}$$

Dieses Verhältnis ist, wie erwähnt, um so kleiner, je kleiner die Weite W der neutralen Basis im Verhältnis zur Diffusionslänge L_{pE} der Löcher im Emitter ist. Auch eine starke Dotierung des Emitters im Verhältnis zur Basis begünstigt den gewünschten Stromanteil (da dadurch $p_{E0} < n_{B0}$ wird). Man bezeichnet den Ausdruck $1 - |I_{BE}/I_E|$ als Emitterwirkungsgrad, da er das Verhältnis des gewünschten Emitterstromanteiles $|I_E| - I_{BE}$ (hier Elektronenstrom) zum gesamten Emitterstrom darstellt.

Die Diffusionslänge der Minoritätsträger im Emitter (L_{pE}) ist nur dann für die Stromkomponente I_{BE} maßgebend, wenn die neutrale Emitterzone länger ist als diese Diffusionslänge („lange" Diode). Andernfalls ist an Stelle der Diffusionslänge die (kürzere) Dicke d_E der Emitterschicht in (2/4) bzw. (2/5) einzusetzen, da am Emitterkontakt im allgemeinen wegen der hohen Oberflächenrekombination die Trägerdichte am Gleichgewichtswert festgehalten wird („kurze" Diode, s. z. B. [3] S. 147 und Übung 2.13). Soll trotz der dünnen Emitterschicht der Stromanteil I_{BE} klein bleiben, so sind besondere Maßnahmen zur Reduzierung der Oberflächenrekombination erforderlich (z. B. Poly-Si-Emitter) [181, 182, 185], wodurch sehr hohe Stromverstärkungswerte erzielt werden können. Ein anderer Weg, I_{BE} klein zu bekommen, wird beim Heterojunctiontransistor versucht [1, 186]. Hier wird der Emitter aus einem Halbleitermaterial größeren Bandabstandes als in der Basis hergestellt, so daß bei geeigneter Dotierung die Elektronen des Emitters zwar in die Basis gelangen können, die Löcher aber durch eine Potentialbarriere am Verlassen der Basis gehindert werden. Am aussichtsreichsten ist hier (ebenso wie bei der Laserdiode) die Kombination GaAs/$Al_xGa_{1-x}As$.

Zu b). Wenn die Minoritätsträgerkonzentration in einem homogen dotierten Halbleiterstück größer als die Gleichgewichtskonzentration ist, überwiegt die Rekombination gegen die (thermische) Generation und die Überschußträgerkonzentration nimmt exponentiell mit der Minoritätsträgerlebensdauer (hier τ_{nB}) als Zeitkonstante ab, wenn keine Nachlieferung erfolgt:

$$n_B'(t) = n_B'(t=0)\exp\left(-\frac{t}{\tau_{nB}}\right).$$

Die Nettorekombinationsrate $(R - G_{th})$ ist gleich n_B'/τ_{nB} (z. B. [3]).

Werden, wie hier, ständig Minoritätsträger nachgeliefert, so kann ein stationärer Zustand $(\partial/\partial t = 0)$ mit endlicher Überschußkonzentration aufrechterhalten werden. Das Volumenintegral über die Nettorekombinationsrate ergibt dann den in dieses Volumen fließenden Strom der entsprechenden Ladungsträger (Kontinuitätsgleichung, z. B. [3]).

Bild 2/9 zeigt die Minoritätsträgerkonzentration in der Basis mit stark übertriebener Gleichgewichtskonzentration n_{B0}. Obigen Überlegungen entsprechend erhält man den Rekombinationsanteil des Basisstromes

$$I_{BB} = e\int_0^W \frac{n_B'}{\tau_{nB}} A\,dx = \frac{eA}{\tau_{nB}}\left[\frac{n_B(0)\,W}{2} - n_{B0}\,W\right].$$

Setzt man die Minoritätsträgerkonzentration $n_B(0)$ nach (2/1) ein, so erhält man den Stromanteil I_{BB} in Abhängigkeit von der Emitter-Basis-Spannung. Die Minoritätsträgerlebensdauer kann durch die Diffusionslänge ausgedrückt werden (z. B. [3]):

$$I_{BB} = \frac{eA\,n_{B0}\,D_{nB}\,W}{2L_{nB}^2}\left(\exp\frac{U_{BE}}{U_T} - 2\right). \tag{2/6}$$

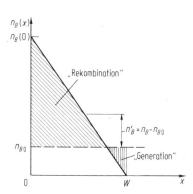

Bild 2/9. Minoritätsträgerverteilung in der Basis.

Das Verhältnis dieses Stromanteiles zum Emitterstrom beträgt

$$\frac{I_{BB}}{I_E} = -\frac{1}{2}\left(\frac{W}{L_{nB}}\right)^2 \left[1 - 2\exp\left(-\frac{U_{BE}}{U_T}\right)\right]. \tag{2/7}$$

Abgesehen von dem spannungsabhängigen Ausdruck in der eckigen Klammer ist dieses Stromverhältnis durch den Quotienten W/L_{nB} gegeben. Ist also die „Laufzeit" der Ladungsträger klein gegen die Lebensdauer ($W \ll L_{nB}$), so ist dieser Basisstromanteil (Rekombinationsanteil) klein gegen den gewünschten Emitterstrom. Im Prinzip ist die Annahme einer dreiecksförmigen Minoritätsträgerverteilung in der Basis (Bild 2/9) inkonsistent mit der Annahme eines endlichen Stromanteiles I_{BB}. Wie jedoch der Vergleich der Kurven *1* und *1'* in Bild 2/5 zeigt, ist der dadurch entstehende Fehler für kleine Ströme I_{BB} vernachlässigbar.

Zu c). Der Anteil I_{BC} des Sperrstromes der Diode *BC* hat nach (1/2a) bzw. (1/2b) den Wert:

$$I_{BC} = -eA\left[\frac{D_{pC}p_{C0}}{L_{pC}} + \frac{n_i l_C}{\tau_n + \tau_p}\right]. \tag{2/8}$$

Hier ist l_C die Weite der RL-Zone zwischen Basis und Kollektor. Meist ist I_{BC} klein gegen die beiden anderen Basisstromanteile und außerdem ist I_{BC} fast spannungsunabhängig, so daß der Wechselanteil von I_{BC} vernachlässigbar ist.

Der gesamte Basisstrom ist die Summe der drei Anteile:

$$I_B = I_{BE} + I_{BB} + I_{BC}. \tag{2/9}$$

Er fließt als Majoritätsträgerstrom zum Basisanschluß (Bild 2/2) wodurch ein transversaler Spannungsabfall entsteht, der in Abschn. 2.6.4 noch näher untersucht wird.

Wenn (wie bei Transistoren kleiner Basisweiten häufig der Fall) die Komponente I_{BE} dominiert, hat die Charakteristik $I_B(U_{BE})$ je nach Arbeitspunkt verschiedene m-Werte je nachdem ob Diffusion oder Rekombination in der RL-Zone den Strom bestimmt. Bild 2/8 zeigt einen typischen Verlauf. Im Gegensatz dazu ist I_C meist rein diffusionsbegrenzt, so daß die statische Stromverstärkung $B = |I_C/I_B|$ vom Arbeitspunkt abhängt.

2.4 Grundschaltungen

Da der Transistor drei Anschlüsse hat, muß einer gemeinsam für Eingangs- und Ausgangskreis herangezogen werden. Je nachdem, welcher der drei Anschlüsse gemeinsam ist, unterscheiden wir folgende drei Grundschaltungen:

Basisschaltung

In der Schaltung nach Bild 2/1 bzw. 2/10 ist die Basis die gemeinsame Elektrode. Da der Kollektorstrom I_C (dem Betrag nach) ungefähr gleich dem Emitterstrom I_E ist, ist in dieser Schaltung die Stromverstärkung (Ausgangsstrom zum Eingangsstrom) $|I_C/I_E| \simeq 1$. Eine Spannungsverstärkung ist, wie erwähnt, möglich, da der Ausgangsstrom von der Ausgangsspannung fast nicht abhängt und daher ein großer Arbeitswiderstand R_L benutzt werden kann. Die Leistungsverstärkung ist ungefähr gleich der Spannungsverstärkung.

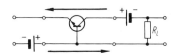

Bild 2/10. Basisschaltung. Der Strompfeil kennzeichnet den Hauptstromkreis.

Emitterschaltung

Bild 2/11 zeigt die Emitterschaltung (Emitter als die gemeinsame Elektrode). Der Hauptstrom $I_C \simeq -I_E$ fließt nur im Ausgangskreis. Im Eingangskreis fließt der wesentlich kleinere Basisstrom; trotzdem bleibt die Steuerwirkung erhalten, da die Eingangsspannung auch hier gleich der Emitter-Basis-Spannung ist (entgegengesetztes Vorzeichen). Die Spannung am Ausgangskreis ist allerdings gleich der Summe der beiden Diodenspannungen. Da jedoch die Kollektorbasisspannung gegen die Emitterbasisspannung (dem Betrag nach) groß ist, ist der diesbezügliche Unterschied zur Basisschaltung klein. Die Emitterschaltung unterscheidet sich also in erster Näherung von der Basisschaltung durch den wesentlich kleineren Steuerstrom. Die (statische) Stromverstärkung $B = |I_C/I_B|$ ist groß (z. B. 100), ebenso bei geeignetem Arbeitswiderstand die Spannungsverstärkung (z. B. 100), so daß sich eine sehr große Leistungsverstärkung ergibt (z. B. 10 000). Die Emitterschaltung ist daher die üblichste Grundschaltung.

Kollektorschaltung

Die gemeinsame Elektrode ist hier der Kollektor Bild 2/12. Da die Emitter-Basis-Spannung im Verstärkungsbereich des Transistors klein gegen die Kollektor-Basis-Spannung ist, ist die Eingangsspannung ungefähr gleich

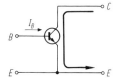

Bild 2/11. Emitterschaltung. Der Strompfeil kennzeichnet den Hauptstromkreis.

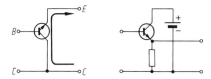

Bild 2/12. Kollektorschaltung. Der Strompfeil kennzeichnet den Hauptstromkreis.

der Ausgangsspannung (Spannungsverstärkung $\simeq 1$). Die Stromverstärkung $|I_E/I_B|$ ist groß (z. B. 100), ungefähr gleich groß wie in der Emitterschaltung. Diese Schaltung findet als Impedanzwandler Anwendung (Abschn. 2.6.10).

2.5 Kennlinienfelder

Bild 2/13 zeigt eine Gegenüberstellung der Ausgangskennlinien und der Übertragungskennlinien für Basis- und Emitterschaltung. In den Bildern a

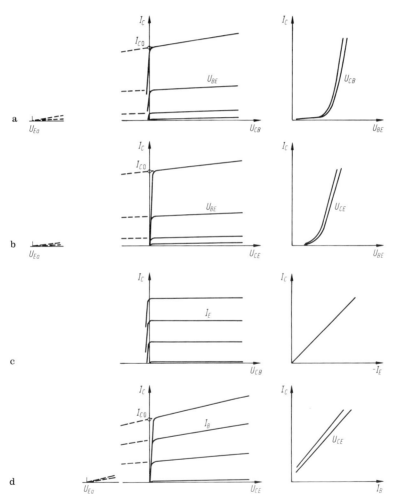

Bild 2/13. Vergleich der Ausgangskennlinien für Emitterschaltung (**b, d**) und Basisschaltung (**a, c**) mit Spannungs- und Stromsteuerung (linke Bildreihe). Rechts sind jeweils die daraus konstruierbaren Übertragungskennlinien angegeben.

und b ist die Eingangs*spannung* als·Parameter benutzt. Für Basisschaltung ist $I_C \neq 0$ für $U_{CB} = 0$, während in Emitterschaltung $I_C \approx 0$ gilt für $U_{CE} = 0$, da dann *beide pn*-Übergänge spannungslos sind. Die Neigung der Kennlinien ist etwa gleich. Extrapoliert man die linearen Bereiche der Kennlinien, so schneiden diese Geraden die Abszissenachse etwa in einem Punkt. Man nennt die zugehörige Spannung die *Early*-Spannung (es gibt auch andere Definitionen, die aber einer Messung nicht so leicht zugänglich sind). Die Übertragungskennlinien sind in beiden Fällen Exponentialkurven; sie können aus den Ausgangskennlinien ermittelt werden.

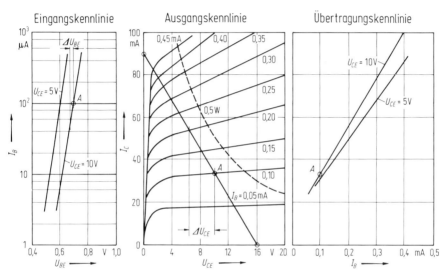

Bild 2/14. Transistorkennlinien für Emitterschaltung (Siemens-Datenbuch, Typ BCY 58).

Bild 2/13c und d benutzen jeweils die Eingangs*ströme* als Parameter. Wegen $|I_E| \approx I_C$ sind diese Kennlinien bei Basisschaltung horizontal; bei Emitterschaltung ist die Neigung bei Stromsteuerung etwa doppelt so groß wie bei Spannungssteuerung (s. Abschn. 2.6.3). Die Übertragungskennlinien sind bei Stromsteuerung weitgehend linear.

Bild 2/14 zeigt ein Beispiel für Kennlinien (Emitterschaltung), wie sie Datenblättern zu entnehmen sind. Bestimmt man hier die Early-Spannung, so erhält man $U_{Ea} = 83$ V. Die Übertragungskennlinie $I_C(I_B)$ ist im hier gezeichneten Bereich linear. Die Geraden gehen jedoch nicht durch den Ursprung, d. h. die Großsignalverstärkung $B = \left| \dfrac{I_C}{I_B} \right|$ ist nicht gleich der später noch genauer beschriebenen Kleinsignalverstärkung $\beta = \left| \dfrac{\Delta I_C}{\Delta I_B} \right|$. Für den eingetragenen Arbeitspunkt hat die Stromverstärkung B den Wert 330 und β etwa den Wert 230. Außerdem ist in Bild 2/14 auch die Eingangskennlinie im halblogarithmischen Maßstab angegeben, so daß auch Spannungssteuerung miterfaßt ist.

Die *Spannungs*verstärkung hängt vom Lastwiderstand ab. Für den eingetragenen Arbeitspunkt erhält man für beispielsweise $\Delta U_{BE} = 20$ mV aus der Eingangskennlinie $\Delta I_B = 0,1$ mA und mit $R_L = 180\ \Omega$ die Spannungsänderung $\Delta U_{CE} \approx -3,5$ V also die Spannungsverstärkung $\Delta U_{CE}/\Delta U_{BE} \approx -175$. Die Leistungsverstärkung für kleine Wechselsignale liegt also bei ca. 40 000.

Interessant ist die Gegenüberstellung der Temperaturabhängigkeit von Ge- und Si-Transistoren Bild 2/15 und 2/16. Für Si ist der Sperrstrom wegen des größeren Bandabstandes kleiner als für Ge; dies geht deutlich aus den Kennlinien für $I_B = 0$ hervor. Da meist der Basisstrom I_B und nicht die Emitter-Basis-Spannung U_{EB} als Steuergröße benutzt wird, erhält man für

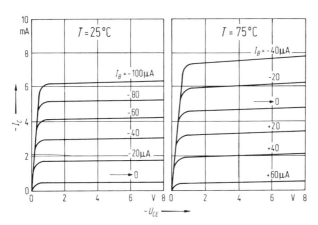

Bild 2/15. Temperaturabhängigkeit der Kennlinien für einen *pnp*-Ge-Transistor ([75], S. 72).

Si-Transistoren in diesen Kennlinienfeldern eine kleinere Temperaturabhängigkeit. Dies gilt für Stromsteuerung; bei Spannungssteuerung ist die Temperaturabhängigkeit wesentlich größer.

Es wurde oben die Verstärkung für eine kleine Wechselspannung ΔU_{BE} bestimmt. Wegen des stark nichtlinearen Charakters der Kennlinienschar ist diese Spannungsverstärkung von der Aussteuerungsamplitude und vom Arbeitspunkt abhängig und insbesondere ungleich dem Quotienten U_{CE}/U_{BE}. Für kleine Amplituden strebt die Spannungsverstärkung einem nur mehr vom Arbeitspunkt abhängigen Wert zu. Diese Kleinsignalverstärkung wird in Abschn. 2.6 ausführlich behandelt. Da Kleinsignalbeschrei-

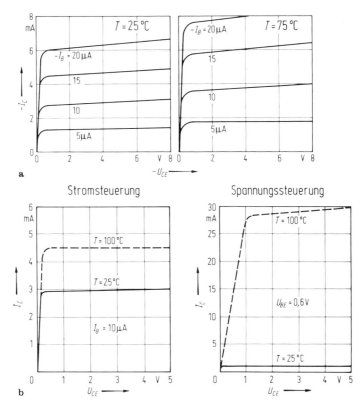

Bild 2/16. Temperaturabhängigkeit der Kennlinien für den Si-Transistor BC 179 B (Siemens Datenbuch). **a** Einfluß der Temperatur bei Stromsteuerung (BC 179, *pnp*); **b** Unterschied zwischen Strom- und Spannungssteuerung (BCY 58, *npn*).

bungen generell einfacher sind als Großsignalbeschreibungen, können auf diese Weise auch die dynamischen Effekte relativ einfach quantitativ beschrieben werden. Im Folgenden wird also zunächst aus den Gleichstromkennlinien (durch Linearisieren) das Niederfrequenzersatzschaltbild des Transistors bestimmt (Abschn. 2.6.1). Anschließend werden diese Effekte höherer Ordnung im Kleinsignalbereich behandelt (Abschn. 2.6.2 bis 2.6.8). Erst dann wird (im Abschn. 2.7) die Großsignalbetrachtung wieder aufgenommen.

2.6 Kleinsignal-Ersatzschaltbilder

Die Kennlinienfelder nach Bild 2/6 bzw. 2/13 sind im allgemeinen nichtlinear. Beispielsweise ist die Eingangskennlinie für Basisschaltung (Bild 2/6 links) ebenso wie eine normale Diodenkennlinie eine Exponentialkurve (vgl. (2/3)). Für einen breiten Anwendungsbereich der Transistoren (lineare Verstärker) interessiert das Verhalten bei kleinen Strom- bzw. Spannungsänderungen. Dann lassen sich die Kennlinien in einem kleinen Bereich linearisieren. Die Beschreibung ist wesentlich einfacher, es können die Verstärkungsfaktoren, Impedanzen usw. eindeutig definiert und als Funktion des Arbeitspunktes angegeben werden. Diese Kenngrößen werden im Folgenden ausgehend von den Transistorgleichungen (2/3) bis (2/9) bestimmt; man erhält so das einfachste Ersatzschaltbild (Abschn. 2.6.1).

Die Bestimmung der Kleinsignalparameter aus den Transistorgleichungen dient der Ermittlung einfacher Beziehungen, der Begründung des Ersatzschaltbildes und dem Verständnis der maßgebenden Mechanismen. Die Werte der Ersatzschaltbildelemente werden in der Praxis durch direkte Messung oder aus den Kennlinienfelder ermittelt.

Besondere Bedeutung kommt den Kleinsignal-Stromverstärkungsfaktoren für Emitter- und Basisschaltung zu. Sie sind wie folgt definiert:
Stromverstärkung in Emitterschaltung:

$$\left| \frac{\Delta I_C}{\Delta I_B} \right| = \beta,$$

Stromverstärkung in Basisschaltung:

$$\left| \frac{\Delta I_C}{\Delta I_E} \right| = \alpha.$$

Da die algebraische Summe der (im stationären Zustand) in den Transistor fließenden Ströme Null ist, gilt

$$\beta = \frac{\alpha}{1 - \alpha}. \tag{2/10}$$

Die Stromverstärkung α in Basisschaltung ist wegen $|\Delta I_C| < |\Delta I_E|$ kleiner als 1, die Stromverstärkung β in Emitterschaltung ist groß gegen 1.

2.6.1 Einfaches Niederfrequenz-Ersatzschaltbild

Die nichtlineare Abhängigkeit der Minoritätsträgerdichte in der Basis von der Basis-Emitter-Spannung (2/1) ist der Ausgangspunkt der nichtlinearen Eigenschaften des Transistors. Es wird daher zunächst diese Beziehung linearisiert. Für die gesamte Minoritätsträgerdichte am emitterseitigen Rand der Basis (Gleichstromwert n_B plus Wechselstromwert Δn_B) erhält man mit (2/1)

$$n_B(0) + \Delta n_B(0) = n_{B0} \exp\frac{U_{BE} + \Delta U_{BE}}{U_T} = n_{B0} \exp\frac{U_{BE}}{U_T} \exp\frac{\Delta U_{BE}}{U_T}.$$

mit U_{BE} als Gleichspannungsanteil der Basis-Emitter-Spannung und ΔU_{BE} als Wechselspannungsanteil. (Zwischen den Gesamtwerten der Gleichung (2/1) und den Gleichstromanteilen obiger Gleichung wird in der Bezeichnung nicht unterschieden, da Verwechslungen unwahrscheinlich sind.) Da obige Beziehung bzw. (2/1) auch für $\Delta U_{BE} = 0$ und $\Delta n_B(0) = 0$ gilt, erhält man

$$n_B(0) + \Delta n_B(0) = n_B(0) \exp\frac{\Delta U_{BE}}{U_T}.$$

Für Wechselspannungen, die klein gegen die Temperaturspannung sind ($\Delta U_{EB} \ll kT/e$), kann die Exponentialfunktion durch eine nach dem zweiten Glied abgebrochene Reihe dargestellt werden, und man erhält

$$\frac{\Delta n_B(0)}{n_B(0)} = \frac{\Delta U_{BE}}{U_T}. \tag{2/11}$$

Die relative Änderung der Minoritätsträgerkonzentration ist gleich dem Quotienten aus Spannungsänderung und Temperaturspannung. Bild 2/17 zeigt den Aussteuerungsbereich der Minoritätsträgerverteilung in der Basis.

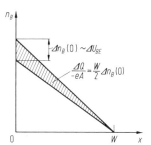

Bild 2/17. Änderung der Minoritätsträgerverteilung in der Basis durch ΔU_{BE} (A: Querschnittsfläche des aktiven Teils des Transistors).

Die Kollektorstromänderung ΔI_C kann einfach ermittelt werden, wenn angenommen wird, daß die Größen vor der Exponentialfunktion in (2/3) unabhängig von U_{BE} sind (Abschn. 2.6.3). Es ist dann (analog zu n_B) die relative Stromänderung gleich der auf die Temperaturspannung normierten Spannungsänderung

$$\frac{\Delta I_C}{I_C} = \frac{\Delta U_{BE}}{U_T}. \tag{2/12}$$

Die Kollektorstromänderung ΔI_C ist (gemäß der Linearisierung) proportional der Steuerspannungsänderung ΔU_{BE}. Der Betrag des Proportionalitätskoeffizienten hat die Dimension eines Leitwertes und wird Steilheit g_m genannt:

$$g_m = \frac{|I_C|}{U_T}. \tag{2/13}$$

Für Zimmertemperatur gilt

$$(g_m/S) \simeq 0.04 \left| \frac{I_C}{\text{mA}} \right|.$$

Man sieht, daß die Steilheit eines Transistors nur vom Kollektorstrom im Arbeitspunkt abhängt. (Dies gilt im Rahmen der hier benutzten Näherungen; bei hohen Frequenzen wird die Steilheit ebenso wie die Stromverstärkung komplex; Abschn. 2.6.7.)

Der Basisstrom hat drei Anteile, von denen einer (I_{BC}) von der Aussteuerung unabhängig ist und daher keinen Wechselstromanteil hat. Die beiden anderen Anteile erhält man (bei Vernachlässigung der Rekombination in der RL-Zone zwischen Emitter und Basis) aus (2/3), (2/4) und 2/6):

$$\frac{\Delta I_B}{\Delta I_C} = \frac{D_{pE} W p_{E0}}{D_{nB} L_{pE} n_{B0}} + \frac{1}{2} \frac{W^2}{L_{nB}^2} = \delta. \tag{2/14}$$

Die Größe δ ist dimensionslos und kennzeichnet die Minoritätsträgerinjektion in den Emitter und die Rekombination in der Basis. Die Werte von δ liegen allgemein im Bereich um 0,01. Bezüglich des Einflusses technologischer Parameter gilt das in Abschn. 2.3 Gesagte (vgl. (2/5) und (2/7)).

Für die Wechselanteile von Kollektor- bzw. Basisstrom gilt daher:

$$\boxed{\begin{aligned} \Delta I_C &= g_m \Delta U_{BE}, \\ \Delta I_B &= \delta g_m \Delta U_{BE}, \qquad \Delta I_B = \delta \Delta I_C. \end{aligned}} \tag{2/15}$$

Die Gleichungen (2/15) werden befriedigt durch das Ersatzschaltbild Bild 2/18. Der Kollektorstrom wird durch einen spannungsgesteuerten Stromgenerator mit der Steilheit g_m geliefert; dieses Element ist maßgebend für die aktiven Eigenschaften des Transistors. Der endliche Basisstrom wird bestimmt durch den Leitwert δg_m. Bild 2/18 gilt für die Emitterschaltung. Für diese ist die Kleinsignal-Stromverstärkung β (im Rahmen unseres einfachen Modells) unabhängig vom Arbeitspunkt und von der Beschaltung:

$$\frac{\Delta I_C}{\Delta I_B} = \frac{1}{\delta} = \beta_0. \tag{2/16}$$

104

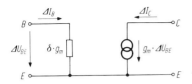
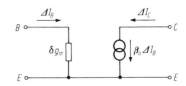

Bild 2/18. Niederfrequenz-Kleinsi-
gnal-Ersatzschaltbild des Transistors
für Emitterschaltung (Spannungssteuerung).

Bild 2/19. Niederfrequenz-Kleinsi-
gnal-Ersatzschaltbild des Transistors
für Emitterschaltung (Stromsteuerung).

Der Index 0 kennzeichnet, daß es sich um die Verstärkung bei „tiefen" Frequenzen handelt (Abschn. 2.6.7, Bild 2/36).

Bild 2/19 zeigt das Ersatzschaltbild für Stromsteuerung. Während Bild 2/18 nur für Steuerspannungen gilt, die klein gegen U_T sind, gilt Bild 2/19 für wesentlich größere relative Aussteuerungen, da die Charakteristik $I_C(I_B)$ fast linear ist (Bild 2/13b).

2.6.2 Ladungsspeicherung in der Basis

Die dynamischen Eigenschaften einer Diode werden durch folgende zwei Effekte bestimmt (z. B. [3]):

a) Die Speicherung der *Majoritätsträger* am Rand der neutralen Zonen. Eine Änderung der Diodenspannung ändert die Weite der RL-Zone; dazu müssen die Majoritätsträger aus den Randzonen entfernt bzw. zugeliefert werden. Als Maß für diesen Blindstrom dient für kleine Signale die *Sperrschichtkapazität*.

b) Die Speicherung der *Minoritätsträger* in den neutralen Zonen. Die injizierten Minoritätsträger müssen bei einer Änderung (Verringerung) der Diodenspannung wieder abgesaugt werden, sofern sie nicht durch Rekombination verschwinden. Für kleine Signale beschreibt die *Diffusionskapazität* diesen Effekt. In normalen Dioden ist die Diffusionskapazität wegen der Trägerrekombination gleich dem *halben* Quotienten aus der Änderung der Minoritätsträgerladung ΔQ und der verursachenden Spannungsänderung ΔU. Ist die Rekombination zu vernachlässigen („kurze" Diode), so ist die Diffusionskapazität gleich dem Quotienten $\Delta Q/\Delta U$ [3]. Da in der Basis des Transistors die Rekombination sehr klein ist, gilt hier $C_{\text{diff}} = \Delta Q/\Delta U$.

Wenden wir uns zunächst der durch die Minoritätsträger verursachten Kapazität zu. Wenn die Laufzeit der Ladungsträger durch die Basiszone klein gegen die Periodendauer der Wechselspannung ΔU_{BE} ist, bleibt der Verlauf der Minoritätsträger in der Basis linear, und die Ladungsänderung ist nach Bild 2/17

$$\Delta Q = -\frac{1}{2} e \, W A \Delta n_B(0) \, . \tag{2/17}$$

Mit (2/11) erhält man die Ladungsänderung als Funktion der Spannungsänderung. Drückt man mit Hilfe von (2/2) die Minoritätsträgerkonzentration n_B (0) durch den Kollektorstrom bzw. g_m (2/13) aus, so erhält man

$$C_B = \left| \frac{\Delta Q}{\Delta U_{BE}} \right| = \frac{W^2}{2 D_{nB}} g_m. \qquad (2/18)$$

Der zugehörige kapazitive Strom fließt über die Basis- und Emitterklemmen; die Kapazität C_B ist also im Ersatzschaltbild zwischen diese beiden Klemmen zu legen (Bild 2/20). Der zweite Teil der Diffusionskapazität der Diode E-B ist im Transistor zu vernachlässigen, da die von der Basis in den Emitter injizierte Ladung vernachlässigbar ist.

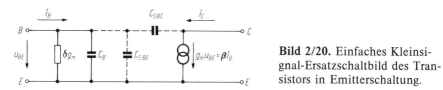

Bild 2/20. Einfaches Kleinsignal-Ersatzschaltbild des Transistors in Emitterschaltung.

(Berücksichtigt man beim Gummel-Poon-Modell von Anfang an zeitabhängige Terme, so zeigt sich, daß der Ladungsschwerpunkt von Q_B maßgebend für die Aufteilung der kapazitiven Ströme für Q_B ist. Für die Ladungsverteilung gemäß Bild 2/17 fließen 2/3 der Ladung zwischen Emitter und Basis und 1/3 zwischen Kollektor und Basis [207]).
Parallel zu den pn-Übergängen liegen außerdem die Sperrschichtkapazitäten, die allgemein (1/11) genügen. In den meisten Fällen ist C_B die dominierende Kapazität; beispielsweise gilt für den pnp-Si-Transistor BC 179 B beim Arbeitspunkt $-I_C = 3$ mA; $U_{EB} = 0,65$ V; $-U_{CB} = 5$ V:

$$C_B = 200 \text{ pF}, \qquad C_{BE} = 9,5 \text{ pF}, \qquad C_{BC} = 5 \text{ pF}.$$

Der Ladestrom der Basiskapazität fließt zusätzlich über die Basisklemme, wodurch die Stromverstärkung β in Emitterschaltung verkleinert wird (vgl. Abschn. 2.6.7). Für eine Wechselspannung der Frequenz ω erhält man mit Bild 2/20 (Kleinbuchstaben für Wechselgrößen):

$$i_B = (\delta g_m + j\omega C_B) u_{BE} \qquad (2/19)$$

$$i_C = g_m u_{BE},$$

$$\beta = \frac{i_C}{i_B} = \frac{1}{\delta + j\omega C_B/g_m}. \qquad (2/20)$$

Die Stromverstärkung β ist also stark frequenzabhängig.
Der Ladestrom der Basiskapazität C_B fließt wohl bei $x = 0$ in die Basis, nicht aber bei $x = W$ aus ihr heraus. Wenn der Ladestrom in die Größen-

ordnung des Kollektorstroms kommt, ist die Voraussetzung der linearen Ladungsträgerverteilung in der Basis nicht mehr gerechtfertigt, und die abgeleiteten Beziehungen verlieren ihre Gültigkeit. Diese Gültigkeitsgrenze ist für $|\beta| \simeq 1$ erreicht und ergibt mit (2/18) die Bedingung

$$f_T = \frac{D_{nB}}{\pi W^2}.$$
(2/21)

Für den obengenannten Si-Transistor liegt diese Grenzfrequenz (s. Abschn. 2.6.7) bei einigen hundert MHz. Spezielle Transistoren arbeiten bis in den GHz-Bereich.

2.6.3 Basisweitenmodulation

Wie aus Bild 2/3 ersichtlich, ist W die Weite der *neutralen* Basiszone. Diese hängt außer von der metallurgischen Stärke der Basisschicht von den Spannungen an den beiden angrenzenden Dioden ab. Die Spannung an der *Basis-Kollektor-Diode* bestimmt die Weite der zugehörigen RL-Zone und damit die neutrale Basisweite W. Bild 2/21 zeigt, wie sich dadurch das Konzentrationsgefälle der Minoritätsträger in der Basis und damit der Kollektorstrom ändert. Da sich auch die Anzahl der Minoritätsträger in der Basis ändert, entsteht auch eine Änderung des Basisstromanteils I_{BB} und wegen der Änderung der gespeicherten Ladung ein Blindstromanteil (also im Kleinsignal-Ersatzschaltbild eine Kapazität).

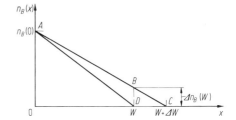

Bild 2/21. Änderung der Minoritätsträgerverteilung in der Basis durch ΔU_{CB}.

Die Spannung an der *Emitter-Basis-Diode* bestimmt die Weite der zugehörigen RL-Zone *und* die Konzentration der Minoritätsträger an ihrem Rand (Bild 2/3). Beide Effekte beeinflussen das Konzentrationsgefälle der Minoritätsträger und damit den Kollektorstrom. Es kann jedoch gezeigt werden (Übung 2.7), daß die Stromänderung als Folge dieser Basisweitenmodulation klein ist im Vergleich zu der durch die Trägerkonzentrationsänderung hervorgerufenen Stromänderung (normaler Steuereffekt).

Es soll nun der Effekt der Basisweitenmodulation, verursacht durch die *Basis-Kollektor-Spannung*, für das einfache eindimensionale Transistormodell berechnet werden: Es ist die durch ΔU_{CB} hervorgerufene Änderung $\Delta W = \Delta U_{CB} \, \partial W/\partial U_{CB}$. Die Steigung $\partial W/\partial U_{CB}$ kann z. B. für abrupte *pn*-Übergänge mit Hilfe der Gleichungen für die Weite der RL-Zone (z. B. [3]) bestimmt werden. Die Verschiebung des Fußpunktes der Minoritätsträgerkonzentration von $x = W$ nach $x = W + \Delta W$ entspricht nach Bild 2/21 einer Änderung der Trägerkonzentration am Ort $x = W$ von $n_B(W) \simeq 0$ auf $n_B(W) \simeq \Delta n_B(W)$. Es gilt nach Bild 2/21 für $|\Delta W| \ll W$

$$\Delta n_B(W) = \frac{n_B(0)}{W} \Delta W = \frac{n_B(0)}{W} \frac{\partial W}{\partial U_{CB}} \Delta U_{CB}. \tag{2/22}$$

Ersetzt man die Trägerverteilung ABC (Bild 2/21) durch eine Trägerverteilung ABD, so erhält man bezüglich ΔI_E (Neigung von $n_B(x)$) das richtige Ergebnis und bezüglich ΔI_{BB} (Fläche unter $n_B(x)$) nur einen vernachlässigbaren Fehler zweiter Ordnung. Bezüglich ΔI_E ist die Wirkung von $\Delta n_B(W)$ gleich der Wirkung von $-\Delta n_B(0)$ (verursacht durch ΔU_{BE}), bezüglich ΔI_{BB} wirkt $\Delta n_B(W)$ so wie $+\Delta n_B(0)$. Gleichung (2/22) kann so umgeformt werden, daß sie bis auf den Faktor η (und das Vorzeichen) der Gl. (2/11) entspricht:

$$\Delta n_B(W) = -n_B(0)\,\eta\,\frac{\Delta U_{CB}}{U_T}. \tag{2/23}$$

Man erkennt durch Vergleich, daß eine Spannungsänderung $\eta \Delta U_{CB}$ dem Betrag nach die gleiche Wirkung hat wie eine Spannungsänderung ΔU_{EB}. Der Faktor η ist dimensionslos und kennzeichnet die Basisweitenmodulation; er nimmt Werte von etwa 10^{-3} bis 10^{-5} an (s. Übung 2.5)

$$\eta = U_T \frac{1}{W} \left| \frac{\partial W}{\partial U_{CB}} \right|. \tag{2/24}$$

Die Basisweitenmodulation spielt daher nur eine Rolle, wenn die Spannungsverstärkung $\Delta U_{CB}/\Delta U_{BE}$ dem Betrag nach in die Größenordnung von $1/\eta$ kommt; nur dann ist $\eta \Delta U_{CB}$ von gleicher Größenordnung wie ΔU_{EB}.

Wegen der Analogie zwischen (2/23) und (2/11) erhält man analog zu (2/12)

$$\Delta I_C = g_m \eta \Delta U_{CB}. \tag{2/25}$$

Die Basisweitenmodulation bewirkt eine Modulation des Stromanteiles I_{BB}. Auf den Stromanteil I_{BE} wird kein Einfluß ausgeübt, so daß hier in Analogie zu (2/14) gilt

$$\Delta I_B = \Delta I_{BB} = -\frac{W^2}{2 L_{nB}^2} \Delta I_C = -\delta_{\text{rek}} \Delta I_C. \tag{2/26}$$

Die Spannungsänderung ΔU_{CB} bewirkt außerdem eine Änderung der gespeicherten Minoritätsträgerladung, so daß auch die Basiskapazität mit zu berücksichtigen ist. Für sinusförmige Vorgänge gilt in Analogie zu (2/19)

$$i_B = -\eta (\delta_{\text{rek}} g_m + j\omega C_B) u_{CB}. \tag{2/27}$$

Die Gleichungen (2/25) und (2/27) beschreiben den Einfluß der Ausgangswechselspannung u_{CB} auf i_C und i_B. Da alle Beziehungen linearisiert sind, gilt das Superpositionsgesetz, und die Wirkungen von u_{BE} *und* u_{CB} können addiert werden. Man erhält damit die Transistorgleichungen für kleine Signale zu

$$i_C = g_m u_{BE} + \eta\, g_m\, u_{CB},$$
$$i_B = (\delta\, g_m + j\omega\, C_B)\, u_{BE} - \eta\,(\delta_{rek}\, g_m + j\omega\, C_B)\, u_{CB}. \qquad (2/28)$$

Sie enthalten die Spannungen u_{BE} und u_{CB}. Um das Ersatzschaltbild für *Emitterschaltung* zeichnen zu können, muß auf die Spannung u_{CE} übergegangen werden. Für die Eingangsgrößen (Index 1) und Ausgangsgrößen (Index 2) in Emitterschaltung gelten die in Bild 2/22 angegebenen Beziehungen. Damit können die Transistorgleichungen (2/28) umgeformt werden, und man erhält (für $\eta \ll 1$):

$$i_1 = (\delta\, g_m + j\omega\, C_B)\, u_1 - \eta\,(\delta_{rek}\, g_m + j\omega\, C_B)\, u_2,$$
$$i_2 = g_m u_1 + \eta\, g_m\, u_2. \qquad (2/29)$$

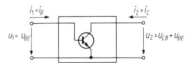

Bild 2/22. Transistor als Vierpol.

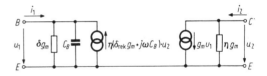

Bild 2/23. Kleinsignal-Ersatzschaltbild für Emitterschaltung nach (2/29).

Damit kann das Kleinsignal-Ersatzschaltbild von Bild 2/23 in Erweiterung zu Bild 2/20 gezeichnet werden. Der zweite Term der Gleichung für den Ausgangsstrom i_2 wird durch den Leitwert $\eta\, g_m$ berücksichtigt. Der zweite Term der Gleichung für den Eingangsstrom i_1 entspricht einem spannungsgesteuerten Stromgenerator zwischen Basis- und Emitterklemme. Dieser Stromgenerator kann durch einen Spannungsgenerator mit einem gegen die Last hohen Innenwiderstand ersetzt werden. Da $\eta \ll 1$ gilt, kann als Spannungsgenerator die Spannung u_{CB} unmittelbar genommen werden; der Innenwiderstand des Generators ist dann um mindestens $1/\eta$ größer als die Last, die aus der Parallelschaltung von δg_m, C_B und dem Innenwiderstand des (nicht gezeichneten) Signalgenerator besteht. Man erhält damit das Ersatzschaltbild nach Bild 2/24, welches außer passiven Elementen nur mehr den für die Verstärkung verantwortlichen Stromgenerator $g_m u_1$ enthält. Der

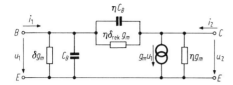

Bild 2/24. Zu Bild 2/23 äquivalentes Kleinsignal-Ersatzschaltbild.

Rückwirkungsleitwert $\eta(\delta_{\text{rek}}\, g_m + j\omega C_B)$ liefert im Gegensatz zum Rückwirkungsstromgenerator des Bildes 2/23 den Strom zwischen die Klemmen B und C (nicht B und E); da dieser Strom jedoch klein gegen $i_C \simeq i_E$ ist, kann der dadurch entstehende Fehler vernachlässigt werden. (Der Vergleich mit (2/28) zeigt, daß der durch die Rückwirkung bedingte Basisstrom ohnehin der Spannung u_{CB} — und nicht u_{CE} — proportional ist; die diesbezüglich vorgenommenen Näherungen kompensieren sich demnach.)

Man sieht, daß die Basisweitenmodulation zu einem endlichen Ausgangswiderstand des Transistors und zu einer Rückwirkung vom Ausgang auf den Eingang führt, die nur dann nennenswerten Einfluß hat, wenn die Ausgangsspannung u_{CB} in die Größenordnung von u_{BE}/η kommt. Bild 2/25 veranschaulicht diese Rückwirkung anhand der Minoritätsträgerkonzentration in der Basis.

Bild 2/25. Änderung der Minoritätsträgerkonzentration für Kurzschluß am Ausgang (links) und endlichen Lastwiderstand (rechts).

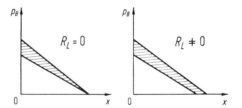

Bezeichnet man mit I_{C0} den (fiktiven) Kollektorstrom für $U_{CE} = 0$ (Emitterschaltung) bzw. $U_{CB} = 0$ (Basisschaltung, Bild 2/13), so gilt mit $U_2 = U_{CE}$ bzw. U_{CB}:

$$\frac{\partial I_C}{\partial U_2} = \frac{I_{C0}}{U_{Ea}}.$$

Die Werte für $\partial I_C/\partial U_2 = i_2/u_2$ bzw. $= i_C/u_{CB}$ erhält man aus (2/28) bzw. (2/29), wobei zu beachten ist, ob die Eingangsspannung u_{BE} oder der Eingangsstrom i_B konstant gehalten wird. Für die vier in Bild 2/13 angegebenen Fälle erhält man die in Tabelle 2/1 angegebenen Werte für U_{Ea}. Wenn $I_C \approx I_{C0}$ gilt (d. h. die Early-Spannung groß gegen die Betriebsspannung ist), erhält man (mit zusätzlich $\delta_{\text{rek}} \approx \delta$) die in der Tabelle angegebenen Näherungsgrößen.

Tabelle 2/1. Early-Spannungen für verschiedene Betriebsarten

	Spannungssteuerung	Stromsteuerung
Basisschaltung	$\dfrac{I_{C0}}{\eta g_m} \approx \dfrac{U_T}{\eta}$	sehr groß
Emitterschaltung	$\dfrac{I_{C0}}{\eta g_m} \approx \dfrac{U_T}{\eta}$	$\dfrac{I_{C0}}{\eta g_m (1 + \delta_{rek}/\delta)} \approx \dfrac{U_T}{2\eta}$

Das Ersatzschaltbild nach Bild 2/24 ist das *π-Ersatzschaltbild* des Transistors, welches mit dem nachfolgend zu besprechenden Basiswiderstand zum *Hybrid-π-Ersatzschaltbild* erweitert wird.

2.6.4 Basiswiderstand

Bild 2/26 zeigt einen Schnitt durch einen Planartransistor. Man sieht, daß der Basisstrom einen langen Weg bis zum Basisanschluß zurückzulegen hat. Dieser Strom bewirkt einen transversalen Spannungsabfall, der trotz

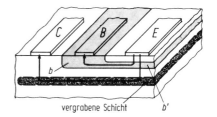

Bild 2/26. Schnitt durch einen Planartransistor mit schematischer Angabe der Strompfade. Die „vergrabene Schicht" hat hohe Leitfähigkeit und erleichtert den Stromfluß zum Kollektoranschluß.

seines geringen Wertes einen großen Einfluß hat, da er sich auf die an der Emitter-Basis-Diode liegende Vorwärtsspannung auswirkt. Dadurch wird die dem Basisanschluß näher liegende Transistorzone stärker in Flußrichtung gepolt sein als die weiter entfernt liegende. Dieser Effekt wirkt sich besonders bei starker Flußpolung aus und bewirkt eine Reduzierung der effektiven Transistorfläche. Bild 2/27 zeigt die dadurch hervorgerufene Verringerung des Transistorstroms unter den Wert des „eindimensionalen Modells". Dieser Effekt kann nur durch eine zwei- oder dreidimensionale Theorie streng beschrieben werden. In der Praxis genügt es jedoch, den Transistor in mehrere Abschnitte zu unterteilen, die jeweils „eindimensionalen Transistoren" entsprechen und über Basiswiderstände verkoppelt sind. Damit kann die ungleiche Stromverteilung zufriedenstellend beschrieben werden (z. B. [4], S. 155 ff.). Für nicht zu starke Aussteuerung in Flußrichtung genügt es sogar, einen einzigen Widerstand $r_{bb'}$ in der Basiszuleitung des Ersatzschaltbildes vorzusehen (Bild 2/29). Wie in

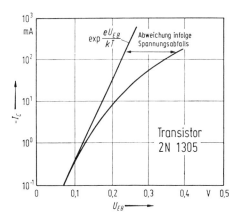

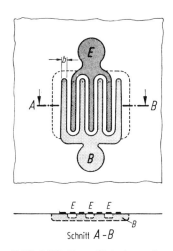

Schnitt A-B

Bild 2/27. Einfluß des Basisbahnwiderstandes auf die I_C-U_{EB} Kennlinie (ähnliche Effekte entstehen auch durch „starke Injektion").

Bild 2/28. Interdigitaltransistor, schematisch.

Abschn. 2.6.7 näher behandelt, bestimmt dieser Widerstand u. a. die Grenzfrequenz des Transistors.

Durch besondere Formgebung der Transistorgeometrie (z. B. Interdigitalstruktur, Bild 2/28) kann der Basiswiderstand (bei sonst gleichbleibenden Transistordaten) klein gemacht werden. Nach dem eben Gesagten ist verständlich, daß solche Strukturen für Leistungs- *und* Hochfrequenztransistoren Verwendung finden.

2.6.5 Ersatzschaltbild für Emitterschaltung

Bild 2/29 zeigt das nach den bisherigen Überlegungen gewonnene Kleinsignalersatzschaltbild, das sog. Hybrid-π-Ersatzschaltbild (nach Giacoletto). Im Gegensatz zum Ersatzschaltbild nach Bild 2/24 wird hier zwischen interner Basis b' (Bild 2/26) und äußerem Basisanschluß B unterschieden. Der Widerstand $r_{bb'}$ wird meist als konstant angenommen,

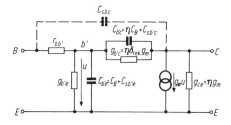

Bild 2/29. Kleinsignal-Ersatzschaltbild nach Giacoletto [87]; Hybrid-π-Ersatzschaltbild für Emitterschaltung.

obwohl er eigentlich wegen des in Abschn. 2.6.4 besprochenen Stromverdrängungseffektes stromabhängig angenommen werden sollte.

Ebenfalls eingetragen sind in Bild 2/29 die Sperrschichtkapazitäten. Wegen der Unterscheidung zwischen innerer und äußerer Basis ist auch die Sperrschichtkapazität der Basis-Kollektor-Diode aufzuteilen in C_{sbc} und $C_{sb'c}$. Hier nicht berücksichtigt sind Gehäusekapazitäten und Zuleitungsinduktivitäten.

Tabelle 2/2 zeigt zusammengefaßt die Zuordnung zwischen physikalischem Effekt und Ersatzschaltbildgröße (etwa in der Reihenfolge der Bedeutung):

Tabelle 2/2. Physikalische Effekte und Ersatzschaltbildgrößen für Injektionstransistoren

ESB-Parameter	Dominierender Mechanismus	Modell
$g_m u$	aktiver Steuermechanismus	$g_m = |I_C|/U_T$
$g_{b'e} \cong \delta g_m$	Rekombination in der Basis und Injektion in den Emitter	$\delta = \dfrac{1}{2}\left(\dfrac{W}{L_B}\right)^2 + \dfrac{D_E W p_{E0}}{D_B L_E n_{B0}}$
$C_{b'e} = C_{sb'e} + C_B$	Ladungsspeicherung in der Basis	$C_B = \dfrac{W^2}{2 D_B} g_m$
$g_{ce} \cong \eta g_m$	Endlicher Ausgangswiderstand durch Basisweitenmodulation	$\eta = \dfrac{U_T \partial W}{W \partial U_{CB}}$
$g_{b'c} = \eta \delta_{\mathrm{rek}} g_m$ $C_{b'c} = \eta C_B + C_{sb'c}$	Rückwirkung durch Basisweitenmodulation	$\delta_{\mathrm{rek}} = \dfrac{1}{2}\left(\dfrac{W}{L_B}\right)^2$
$r_{bb'}$	Basisbahnwiderstand	
$C_{sb'c}, C_{sb'e}, C_{sbc}$	Sperrschichtkapazitäten	$C_S = \dfrac{\varepsilon_0 \varepsilon_r A}{l_{RLZ}}$

Unter Vernachlässigung der Rückwirkungsleitwerte $g_{b'c}$ und $j\omega C_{b'c}$ kann aus Bild 2/29 die Stromverstärkung β für Emitterschaltung abgelesen werden (der Lastwiderstand muß klein gegen $1/(\eta g_m)$ sein):

$$\beta \equiv \frac{i_2}{i_1} = g_m z_{b'e}, \tag{2/30}$$

$$z_{b'e} = \frac{1}{g_{b'e} + j\omega C_{b'e}}. \tag{2/31}$$

Mit dem bisher benutzten einfachen Modell ergibt dies in Übereinstim-

113

mung mit (2/20) $C_{b'e} = C_B + C_{sb'e} \approx C_B$:

$$\beta \approx \frac{1}{\delta + j\omega\, C_B/g_m} = \frac{\beta_0}{1 + j\omega/\omega_\beta}, \tag{2/30a}$$

mit $\omega_\beta = g_m \delta / C_B$ und für tiefe Frequenzen den Ausdruck

$$\beta_0 = \frac{1}{\delta}.$$

2.6.6 Ersatzschaltbilder für Basis- und Kollektorschaltung

Das aus den physikalischen Vorgängen abgeleitete Hybrid-π-Ersatzschaltbild nach Bild 2/29 gilt selbstverständlich für jede Grundschaltung. Es wird sich jedoch zeigen, daß einfache Umformungen zu Ersatzschaltbildern führen, die für Basis- bzw. Kollektorschaltung geeigneter sind (z. B. [75]. S. 212 ff.).

Basisschaltung

Bild 2/30a zeigt das vereinfachte Ersatzschaltbild des Transistors nach Bild 2/29. Die Wirkung der Basisweitenmodulation ist hier nicht berücksichtigt, so daß die Gültigkeit der folgenden Betrachtungen auf nicht sehr große Spannungsverstärkungen (kleiner 10^2 bis 10^3) begrenzt ist. Es ist für die Anwendung des Ersatzschaltbildes ungünstig, daß der Stromgenerator $g_m u$ zwischen Eingangsklemme E und Ausgangsklemme C liegt. Dieser Stromgenerator kann äquivalent durch zwei Stromgeneratoren $g_m u$ zwischen Emitter und innerer Basisklemme b' und Kollektor und b' ersetzt werden (Bild 2/30b). Der Stromgenerator zwischen E und b' liefert einen Strom, welcher der an diesem Generator liegenden Spannung u proportional ist; er kann daher durch einen Leitwert (g_m) ersetzt werden

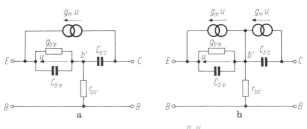

Bild 2/30. Übergang vom Hybrid-π-Ersatzschaltbild für Emitterschaltung auf das T-Ersatzschaltbild für Basisschaltung (bei Vernachlässigung der Basisweitenmodulation).

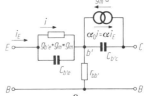

(Bild 2/30c). Anstelle der am Widerstand $z_{b'e}$ liegenden Spannung u kann man auch den durch diesen Widerstand fließenden Strom i als Steuergröße benutzen.

Der Koeffizient $\alpha_0 = g_m r_e$ ist die Stromverstärkung in Basisschaltung für tiefe Frequenzen. Dabei ist

$$r_e = \frac{1}{g_m + g_{b'e}} \qquad\qquad (2/32)$$

der sog. Emitterwiderstand.

Will man als Steuergröße den Eingangswechselstrom i_E benutzen, so liefert der Stromgenerator den Strom αi_E mit

$$\boxed{\alpha = \frac{\alpha_0}{1 + j\omega/\omega_\alpha},} \qquad \omega_\alpha = \frac{1}{r_e C_{b'e}}. \qquad\qquad (2/33)$$

Die Größe α ist die Kurzschlußstromverstärkung für Basisschaltung.

Bei endlichem Lastwiderstand liegt an der Ausgangsklemme eine endliche Spannung, und der Stromgenerator αi_E muß außer dem Laststrom i_c auch noch den kapazitiven Nebenschlußstrom durch $C_{b'c}$ decken. Bei Kurzschluß ist die Spannung an $C_{b'c}$ (und damit der kapazitive Strom durch $C_{b'c}$) zu vernachlässigen, wenn $r_{bb'} \ll 1/(j\omega C_{b'c})$ erfüllt ist. Die Stromverstärkung bei endlicher Last ist also kleiner.

Mit dem einfachen Transistormodell erhält man:

$$r_e = \frac{1}{g_m(1 + \delta)} \approx \frac{1}{g_m} = \frac{U_T}{|I_C|},$$

$$\alpha_0 = \frac{1}{1 + \delta}, \qquad\qquad (2/33\,a)$$

$$\omega_\alpha \simeq \frac{g_m}{C_B}.$$

Vernachlässigt man im Ersatzschaltbild des Bildes 2/30c den Basisbahnwiderstand $r_{bb'}$ sowie die Kapazitäten, so erhält man das einfache Niederfrequenz-Ersatzschaltbild für Basisschaltung nach Bild 2/31, welches man auch direkt aus Bild 2/18 mit Hilfe von (2/10) und (2/15) erhält. Während in Emitterschaltung die Stromverstärkung sehr große Werte annimmt, ist sie hier etwa gleich 1; der Eingangswiderstand ist in Emitterschaltung etwa um den Faktor β größer als in Basisschaltung.

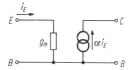

Bild 2/31. Einfaches Kleinsignal-Ersatzschaltbild für Basisschaltung.

Kollektorschaltung

Bild 2/32 zeigt das Hybrid-π-Ersatzschaltbild für Kollektorschaltung. Betrachten wir zunächst nur den inneren Abschnitt zwischen den gestrichelten Linien (ohne die zum Eingang bzw. Ausgang unmittelbar parallel ge-

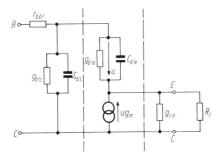

Bild 2/32. Kleinsignal-Ersatzschaltbild für Kollektorschaltung.

schalteten Impedanzen). In dieser Vereinfachung ergibt sich für den Ausgangsstrom i_2 und mit (2/30) für die Stromverstärkung V_i

$$-i_2 = i_1 + g_m u = (g_m z_{b'e} + 1)i_1, \qquad (2/34)$$

$$|V_i| = \left| \frac{i_2}{i_1} \right| \simeq \beta + 1 \simeq \beta. \qquad (2/35)$$

Die Stromverstärkung in Kollektorschaltung ist also ungefähr gleich der Stromverstärkung in Emitterschaltung.

Die Spannungsverstärkung V_u erhält man, indem man zuerst die Eingangsspannung u_1 bestimmt:

$$u_1 = i_1 z_{b'e} + i_2 R_L \simeq i_1[z_{b'e} + R_L(\beta + 1)], \qquad (2/36)$$

$$V_u = \frac{u_2}{u_1} = \frac{i_2 R_L}{u_1} = \frac{i_1(\beta + 1)R_L}{u_1} \simeq \frac{i_1 R_L}{u_1}\beta,$$

$$V_u \simeq \frac{\beta R_L}{z_{b'e} + \beta R_L}. \qquad (2/37)$$

Man erkennt, daß die Spannungsverstärkung kleiner als 1 ist und für den meist gültigen Fall $R_L\beta \gg z_{b'e}$ gegen 1 geht.

Die Eingangsimpedanz ist aus (2/36) unmittelbar zu erhalten:

$$z_1 = \frac{u_1}{i_1} = z_{b'e} + \beta R_L. \qquad (2/38)$$

Für genügend große Lastwiderstände R_L überwiegt der zweite Term, und man erhält eine Eingangsimpedanz die proportional der Lastimpedanz ist, wobei die Proportionalitätskonstante etwa gleich β ist („Impedanzwandler").

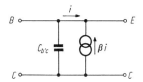

Bild 2/33. Einfaches Kleinsignal-Ersatzschaltbild für Kollektorschaltung.

Es kann nun der Einfluß der bisher vernachlässigten Leitwerte bzw. Widerstände g_{ce}, $r_{bb'}$, $g_{b'e}$ und $j\omega C_{b'e}$ diskutiert werden. Der Leitwert g_{ce} kann meist gegen den Lastwert $1/R_L$ vernachlässigt werden. Da der Eingangswiderstand der vereinfachten Kollektorschaltung sehr groß ist (R_L endlich vorausgesetzt), kann der Basisbahnwiderstand $r_{bb'}$ meist vernachlässigt werden (außer bei sehr hohen Frequenzen, bei denen der kapazitive Strom durch $C_{b'c}$ groß ist). Der Leitwert $g_{b'c}$ und die Kapazität $C_{b'c}$ begrenzen den Eingangswiderstand, wenn R_L genügend groß ist.

In guten Transistoren ist $g_{b'c}$ sehr klein und $g_{b'e}$ entsprechend groß. In erster Näherung kann dann ein Ersatzschaltbild nach Bild 2/33 Verwendung finden. Allerdings muß man vor diesem Grenzübergang zu einem stromgesteuerten Stromgenerator βi übergehen. Die Frequenzabhängigkeit wird durch β bestimmt (Abschn. 2.6.7), und es ist daher meist die oben erwähnte Vernachlässigung von $r_{bb'}$ gerechtfertigt.

2.6.7 Grenzfrequenz

Das Kleinsignal-Ersatzschaltbild nach Bild 2/29 wurde aus den physikalischen Vorgängen abgeleitet. Die einzelnen Elemente dieses Ersatzschaltbildes sind daher durch die technologischen bzw. Arbeitspunktparameter ausgedrückt. Für die Ableitung dieser Ausdrücke sind Annahmen erforderlich, die z. T. schlecht erfüllt sind. Es zeigt sich jedoch (durch meßtechnische Erfassung eines Ersatzschaltbildes), daß das Ersatzschaltbild an sich erhalten bleibt. Die theoretischen Beziehungen (nach diesen einfachen Modellen) ergeben jedoch vielfach nicht mehr die richtigen Werte für die Ersatzschaltbildgrößen. Dies gilt besonders für die die Grenzfrequenzen bestimmenden Größen. Hier wurden vielfach im Zuge der fortschreitenden Entwicklung der Transistoren Optimierungen vorgenommen, die dazu führten, daß der zunächst dominierende Effekt so reduziert wurde, daß er gleiche Größenordnung erhielt wie zunächst sekundäre Effekte.

Im folgenden wird vom bekannten Hybrid-π-Ersatzschaltbild des Transistors ausgegangen; die in Frage kommenden physikalischen Effekte werden diskutiert und die daraus resultierenden Ersatzschaltbildgrößen werden ohne Ableitung angegeben. Je nach Betriebsart interessieren folgende vier Grenzfrequenzen:

α-Grenzfrequenz f_α: $\quad \dots |\alpha(f_\alpha)| = \alpha_0/\sqrt{2}$,

β-Grenzfrequenz f_β: $\quad \dots |\beta(f_\beta)| = \beta_0/\sqrt{2}$,

$$(2/39)$$

Transitfrequenz f_T: $\qquad \ldots |\beta(f_T)| = 1,$ $\qquad$ (2/40)

maximale Schwingfrequenz $f_{\max}$ $\quad \ldots$ Leistungsverstärkung $= 1$.

Bei f_α und f_β sind die Beträge der jeweiligen Stromverstärkungen auf das $1/\sqrt{2}$-fache ihrer Niederfrequenzwerte abgesunken.

Es sind vor allem vier Effekte, welche die Grenzfrequenzen des Transistors bestimmen, die im folgenden in der Reihenfolge ihrer Einwirkung auf die vom Emitter zum Kollektor gelangenden Ladungsträger besprochen werden. Alle diese Effekte wirken auf die Stromverstärkung α in Basisschaltung, die daher zunächst untersucht wird.

Frequenzabhängigkeit der Stromverstärkung α

Die Stromverstärkung α weist generell einen Verlauf nach Bild 2/34 auf, d. h. bei einer bestimmten Frequenz f_α ist der Betrag der Stromverstärkung $|\alpha|$ auf das $1/\sqrt{2}$-fache der Niederfrequenz-Stromverstärkung α_0 gesunken.

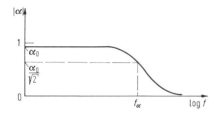

Bild 2/34. Frequenzabhängigkeit der Kleinsignal-Stromverstärkung für Basisschaltung.

Diesen Verlauf ergibt auch (2/33), die zusätzlich zeigt, daß α komplex ist, d. h. der Kollektorstrom dem Emitterstrom nacheilt. Folgende Effekte sind dafür verantwortlich [1]:

a) Aufladung der Emitter-Basis-Sperrschichtkapazität. Diese Kapazität liegt parallel zum Emitterwiderstand $z_{b'e}$ und ergibt die Emitter-Zeitkonstante.

b) Frequenzabhängigkeit des Minoritätsträgertransportes in der neutralen Basiszone. Dieser aus den Transportgleichungen zu berechnende Verzögerungseffekt wird durch die Basiszeitkonstante beschrieben. Ist die Dotierung in der Basis inhomogen und zwar zum Kollektor hin abnehmend, so entsteht ein elektrisches Feld, welches die Minoritätsträger zum Kollektor treibt und dadurch die Basiszeitkonstante verringert (Drifttransistor).

c) Im Interesse einer kleinen Basis-Kollektor-Kapazität (Punkt d) und einer hohen Spannungsfestigkeit des Transistors ist der Kollektor schwach dotiert und die Weite der RL-Zone Basis—Kollektor groß. Daher ist häufig die Laufzeit der Ladungsträger in dieser Zone entsprechend groß und zu berücksichtigen.

d) Aufladung der Kollektorkapazität über den Widerstand des Kollektorgrundmaterials. Der Kollektorbahnwiderstand wird durch spezielle technologische Maßnahmen möglichst klein gehalten („vergrabene Schicht", Bild 2/26).

Durch Addition aller Zeitkonstanten ergibt sich die für f_α maßgebende Zeitkonstante und näherungsweise der Frequenzgang von α (wie (2/33)):

$$\alpha = \frac{\alpha_0}{1 + \mathrm{j}(\omega/\omega_\alpha)}. \tag{2/41}$$

Frequenzabhängigkeit der Stromverstärkung β

Die Beziehung $\beta = \alpha/(1 - \alpha)$, Gl. (2/10), besagt, daß die algebraische Summe der in den Transistor fließenden Ströme Null ist; sie gilt allgemein für stationäre Zustände, also speziell auch dann, wenn α komplex ist. Bild 2/35 zeigt das Zeigerdiagramm für die Transistorströme. Die gestrichelte Kurve

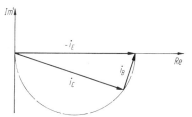

Bild 2/35. Zeigerdiagramm der Transistorströme für $\alpha_0 \approx 1$.

gibt etwa die Ortskurve des Kollektorstromes (und damit von α). Man erkennt, daß die Phasenverschiebung von i_C gegen i_E auch dann eine starke Reduzierung von $|\beta| = |i_C|/|i_B|$ ergibt, wenn $|\alpha| = |i_C|/|i_E|$ noch nicht wesentlich abgefallen ist. Setzt man (2/41) in (2/10) ein, so erhält man $\beta(\omega)$ und

$$f_\beta = (1 - \alpha_0)f_\alpha \simeq \frac{f_\alpha}{\beta_0}. \tag{2/42}$$

Die β-Grenzfrequenz ist also etwa um den Faktor β_0 tiefer als die α-Grenzfrequenz. Dies ergibt auch der Vergleich zwischen (2/30a) und (2/33a).

Die Transitfrequenz f_T erhält man zu $f_T \simeq f_\alpha$.

Eine genaue Untersuchung der Frequenzabhängigkeit von α zeigt, daß wegen der Existenz mehrerer unterschiedlicher Verzögerungsmechanismen im Transistor zusätzlich zu (2/41) für $\alpha(f)$ ein frequenzabhängiger Phasenfaktor zu erwarten ist ([76], S. 114). Dies ändert zwar nicht den Verlauf von $|\alpha(\omega)|$ wohl aber den Verlauf $|\beta(\omega)|$, da, wie Bild 2/35 zeigt, β empfindlich von der Phase von α abhängt. Damit ergibt sich für f_β ein geringfügig kleinerer Wert als nach (2/42), und f_T wird etwas kleiner als f_α. Bild 2/36

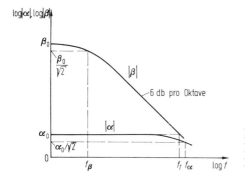

Bild 2/36. Frequenzabhängigkeit der Beträge der Kleinsignal-Stromverstärkungsfaktoren.

zeigt für typische Verhältnisse den Verlauf von $|\alpha|$ und $|\beta|$ als Funktion der Frequenz.

Bisher wurde nur die Frequenzabhängigkeit der Stromverstärkung diskutiert. Wie beispielsweise das Ersatzschaltbild nach Bild 2/29 zeigt, ist bei Spannungssteuerung die Spannungsteilung zwischen $r_{bb'}$ und $C_{b'e}$ maßgebend, da nur der Spannungsanteil an der inneren Basisklemme b' als Steuergröße wirksam ist. Maßgebend für diesen Effekt ist die Zeitkonstante

$$\frac{1}{\omega_r} = \frac{2}{2\pi f_r} = r_{bb'}C_{b'e}. \tag{2/43}$$

Untersucht man die Leistungsverstärkung (bei optimaler Last), so erhält man die Frequenz $f_{\max}$, bei der die Leistungsverstärkung den Wert 1 hat, zu

$$f_{\max} = \frac{1}{2}\sqrt{f_T f_r}. \tag{2/44}$$

Dies ist die höchste Frequenz, für die ein Transistor als Generator einge-

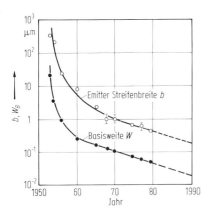

Bild 2/37. Reduktion der für die Transistorgrenzfrequenz maßgebenden Parameter W (Basisweite) und b (Emitterbreite) im Laufe der Zeit nach [77, 184].

120

setzt werden kann. Man sieht, daß f_{max} proportional dem geometrischen Mittel der Grenzfrequenzen für Strom- und Spannungsverstärkung ist.

Es sind demnach vor allem zwei technologische Parameter, welche die Grenzfrequenz bestimmen: Die Breite b der Emitterstreifen Bild 2/28 maßgebend für $r_{bb'}$, und die Basisweite W maßgebend für die Basiszeitkonstante und damit für f_T. Bild 2/37 zeigt die im Laufe der letzten Jahre erzielten Verbesserungen dieser beiden Parameter, die damit zu Grenzfrequenzen gut über 10 GHz geführt haben (s. Bild 1/66).

2.6.8 Abhängigkeit der Stromverstärkung vom Arbeitspunkt

Die Kenngrößen des Transistors hängen vom jeweiligen Arbeitspunkt ab. Beispielsweise ist die Steilheit g_m proportional dem Kollektorstrom (2/13). Die Stromverstärkungsfaktoren α (Basisschaltung) und β (Emitterschaltung) sind nach den bisherigen Überlegungen arbeitspunktunabhängig. Es zeigt sich jedoch experimentell, daß die Stromverstärkung β stark vom Transistorstrom abhängt (Bild 2/38); bereits kleine Änderungen in α genügen, um diese Änderung in β zu erklären.

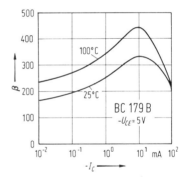

Bild 2/38. Stromabhängigkeit der Stromverstärkung $B \simeq \beta$ für Emitterschaltung.

Für den Verstärkungsabfall bei kleinen Strömen kommen folgende Effekte in Frage [76, S. 102 und S. 185; 78, S. 6]:

a) Erfolgt die Rekombination der dem Strom I_{BE} zugeordneten Ladungsträger vorwiegend in der Emitter-Basis-RL-Zone, so führt die bei der pn-Diode besprochene unterschiedliche Spannungsabhängigkeit von Rekombinationsstrom und Diffusionsstrom zu einer Zunahme der Stromverstärkung mit dem Transistorstrom; der durch Rekombination bestimmte Basisstrom steigt langsamer an als der durch Diffusion bestimmte Kollektorstrom. Dies ist auch aus Bild 2/8 zu erkennen.

Ähnliches kann auch für den Stromanteil I_{BB} gelten, wenn die Rekombination in der Basis mit zunehmendem Strom abnimmt (Trapsättigung).

b) Endliche Isolationswiderstände an der Halbleiteroberfläche wirken als Nebenschluß zum pn-Übergang. Diese Nebenschlußströme können unter Umständen bei sehr kleinen Emitter-Basis-Spannungen gleiche Größenordnung wie die Stromanteile I_{BE} (maßgebend für Emitterwirkungsgrad) und I_{BB} (Basisrekombinationsanteil) haben. Da dieser Isolationsstrom nicht exponentiell mit U_{EB} abnimmt, wird die Stromverstärkung bei kleinen Strömen kleiner.

In Si-Transistoren überwiegt meist der Rekombinationsstromanteil, während in Ge-Transistoren die Nebenschlußströme meist für die Abnahme von β bei kleinen Strömen verantwortlich sind.

Die in Bild 2/38 wiedergegebene Abnahme der Stromverstärkung bei *großen* Kollektorströmen liegt in der „starken Injektion" begründet [76 S. 103]. Bei der Beschreibung der Transportvorgänge in der Basis in Abschn. 2.2 wurde „schwache Injektion" angenommen. Die Ladungsträgerverteilung in der Basis ist für diesen Fall in Bild 2/39 links angegeben. Es

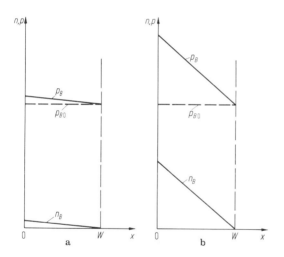

Bild 2/39. Vergleich der Ladungsträgerdichten in der Basis für schwache und starke Injektion.

wird sich als Folge der Minoritätsträgerinjektion wegen der Neutralitätsbedingung auch die Majoritätsträgerverteilung gegenüber der Gleichgewichtskonzentration ändern. Bei großen Kollektorströmen kommt die Dichte der injizierten Minoritätsträger in die Größenordnung der Majoritätsträgerdichte (Bild 2/39 rechts). Dann ist die relative Änderung der Majoritätsträgerdichte in der Basis merkbar; insbesondere wird dadurch die Injektion der Majoritätsträger aus der Basis in den Emitter vergrößert. Dies bedeutet, daß der Stromanteil I_{BE} steigt und der Emitterwirkungsgrad sinkt (Abschn. 2.3), d. h. die Stromverstärkung nimmt bei starker Injektion ab. Die starke Injektion kann aber auch eine Abnahme des Kollektorstromes

(s. Bild 2/8) wie in Abschn. 1.1 beschrieben, bewirken (s. Bild 1/3) und damit ebenfalls zu einer Abnahme von β bei großen Strömen führen.

2.6.9 Vierpolparameter

In den oben angeführten Betrachtungen wurde von physikalischen Vorgängen ausgegangen und daraus das Ersatzschaltbild bestimmt. Dies hat den wesentlichen Vorteil, daß die Wirkungsweise verständlich wird. Zur Beschreibung des Transistors in der Schaltung kann man jedoch auch die konventionellen Vierpolparameter heranziehen. Die Wirkungsweise interessiert dabei nicht primär, sondern man entnimmt die Vierpolparameter den Datenblättern. Wenn der Transistor mit kleinen Signalen betrieben wird, kann er durch einen linearen (aktiven) Vierpol beschrieben werden, und es gelten alle diesbezüglichen Regeln (z. B. [79]).

Üblich ist für Transistoren die Leitwertdarstellung (Y-Matrix) und die Hybriddarstellung (h-Matrix). Mit den Spannungen und Strömen nach Bild 2/40 und 2/41 lautet die Leitwertdarstellung

$$i_1 = y_{11}u_1 + y_{12}u_2,$$
$$i_2 = y_{21}u_1 + y_{22}u_2. \tag{2/45}$$

Bild 2/40. Transistor als Vierpol.

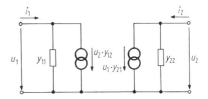

Bild 2/41. Kleinsignal-Ersatzschaltbild in Leitwertdarstellung.

Vergleicht man die Leitwertdarstellung nach (2/45) mit den Transistorgleichungen (2/29) für Emitterschaltung, so erhält man für das benützte einfache Modell folgenden Zusammenhang zwischen den y-Parametern für Emitterschaltung und den Transistor-Ersatzschaltbildgrößen:

$$y_{11e} = \delta g_m + j\omega C_B,$$
$$y_{12e} = -\eta(\delta_{rek}g_m + j\omega C_B),$$
$$y_{21e} = g_m, \tag{2/46}$$
$$y_{22e} = \eta g_m.$$

Die Darstellung mit h-Parametern lautet:

$$u_1 = h_{11}i_1 + h_{12}u_2,$$
$$i_2 = h_{21}i_1 + h_{22}u_2.$$

(2/47)

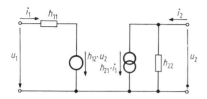

Bild 2/42. Kleinsignal-Ersatzschaltbild mit h-Parametern.

Das zugehörige Ersatzschaltbild zeigt Bild 2/42. Mit Hilfe der konventionellen Vierpolregeln können die h-Parameter aus den y-Parametern berechnet werden. Die für den Verstärkungsbetrieb interessierenden Größen wie Eingangs- und Ausgangswiderstand sowie Strom-, Spannungs- und Leistungsverstärkung, lassen sich aus den Vierpolparametern wie folgt berechnen (mit R_L als Lastwiderstand und R_G als Generatorwiderstand nach Bild 2/40):

Eingangswiderstand:

$$z_1 = \frac{u_1}{i_1} = \frac{h_{11} + \Delta h\, R_L}{1 + h_{22}R_L},$$

Ausgangswiderstand:

$$z_2 = \frac{u_2}{i_2} = \frac{h_{11} + R_G}{\Delta h + h_{22}R_G},$$

Stromverstärkung:

(2/48)

$$V_i = \frac{i_2}{i_1} = \frac{h_{21}}{1 + h_{22}R_L},$$

Spannungsverstärkung:

$$V_u = \frac{u_2}{u_1} = \frac{-h_{21}R_L}{h_{11} + \Delta h\, R_L},$$

Leistungsverstärkung:

$$V_p = \frac{u_2 i_2}{u_1 i_1} = \frac{|h_{21}|^2 R_L}{(1 + h_{22}R_L)\,(h_{11} + \Delta h\, R_L)}.$$

Hierin ist

$$\Delta h = h_{11}h_{22} - h_{12}h_{21}.$$

2.6.10 Vergleich der drei Grundschaltungsarten

Tabelle 2/3 zeigt eine Übersicht über die wichtigsten Kleinsignaleigenschaften der drei Grundschaltungsarten. Bild 2/43 zeigt die Abhängigkeit der Eingangsimpedanzen der Schaltungsarten von der Lastimpedanz. Man erkennt, daß der kleinste Eingangswiderstand für Basisschaltung vorliegt, der bei Leerlauf am Ausgang in den der Emitterschaltung übergeht (Widerstand zwischen B und E für C frei). Der Eingangswiderstand in Emitterschaltung ist nur schwach vom Lastwiderstand abhängig. Für Kurzschluß am Ausgang (C mit E kurzgeschlossen) ist dieser Eingangswiderstand gleich dem der Kollektorschaltung (Widerstand zwischen B und C mit E).

Tabelle 2/3. Vergleich der drei Grundschaltungsarten

Größe	Emitter-schaltung	Basis-schaltung	Kollektor-schaltung
Eingangswiderstand	mittel	klein	groß
z_1	z_{1e}	$z_{1b} \approx \dfrac{z_{1e}}{\beta}$	$z_{1c} \approx \beta R_L$
Ausgangswiderstand	groß	sehr groß	klein
z_2	z_{2e}	$z_{2b} \approx z_{2e}\beta$	$z_{2c} \approx \dfrac{z_{1e} + R_G}{\beta}$
Stromverstärkung	groß	<1	groß
	β	$\alpha \approx \dfrac{\beta}{\beta + 1}$	$\beta + 1$
Spannungsverstärkung	groß	groß	<1
Leistungsverstärkung	sehr groß	groß	mittel
Grenzfrequenz	niedrig	hoch	niedrig
	f_β	$f_\alpha \approx \beta f_\beta$	$\approx f_\beta$

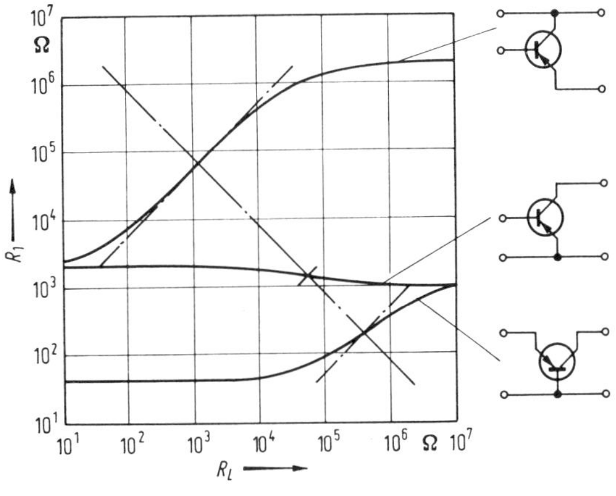

Bild 2/43. Typische Abhängigkeit des Eingangswiderstandes vom Lastwiderstand für Kollektor-, Emitter- und Basisschaltung [80].

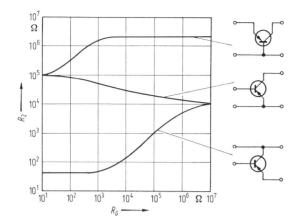

Bild 2/44. Typische Abhängigkeit des Ausgangswiderstandes vom Generatorwiderstand für Basis-, Emitterund Kollektorschaltung [80].

Der Eingangswiderstand in Kollektorschaltung ist am größten; insbesondere ist er über einen weiten Bereich proportional dem Lastwiderstand (Impedanzwandler). Die Abhängigkeit der Ausgangsimpedanz vom Generatorwiderstand ist aus Bild 2/44 zu ersehen. Die Emitterschaltung ergibt wieder einen mittleren Impedanzbereich, der Ausgangswiderstand der Kollektorschaltung ist am kleinsten, der der Basisschaltung am größten.

2.7 Großsignalverhalten

Man erkennt aus den Kennlinienfeldern (z. B. Bild 2/13 und 2/14) oder aus den Grundgleichungen (2/3), (2/4) und (2/6), daß der Transistor ein nichtlineares Bauelement ist. Wie in Abschn. 2.6 gezeigt wurde, lassen sich zwar wesentliche Eigenschaften durch lineare Gleichungen beschreiben, wenn hingegen die Frage des Wirkungsgrades maßgebend ist, betreibt man den Transistor im nichtlinearen Bereich oder zumindest an dessen Grenze. Dies gilt für Transistoroszillatoren, für Endverstärker, für Leistungsschalter usw.

Es stehen zwei Großsignal-Ersatzschaltbilder (Modelle) zur Verfügung: Das Ebers-Moll-Modell, welches vom Gedanken der zwei gekoppelten *pn*-Übergänge ausgeht, und das Gummel-Poon-Modell, welches den Transistorhauptstrom und damit die Ladung in der Basiszone (Gummel-Zahl) als den zentralen Parameter benutzt. Beide Modelle beschreiben den „inneren" (oder „eigentlichen") Transistor. Die parasitären (zum „äußeren" Transistor) zählenden Elemente wie z. B. der bereits erwähnte Basisbahnwiderstand sind außen hinzuzufügen. Das Ebers-Moll-Modell wird hier nur in der Niederfrequenzversion beschrieben.

Wegen seiner Bedeutung wird das Schaltverhalten in einem eigenen Abschnitt (2.7.3) beschrieben.

2.7.1 Großsignal-Ersatzschaltbilder

Ebers-Moll-Modell

Von der Funktion her gesehen, besteht der Transistor aus zwei Dioden, die zueinander so nahe angeordnet sind, daß ihre Ströme sich gegenseitig beeinflussen. Es fließt z. B. der (durch das Absaugen am Kollektor sehr große) Flußstrom der Diode Emitter-Basis mit dem von 1 nur wenig verschiedenen Faktor α multipliziert über die Diode Basis-Kollektor. Das gleiche gilt bei geeigneter Polung des Transistors für den Flußstrom der Diode Basis-Kollektor. Man erhält damit das Ersatzschaltbild nach Ebers und Moll [81, 4] (Bild 2/45a).

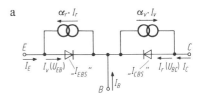

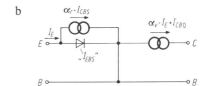

Bild 2/45. Großsignal-Ersatzschaltbild nach Ebers und Moll [81]. **a** allgemein; **b** für den aktiven Bereich.

Das Ersatzschaltbild ist folgendermaßen der Messung zugänglich: Schließt man die Diode BC kurz, so ist der Strom $I_r = 0$, und man mißt zwischen E und B die Diodenkennlinie $I_v(U_{EB})$ der Diode EB. Durch Messung des Kollektorstromes (der wegen des Kurzschlusses BC gleich αI_v ist), erhält man α_v, die Vorwärts-Kurzschluß-Stromverstärkung. Analog erhält man für Kurzschluß der Diode EB die Kennlinie $I_r(U_{BC})$ und die Rückwärts-Kurzschluß-Stromverstärkung α_r.

Das Großsignal-Ersatzschaltbild nach Bild 2/45 kann auch mit Hilfe folgender Überlegung gewonnen werden: Wenn die Rekombination in der RL-Zone vernachlässigt werden kann, ist der Diodenstrom proportional der Summe der Minoritätsträger-Diffusionsströme. Diese wiederum sind proportional den jeweiligen Minoritätsträger-Konzentrationen am Rand der RL-Zone. Diese hängt exponentiell von der Diodenspannung ab, was zu der Diodenkennlinie ((1/1) mit $m = 1$) führt (z. B. [3]). Diese Diodengleichung gilt auch für die beiden Dioden des Transistors, nur ist hier der Strom I_S größer als bei einer flächen- und dotierungsgleichen Diode. Man kann damit die Diodenströme I_r bzw. I_v durch Diodengleichungen ausdrücken:

$$I_E = I_v - \alpha_r I_r = I_{EBS}\left(\exp\frac{U_{BE}}{U_T} - 1\right) - \alpha_r I_{CBS}\left(\exp\frac{U_{CB}}{U_T} - 1\right),$$

$$I_C = -\alpha_v I_v + I_r = -\alpha_v I_{EBS}\left(\exp\frac{U_{BE}}{U_T} - 1\right) + I_{CBS}\left(\exp\frac{U_{CB}}{U_T} - 1\right). \tag{2/49}$$

Diese Gleichungen beschreiben den Transistor bei großen Signalen und niedrigen Frequenzen unter den schon in Abschn. 2.2 besprochenen Annahmen (eindimensionale Rechnung, schwache Injektion, vernachlässigte Basisweitenmodulation).

Beschränkt man sich auf den aktiven Verstärkungsbereich, so vereinfacht sich das Großsignal-Ersatzschaltbild. Aus (2/49) erhält man wegen $U_{CB} < 0$; $|U_{CB}| \gg U_T/e$:

$$I_E = I_{EBS}\left(\exp\frac{U_{BE}}{U_T} - 1\right) + \alpha_r I_{CBS},$$

$$I_C = -\alpha_v I_E - (1 - \alpha_v \alpha_r) I_{CBS}. \tag{2/49a}$$

Die Basis-Kollektor-Diode kann durch einen konstanten Stromgenerator $I_{CB0} = I_{CBS}(1 - \alpha_r\alpha_v)$ ersetzt werden (Bild 2/45b).

Gummel-Poon-Modell

Bild 2/46 zeigt das Gummel-Poon-Modell [1, 187, 195]. Ein einziger Stromgenerator zwischen Emitter und Kollektor beschreibt den Transistorhauptstrom, der in (2/50) angegeben ist (Anhang 7.7).

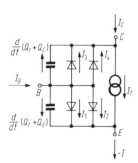

Bild 2/46. Großsignal-Ersatzschaltbild nach Gummel-Poon.

$$I_T = (eAn_i)^2 D_B \frac{\exp\dfrac{U_{BE}}{U_T} - \exp\dfrac{-U_{CB}}{U_T}}{Q_B}, \tag{2/50}$$

$$Q_B = eA \int_0^W p(x)\,dx = Q_{B0} + Q_E + Q_C + Q_V + Q_r.$$

Darin ist D_B die Diffusionskonstante der Minoritätsträger in der Basis und Q_B die Gesamtladung der *Majoritätsträger* in der Basis wie in Bild 2/47a

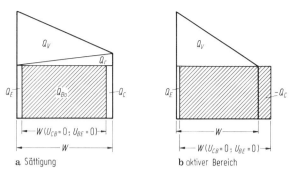

a Sättigung   b aktiver Bereich

Bild 2/47. Schematisch dargestellte Verteilung der Majoritätsträgerladung in der Basis. Die Gesamtfläche ist Q_B (dicke Kontur). Die Fläche Q_{BO} ist schraffiert.

schematisch gezeigt. Der Ladungsanteil Q_{B0} (schraffiert) gilt für $U_{BE} = 0$ und $U_{CE} = 0$, die Anteile Q_E und Q_C entsprechen den Sperrschichtkapazitäten. Q_V entspricht wegen der Neutralitätsbedingung der Minoritätsträgerladung für normalen aktiven Betrieb und Q_r der Minoritätsträgerladung für inversen Betrieb bzw. für Sättigung in Vorwärtsrichtung. Im aktiven Betrieb ist Q_C negativ und daher ist $-Q_C$ in Bild 2/47b als Fläche eingetragen.

Der zweite Exponentialterm in (2/50) ist für aktiven Betrieb extrem klein. Der Einfluß der Kollektor-Basisspannung wird aber in Q_B erfaßt; es sind wegen der Basisweitenmodulation Q_C und damit Q_V Funktionen von U_{CB}.

Der Basisgleichstrom wird nicht aus der (ungenau bestimmbaren) Differenz von Emitter und Kollektorstrom ermittelt (wie beim Ebers-Moll-Modell), sondern durch Dioden nachgebildet. Je eine Diode entspricht dem diffusionsbetrenzten Stromanteil ($m = 1$) und je eine dem generationsbetrenzten ($m \approx 2$).

$$I_1 = I_{1S}\left(\exp\frac{U_{BE}}{U_T} - 1\right),$$

$$I_2 = I_{2S}\left(\exp\frac{U_{BE}}{m_v U_T} - 1\right), \quad m_v \approx 2,$$

$$I_3 = I_{3S}\left(\exp\frac{U_{BC}}{U_T} - 1\right), \tag{2/50a}$$

$$I_4 = I_{4S}\left(\exp\frac{U_{BC}}{m_r U_T} - 1\right), \quad m_r \approx 2;$$

$$I_{BE} + I_{BB} = I_1 + I_2,$$

$$I_{BC} \qquad\quad = I_3 + I_4.$$

129

Die Klemmengleichströme sind

$$I_B = I_1 + I_2 + I_3 + I_4,$$
$$-I_E = I_T + I_1 + I_2 \approx I_T,$$
$$I_C = I_T - I_3 - I_4 \approx I_T.$$

Die Änderung der Ladung Q_B führt zu kapazitiven Strömen, die je nach Ladungskomponente zwischen *B-C* bzw. *B-E* fließen.

Das Gummel-Poon-Modell stellt ein Gleichungssystem mit vielen Parametern dar, die durch Messung bestimmt werden (fitting).

2.7.2 Arbeitsbereiche

Das I_C-U_{CE}-Kennlinienfeld kann, speziell wenn das Schaltverhalten interessiert, vereinfacht durch eine Geradenschar wiedergegeben werden (Bild 2/48). Man unterscheidet dann folgende drei Arbeitsbereiche:

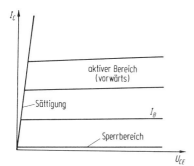

Bild 2/48. Arbeitsbereiche des Transistors.

Sperrbereich. In diesem Bereich sind beide Dioden gesperrt und die Minoritätsträgerverteilung in der Basis entspricht der Kurve in Bild 2/49c. Die Minoritätsträger-Konzentration liegt in der ganzen Basis unter dem Gleichgewichtswert und die Trägergeneration überwiegt; es fließen die dadurch bestimmten Sperrsättigungsströme. Der Transistor als Schalter ist offen.

Aktiver Bereich (vorwärts). In diesem Fall ist die Emitter-Basis-Diode in Flußrichtung gepolt, die Basis-Kollektor-Diode in Sperrichtung, und man hat die in Bild 2/49a gezeichnete Minoritätsträger-Konzentration. Der Kollektorstrom (Neigung der Kurve $n_B(x)$) hängt hier sehr stark von der Konzentration am linken Rand und damit von der Spannung U_{BE} ab. Eine Steuerung ist auch über den Basisstrom (Fläche unter $n_B(x)$) möglich. Dieser Betriebszustand entspricht dem normalen Verstärkungsbereich. Vertauscht man die Rollen von Emitter und Kollektor, so erhält man analog den *inversen* Betrieb.

Bild 2/49. Minoritätsträgerverteilung in der Basis für die drei Arbeitsbereiche des Transistors. **a** aktiver Bereich (vorwärts); **b** Sättigung; **c** Sperrbereich.

Sättigungsbereich. In diesem Bereich sind beide Dioden in Flußrichtung gepolt. Der Transistor als Schalter ist geschlossen. Die Minoritätsträgerverteilung entspricht der Kurve in Bild 2/49b. Dieses Trapez kann man sich als die Überlagerung zweier Dreiecke denken; die Verteilung „v" entspricht dem normalen aktiven Vorwärtsbetrieb, die Verteilung „r" dem inversen Betrieb; beide Dioden des Ebers-Moll-Ersatzschaltbildes (Bild 2/45) sind in Flußrichtung gepolt. Diese Überlagerung ist zulässig, da die Beziehungen für die Volumeneffekte der Minoritätsträger in der Basis wegen der Annahme der „schwachen Injektion" linear sind. (Nur die Randbedingungen für n_B hängen, wie aus (2/1) ersichtlich, nichtlinear von der Spannung ab.)

2.7.3 Schaltverhalten

Das dynamische Verhalten des Transistors ist bestimmt durch die Änderungen der gespeicherten Ladungen bzw. der gespeicherten elektrischen Energien. Die gespeicherten magnetischen Energien sind im Vergleich dazu klein, so daß mit Ausnahme der Zuleitungsinduktivitäten induktive Effekte nicht berücksichtigt werden müssen.

Die Majoritätsträger-Ladungsänderung entsteht durch eine Änderung der Weite der RL-Zone und ist daher eine direkte Folge der Spannungsänderung. Die Minoritätsträger-Ladungsänderung ist nur in der neutralen Basiszone von Bedeutung, da nur dort hohe Minoritätsträgerdichten existieren. Es wird im folgenden vor allem diese Minoritätsträger-Ladungsänderung untersucht, da dieser Effekt in den meisten Fällen der dominierende ist [4, S. 200 ff.; 75, S. 206 ff.; 1].

Einschaltvorgang

Die Minoritätsträgerverteilung in der Basis muß beim Einschalten des Transistors vom Zustand c in Bild 2/49 in den Zustand a oder b gebracht werden. Je nachdem, welche Größe den Vorgang steuert, erhält man unter-

schiedliche zeitliche Übergänge der Minoritätsträgerverteilung in den Endzustand:

Basisschaltung — Stromsteuerung

Bild 2/50 zeigt die Sprungfunktion für den Eingangsstrom und Bild 2/51
die Minoritätsträgerverteilung in der Basis für verschiedene Zeitpunkte.
Der Strom I_E und damit $\partial n_B/\partial x$ am Ort Null sind zeitlich konstant. Der
Ausgleichsvorgang ist zu Ende (Bild 2/50), wenn etwa die Ladung Q aufge-
bracht wurde. Eine einfache Abschätzung (Übung 2.11) zeigt, daß diese
Zeitdauer τ_1 etwa den Wert

$$\tau_{1B} \simeq \frac{C_B}{g_m} \tag{2/51}$$

hat. Für eine hohe Schaltgeschwindigkeit soll also die Basisweite möglichst
klein sein (2/18). Eine Grenze ist u. a. durch den damit verbundenen Anstieg von $r_{bb'}$ gegeben.

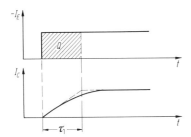 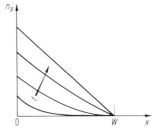

Bild 2/50. Emitter- und Kollektorstrom als Funktion der Zeit für den
Einschaltvorgang in Basisschaltung.

Bild 2/51. Minoritätsträgerverteilung in der Basis für verschiedene
Zeitpunkte während des Einschaltvorganges.

Bei Anlegen eines Spannungssprunges an die Emitter-Basis-Diode steigt
die Trägerkonzentration bei $x = 0$ sehr rasch auf den stationären Wert,
und es fließt anfangs ein sehr großer Emitterstrom. Dadurch wird die Ladung Q schneller aufgebracht, und der Kollektorstrom erreicht seinen stationären Wert früher als bei Stromsteuerung.

Emitterschaltung — Stromsteuerung

In diesem Fall muß die ganze Ladung Q durch den kleinen Steuerstrom I_B
in den Transistor gebracht werden. Dazu ist eine Zeit erforderlich, die etwa
um den Faktor der Stromverstärkung β_0 länger ist als in Basisschaltung
(Übung 2.11):

$$\tau_{1E} \simeq \frac{C_B}{g_m} \beta_0. \tag{2/52}$$

Ebenso wie bei Basisschaltung kann der Einschaltvorgang durch eine Spannungssteuerung beschleunigt werden. Aus diesem Grunde wird häufig die Basisklemme über eine Parallelschaltung aus einem Widerstand R und einer Kapazität C angesteuert. Wenn diese RC-Zeitkonstante etwa gleich der Transistorzeitkonstante τ_{1E} ist, erhält man sehr kurze Einschaltzeiten (z. B. [4], S. 221).

Ausschaltvorgang

Beim Ausschalten des Transistors muß die Ladung Q aus der Basis wieder verschwinden, damit der Transistor sperrt. Dies erfolgt entweder durch Abfließen der Ladung über den Emitter oder durch Rekombination. Bild 2/52 zeigt für $t = t_a$ die Minoritätsträgerverteilung in der Basis für einen Transistor, der bis in die Sättigung geschaltet ist. Für $t > t_a$ sind die entsprechenden Trägerverteilungen ersichtlich, wenn durch einen Spannungssprung ausgeschaltet wird, d. h. die Trägerkonzentration n_B am Ort $x = 0$ sehr rasch auf „Null" sinkt. Die Neigungen $\partial n_B / \partial x$ an den Stellen $x = 0$ und $x = W$ geben den Emitter- bzw. den Kollektorstrom an. Es fließt zunächst ein annähernd konstanter Emitterstrom I_R in „Sperrichtung" der Diode EB (Abschn. 1.2), wie in Bild 2/53 gezeigt. Anschließend sinken sowohl $|I_E|$ als auch I_C ab. Die maßgebenden Zeitkonstanten τ_2 und τ_3 können durch den Einbau von Rekombinationszentren (Gold) verringert werden (z. B. [76], S. 201).

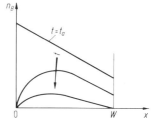

Bild 2/52. Minoritätsträgerverteilung in der Basis für verschiedene Zeitpunkte während des Ausschaltvorganges.

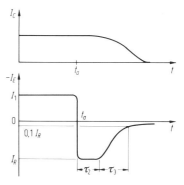

Bild 2/53. Emitter- und Kollektorstrom als Funktion der Zeit für den Ausschaltvorgang.

133

Es ist mit Bild 2/52 verständlich, daß der Ausschaltvorgang um so schneller erfolgt, je weniger der Transistor im angeschalteten Zustand in der Sättigung war. Diese unnötige Sättigung kann z. B. durch die (integrierte) Parallelschaltung von Schottky-Dioden zur *CB*-Diode verhindert werden [82] (Bild 5/9). Wegen der geringen Schwellenspannung der Schottky-Diode führt diese bei Schaltung in Sättigung den Hauptstrom, der aber wegen der fehlenden Minoritätsträgerspeicherung keine Schaltverzögerung gibt (Übung 1.12).

2.8 Grenzdaten

Der Leistungsfähigkeit des Transistors sind in verschiedenen Richtungen Grenzen gesetzt: Die Spannungen an den *pn*-Übergängen sind auf Werte unter der Durchbruchspannung begrenzt, und die Temperatur an den *pn*-Übergängen darf nicht über bestimmte Werte steigen, wodurch die Verlustleistung des Transistors begrenzt ist. Gesichtspunkte dieser Art sind für Transistoren in „Leistungsverstärkern" entscheidend. Da Transistoren für hohe Frequenzen wegen der Forderungen an die einzelnen Zeitkonstanten entsprechend kleinere Abmessungen als Niederfrequenz-Transistoren aufweisen, sind Hochfrequenz-Transistoren in diesem Sinne meist „Leistungstransistoren".

Maximal zulässige Verlustleistung

Die Verlustleistung erzeugt Wärme; mit zunehmender Temperatur nimmt die Gleichgewichtsdichte der Minoritätsträger zu, bis diese schließlich gleich der Majoritätsträgerdichte ist, der Halbleiter also eigenleitend ist. Je kleiner der Bandabstand und je geringer die Dotierung, um so tiefer ist die Temperatur, bei welcher der Halbleiter eigenleitend wird. Die wegen der gewünschten hohen Minoritätsträger-Lebensdauer und wegen des Emitterwirkungsgrades nicht sehr stark dotierte Basis eines Transistors kann daher bei einer bestimmten Temperatur eigenleitend werden. Dadurch wird der Transistor unwirksam, da der Emitter mit dem Kollektor dann über die Basis „kurzgeschlossen" ist. Aus diesem Grunde existiert eine maximal zulässige Temperatur $T_{j\,max}$ für die *pn*-Übergänge.

Zwischen dem Basis-Kollektor-*pn*-Übergang (in welchem der Großteil der Verlustleistung entsteht) und der auf einer bestimmten Temperatur gehaltenen Wärmesenke besteht ein bestimmter Wärmewiderstand. Für eine bestimmte maximale Temperatur $T_{j\,max}$ am *pn*-Übergang hängt daher die maximal zulässige Verlustleistung vom Wärmewiderstand und von der Temperatur der Wärmesenke ab. Typische Wärmewiderstände liegen bei einigen Kelvin pro Watt. Dem Transistor*strom* sind wegen der Zuleitungen und Kontakte (Lebensdauerbegrenzung durch Materialwanderung) ebenfalls Grenzen gesetzt.

Maximal zulässige Transistorspannung

Wie aus den Ausgangskennlinien des Transistors ersichtlich (z. B. Bild 2/6) steigt von einer gewissen Spannung ab der Kollektorstrom stark an. Für diesen „Kollektordurchbruch" kommen verschiedene Effekte in Frage.

In einer Schaltung nach Bild 2/54a oder b mißt man den Durchbruch der Basis-Kollektor-Diode, der wegen der nicht sehr hohen Dotierung von Kollektor und Basis ein Lawinendurchbruch ist. In einer Schaltung nach Bild 2/54c entsteht meist ein Durchbruch mit fallendem Kennlinienast (Bild 2/55). Als Folge des Lawineneffektes steigt der Strom bereits für Spannungen an, die kleiner als die Durchbruchspannung sind. Durch die Ladungsträgermultiplikation entsteht eine endliche Stromverstärkung, und der aus der Basis in den Kollektor fließende Strom ist größer als der Emitterstrom. Dadurch entsteht speziell für $R \to \infty$ ($I_B = 0$) eine Aufladung der Basis und eine Flußpolung der Emitter-Basis-Diode mit dem damit verbundenen instabilen Stromanstieg. Bei endlichem Widerstand R (u. U. genügt der Basisbahnwiderstand) existiert dieser Effekt entsprechend abgeschwächt.

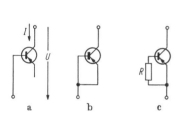

Bild 2/54. Grundschaltungen zur Ermittlung der Durchbruchspannung.

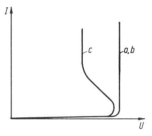

Bild 2/55. Durchbruchkennlinien des Transistors, schematisch.

Als weitere Durchbruchmechanismen kommen *punch through* und *Durchbruch zweiter Art* in Frage. Unter punch through versteht man das Durchgreifen der Basis-Kollektor-Raumladungszone bis zur Emitter-Basis-Raumladungszone. Die neutrale Basisweite geht zu Null, und der Transistorstrom steigt an (2/3) bis er durch andere Effekte begrenzt wird [180].

Der Durchbruch zweiter Art (second breakdown) äußert sich in einem Zusammenbruch der Transistorspannung bei einem bestimmten Stromwert. Durch eine lokale Erhitzung im Transitor (hot spot) entsteht an dieser Stelle ein Stromanstieg, der zu einer weiteren Erhitzung und meist zur Zerstörung des Transistors führt.

Mit Leistungstransistoren, die häufig auch in Darlingtonschaltung angeboten werden, können Ströme bis zu 1000 A (bei ca. 80 V) und Spannungen bis zu 1200 V (bei 10 A) geschaltet werden [199].

2.9 Thermische Stabilität

Der Sperrstrom einer *pn*-Diode ist stark temperaturabhängig. Diese Temperaturabhängigkeit kann schließlich zu einer thermischen Instabilität (z. B. [3]) führen. Die Transistorströme sind wegen der prinzipiell gleichen Mechanismen ebenfalls temperaturabhängig, und es sind besondere Schaltungsmaßnahmen erforderlich, damit der Arbeitspunkt sich mit der Temperatur nicht übermäßig verschiebt, da andernfalls Verzerrungen im verstärkten Signal oder gar Instabilitäten auftreten.

Notwendige Voraussetzungen für jeden Betrieb ist die Vermeidung einer thermischen Instabilität durch thermische Rückkopplung. Wird der Transistor eingeschaltet, so fließt (nach Ladung der entsprechenden Kapazitäten) zuerst ein dem Kennlinienfeld für Zimmertemperatur entsprechender Strom. Damit entsteht eine bestimmte Verlustleistung P_0 im Transistor, die über seinen Wärmewiderstand R_{th} (nach einer der thermischen Zeitkonstante entsprechenden Zeit) zu einer Erhöhung der Temperatur des *pn*-Überganges führt. Wäre der Transistorstrom *nicht* von der Temperatur abhängig, so wäre diese Temperatur T_0 die endgültige Temperatur des *pn*-Überganges. Da jedoch der Transistorstrom von der Temperatur abhängt, entsteht eine zusätzliche von der Temperatur abhängige Verlustleistung P_T, die zur ursprünglichen Verlustleistung P_0 zu addieren ist. Dadurch wird eine weitere Temperaturerhöhung verursacht. Der Transistor ist thermisch stabil, wenn diese Temperaturerhöhung kleiner als die ursprüngliche Temperaturerhöhung ist. Es stellt sich dann eine stabile Temperatur T_j des *pn*-Überganges ein. Andernfalls führt die Temperaturabhängigkeit des Transistorstromes u. U. zu einer Selbstzerstörung des Transistors.

Eine thermische Instabilität kann sicher vermieden werden, wenn man für den Lastwiderstand R_L den Wert U_C/I_C wählt. Die Widerstandsgerade ist dann die Tangente an die Leistungshyperbel (z. B. Bild 2/14), und jede Änderung des Arbeitspunktes führt zu einer *Verkleinerung* der Verlustleistung und damit der Sperrschichttemperatur.

In der Praxis ist man von dieser Bedingung mehr oder weniger weit entfernt. Eine ausführliche Rechnung [84, S. 203 ff.] ergibt für Si ein Stabilitätsdiagramm nach Bild 2/56. Als Abszisse ist die Differenz der Sperrschichttemperatur und der bereits erwähnten Temperatur T_0, als Ordinate das Produkt $(U_C - R_L|I_C|)|I_{CR}|R_{th}S$ in °C aufgetragen. Darin ist U_C die Spannung zwischen Kollektor und Basis oder Emitter. Der Kollektorreststrom (bei $I_E = 0$) hängt exponentiell von der Temperatur ab. I_{CR} ist der Kollektorreststrom bei der Temperatur T_0 und

$$S = \left| \frac{\Delta I_C}{\Delta I_{CR}} \right| \qquad (2/53)$$

ein Stabilisierungsfaktor. Dieser ist schaltungsabhängig und hat für konstanten Emitterstrom den Wert 1, für konstanten Basisstrom den Wert

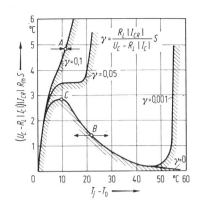

Bild 2/56. Kurvenschar zur Bestimmung der thermischen Stabilität von Si-Transistoren nach [84] ($U_C \simeq |U_{CE}| \simeq |U_{CB}|$).

$\beta_0 + 1$, d. h. bei konstantem Basisstrom bewirkt die thermisch verursachte Änderung des Kollektorreststromes eine entsprechende Änderung des Basisstromanteils I_{BB} und damit eine entsprechend wirksame Steuerung des Kollektorstromes. Parameter ist die dimensionslose Größe γ, die insbesondere von R_L abhängt:

$$\gamma = \frac{R_L |I_{CR}|}{U_C - R_L |I_C|} S. \tag{2/54}$$

Auf den Kurven des Bildes 2/56 ist die erzeugte Leistung gleich der abgeführten. In den jeweiligen schraffierten Bereichen überwiegt die Kühlung, so daß dort die Temperatur sinkt (Pfeil nach links). In den Bereichen über den jeweiligen Kurven überwiegt die Erwärmung, so daß die Temperatur steigt (Pfeil nach rechts). Es ergeben sich daher stabile Arbeitspunkte (z. B. Punkt A) und instabile (Punkt B) auf dem fallenden Kurvenast. Der instabile Bereich für $R_L = 0$ (rechts von Punkt C) entsteht dadurch, daß ab einer gewissen Temperatur der Strom (bzw. die damit verbundene Verlustleistung) stärker (exponentiell) mit der Temperatur ansteigt als die linear mit der Temperatur ansteigende Wärmeableitung. Bei endlichem Wert R_L wirkt sich dieser Stromanstieg thermisch geringer aus, da mit dem Stromanstieg eine Spannungsabsenkung verbunden ist. Für γ-Werte unter etwa 0,05 darf der gerade noch zulässige Ordinatenwert von ca. 3 °C auch nicht kurzzeitig überschritten werden, da man sonst in den instabilen Bereich gerät. Für $R_L = U_C/I_C$ wird γ beliebig groß, und Stabilität ist, wie bereits anfangs erwähnt, immer gewährleistet; es genügen gedoch, wie das Bild 2/56 zeigt, relativ kleine γ-Werte, um Stabilität sicherzustellen (Übung 2.12).

Außer der unbedingt notwendigen Vermeidung thermischer Instabilität soll der Arbeitspunkt möglichst temperaturunabhängig sein. Wie oben erläutert wurde, wird dies am besten durch $I_E = \text{const}$ ($S \simeq 1$) realisiert. Die zweite Arbeitspunktgröße, die Basis-Kollektor-Spannung U_{BC}, kann direkt

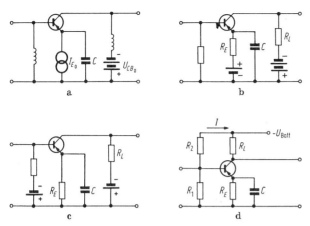

Bild 2/57. Stabilisierung des Arbeitspunktes für Emitterschaltung. **a** ideal; **b** mit Ohmschen Widerständen; **c** äquivalent zu b; **d** praktische Realisierung.

stabilisiert werden. Bild 2/57a zeigt eine Schaltung, in der die Mittelwerte von I_E und U_{CB} konstant gehalten werden, obwohl für Wechselstromsignale der Transistor in Emitterschaltung arbeitet. In der Praxis werden trotz Verschlechterung der Stabilisierung die Induktivitäten meist durch Widerstände, der Stromgenerator durch eine Spannungsquelle mit großem Innenwiderstand ersetzt (Bild 2/57b). Die Schaltung in Bild 2/57c ist äquivalent, nur sind die Batterien anders angeordnet. In der Schaltung nach Bild 2/57d ist die Spannungsquelle für die Basis durch einen Spannungsteiler ersetzt [168].

Für die Dimensionierung dieser Grundschaltung gelten folgende Gesichtspunkte: Der Strom I durch den Spannungsteiler soll groß gegen I_B sein (damit der Spannungsteiler die Spannung „unabhängig" vom Strom I_B konstant hält); er soll jedoch klein gegen den Laststrom I_C sein, um den Gesamtwirkungsgrad nicht wesentlich zu verschlechtern. Man wählt meist $I \simeq \sqrt{I_B I_C}$ und erhält daraus bei gegebener Batteriespannung (etwa doppelte Basis-Kollektor-Spannung im Arbeitspunkt) den Wert für $R_1 + R_2$. Zur Stabilisierung des Emitterstromes soll der Spannungsabfall an R_E groß gegen die Spannung U_{BE} sein; anderseits soll dieser Spannungsabfall klein gegen U_Batt sein, um den Wirkungsgrad nicht wesentlich zu verschlechtern. Man wählt meist $U_{R1} \simeq 0,25\, U_\text{Batt}$ und erhält daraus den Wert für R_1/R_2, d. h. mit obigem Wert für $R_1 + R_2$ sowohl R_1 als auch R_2 (evtl. als Funktion der noch nicht festgelegten Batteriespannung U_Batt). Der Stromstabilisierungswiderstand R_E wird so eingestellt, daß der gewünschte Emitterstrom I_{E0} fließt; dabei kann meist U_{BE} gegen $I_{E0} R_E$ vernachlässigt werden. Der Lastwiderstand wird so eingestellt, daß unter Berücksichtigung der thermischen Stabilität (bzw. der nichtlinearen Verzerrungen) die gewünschte Verstärkung auftritt.

2.10 Rauschen

Rauschersatzschaltbild des Transistors

Das Rauschen elektronischer Bauelemente ist wegen des niedrigen Signalpegels primär in Eingangsverstärkern von Bedeutung. Es interessieren daher die Rauschquellen im *Kleinsignal*-Ersatzschaltbild des Transistors. Um die grundlegenden Gedanken deutlich zu machen, wird dazu das Hybrid-π-Ersatzschaltbild für tiefe Frequenzen (Bild 2/29) ohne Kapazitäten) herangezogen.

Bild 2/58 zeigt die einzelnen Strommechanismen, die im normalen aktiven Arbeitsbereich des Transistors existieren. Allen diesen Vorgängen können *unkorrelierte* Schrotstrom-Rauschgeneratoren zugeordnet werden, da die einzelnen Stromimpulse voneinander unabhängig sind. Dabei können jeweils Stromgeneratoren zusammengefaßt werden, die gleichem algebraischen Vorzeichen der Stromkomponenten entsprechen, da dann die Gleichströme ebenso wie die Schwankungsquadrate addiert werden (1/7).

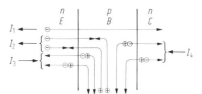

Bild 2/58. Teilchenströme im Transistor.

Diese vier zueinander unkorrelierten Rauschgeneratoren können zu den beiden Rauschgeneratoren I_{R1} und I_{R2} zusammengefaßt werden. (s. z. B. 144). Im Ausgangskreis liegt ein dem Kollektorstrom proportionaler Rauschgenerator. Der Rauschgenerator am Eingang ist proportional einem effektiven Basisstrom I_B', der sich vom Basisgleichstrom I_B durch die Stromkomponenten I_3 und I_4 unterscheidet [85, 78 S. 147]:

$$I_B' = I_B + 2(I_3 + I_4).$$

Der Strom $I_3 + I_4$ fließt als Basisstrom, wenn beide Dioden in Sperrichtung gepolt sind ($I_1 = I_2 = 0$); er wird durch die thermische Trägergeneration verursacht und ergibt eine unterste Rauschgrenze für den Transistor. In Si-Transistoren gilt $I_B \approx I_B'$.

Der nächste zu berücksichtigende Effekt ist das Widerstandsrauschen des Basiswiderstandes, dem durch Einführung eines Rauschgenerators mit einer elektromotorischen Kraft $\sqrt{4kTr_{bb'}\Delta f}$ Rechnung getragen wird. Dieser Rauschanteil wird im Transistor ebenso wie der Basisstrom verstärkt und ist daher zu berücksichtigen, während die durch Emitter- und Kollektorbahnwiderstände entstehenden Rauschkomponenten meist vernachlässigbar sind.

Da das $1/f$-Rauschen für genügend hohe Frequenzen (über 1 kHz typisch) vernachlässigbar ist, ist Bild 2/59 das üblichste Rauschersatzschaltbild, welches gegebenenfalls durch die entsprechenden Kapazitäten (gestrichelt) erweitert werden kann. Alle Rauschquellen des Bildes 2/59 sind unkorreliert, so daß, wie im nächsten Abschnitt gezeigt wird, das Gesamtrauschen leicht berechnet werden kann.

Transistorrauschtemperatur für Emitterschaltung

Mit dem Transistor-Ersatzschaltbild nach Bild 2/59 kann in einer gegebenen Schaltung das vom Transistor herrührende Rauschen im Lastwiderstand und damit die Rauschtemperatur des Verstärkers T_V berechnet wer-

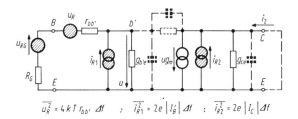

$$\overline{u_R^2} = 4kT\,r_{bb'}\,\Delta f \quad ; \quad \overline{i_{R1}^2} = 2e\,|I_B'|\,\Delta f \quad ; \quad \overline{i_{R2}^2} = 2e\,|I_C|\,\Delta f$$

Bild 2/59. Rauschersatzschaltbild des Transistors in Emitterschaltung.

den, s. z. B. [144]. Die Rückwirkung $g_{b'c}$ wird dabei vernachlässigt. Wegen der Unabhängigkeit der Rauschtemperatur vom Lastwiderstand (keine Rückwirkung) wird zunächst der Kurzschlußrauschstrom i_2 am Ausgang im Frequenzbereich Δf berechnet:

$$i_2^2 = i_{R1}^2 \frac{g_m^2}{g_{b'e}^2} \frac{(R_G + 1/g_{b'e})^2}{(R_G + r_{bb'} + 1/g_{b'e})^2}$$

$$+ i_{R2}^2 + u_R^2 \frac{g_m^2}{g_{b'e}^2} \frac{1}{(R_G + r_{bb'} + 1/g_{b'e})^2}. \tag{2/55}$$

Ein Generatorwiderstand R_G auf der Temperatur T_V würde für den rauschfrei angenommenen Verstärker folgenden Kurzschlußrauschstrom liefern:

$$i_2^2 = u_{RG}^2 \frac{g_m^2}{g_{b'e}^2} \frac{1}{(R_G + r_{bb'} + 1/g_{b'e})^2}. \tag{2/56}$$

Demgemäß ist die Rauschtemperatur T_V des Verstärkers (s. Abschn. 7.1) gegeben durch

$$4kT_V R_G = 2e\,|I_B'|\,R_G^2 + 2e\,|I_C|\,g_m^{-2} + 4kT r_{bb'},$$

$$\frac{T_V}{T} = \frac{g_m R_G}{2\,|I_C|/|I_B'|} + \frac{1}{2 g_m R_G} + \frac{r_{bb'}}{R_G}. \tag{2/57}$$

140

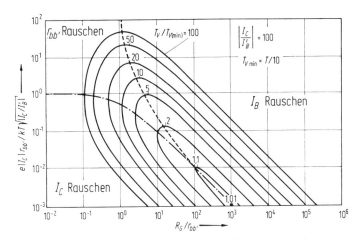

Bild 2/60. Berechnete Kurven konstanter Rauschtemperatur für Emitterschaltung im $I_C R_C$-Diagramm nach [78].

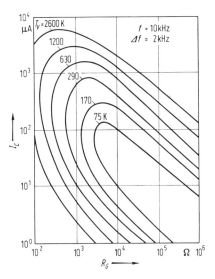

Bild 2/61. Gemessene Kurven konstanter Rauschtemperatur für Emitterschaltung im $I_C R_C$-Diagramm nach [78].

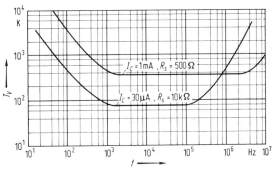

Bild 2/62. Frequenzabhängigkeit der Transistor-Rauschtemperatur für Emitterschaltung für zwei verschiedene Arbeitspunkte nach [78].

Dabei wurde der Einfluß des Basiswiderstandes auf die Schrotrauscheffekte vernachlässigt, wohl aber der Rauschanteil von $r_{bb'}$ selbst berücksichtigt. Gleichung (2/57) zeigt, daß T_V sowohl für große als auch für kleine Generatorwiderstände groß wird. Dies hat seine Ursache darin, daß bei extremer Fehlanpassung am Eingang die Eingangssignale kaum verstärkt werden und am Ausgang praktisch nur das Verstärkerrauschen auftritt. Es gibt daher für R_G einen optimalen Wert (der jedoch nicht genau mit optimaler Signalanpassung zusammenfallen muß), der sich aus (2/57) berechnen läßt.

Diese Überlegungen zeigen, daß die Rauschtemperatur eines Transistorverstärkers primär vom Arbeitspunkt $|I_C|$ und vom Generatorwiderstand abhängt. Es ist daher üblich, Konturen konstanter Rauschtemperatur im $I_C R_G$-Diagramm einzutragen (Bild 2/60 und 2/61). Man erkennt in Bild 2/60 den geometrischen Ort für optimalen Generatorwiderstand (gepunktete Linie) und den Ort für optimalen Kollektorstrom (strichpunktierte Linie). Ebenfalls im Bild eingetragen sind jeweils die Bereiche, in welchen einzelne Rauscheffekte dominieren. Hat man beispielsweise einen genügend großen Kollektorstrom, so wird mit zunehmendem Generatorwiderstand der durch das Basiswiderstandsrauschen verursachte Anteil abnehmen, während der durch den Schroteffekt des Basisstromes verursachte Anteil zunimmt. Beim optimalen Wert für R_G sind die beiden Anteile gleich.

Bild 2/62 zeigt die Frequenzabhängigkeit der Rauschtemperatur für zwei Arbeitspunkte. Die Zunahme der Rauschtemperatur nach tiefen Frequenzen entsteht durch das $1/f$-Rauschen, während die Zunahme bei hohen Frequenzen durch die Zunahme des Basisstromes (als Folge der komplexen Stromverstärkung α — Bild 2/35) erkärt werden kann.

2.11 Fototransistor

Der Fototransistor ist, wie der Name kennzeichnet, ein Fotoempfänger, der gleichzeitig nach dem Transistorprinzip verstärkt. Bild 2/63 zeigt einen Planar-Fototransistor im Schnitt. Das in den Transistor eindringende Licht erzeugt Ladungsträgerpaare. Wie die Abbildung zeigt, ist die Fläche der Basis-Kollektor-Diode wesentlich größer als die der Emitter-Basis-Diode.

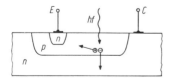

Bild 2/63. Fototransistor im Schnitt, schematisch [86].

Bild 2/64. Funktionsmodell des Fototransistors.

Der primäre Effekt wird daher eine Steuerung des „Sperrstromes" der Basis-Kollektor-Diode durch das eingestrahlte Licht sein. Bild 2/64 zeigt das diesen Vorgang beschreibende Modell; es ist eine Fotodiode der Strecke Basis-Kollektor parallel geschaltet. Da im allgemeinen der Basisanschluß nicht herausgeführt ist, ist der gesamte Basisstrom gleich Null. Eine Änderung des Sperrstroms der Diode Basis-Kollektor muß daher eine entsprechende Änderung des vom Emitter in die Basis injizierten Stromes hervorrufen, und zwar muß diese Emitterstromänderung so groß sein, daß der dadurch entstehende Basisstrom den Fotostrom kompensiert. Daher wird dieser etwa um den Faktor der Stromverstärkung in Emitterschaltung β verstärkt am Kollektor auftreten. Dieser Vorgang ist analog zu der im Abschn. 2.9 beschriebenen hohen Empfindlichkeit des Transistors bezüglich der Temperaturabhängigkeit des Kollektor-Basis-Dioden-Sperrstromanteiles.

Der Vorteil des Fototransistors liegt darin, daß er einen Lichtdetektor mit eingebauter Verstärkung darstellt, der zusätzlich gesteuert werden kann, wenn der Basisanschluß zugänglich ist. Gegenüber der Kombination von Fotodiode und Transistor besteht nur der Vorteil einfacheren Aufbaus. Wenn allerdings extreme Anforderungen (z. B. bezüglich der Ansprechgeschwindigkeit) bestehen, so ist es meist günstiger, Diode und Transistor separat optimal auszulegen.

Übungen

2.1

Welche Auswirkungen hat die Rekombination von Ladungsträgern innerhalb der Basiszone eines Transistors?

Antwort:

Sie bewirkt den Rekombinationsanteil des Basisstromes (I_{BB} nach (2/6)), verringert die Stromverstärkung β und erniedrigt die Ausschaltzeitkonstante.

2.2

Wenn im aktiven Betrieb vorwärts eines Transistors 1 % der in die Basis injizierten Minoritätsträger rekombinieren, wie groß ist dann die Basisweite im Verhältnis zur Diffusionslänge der Minoritätsträger?

Lösung:

Die Anzahl der rekombinierenden Ladungsträger ist proportional I_{BB}, die der injizierten proportional I_E. Mit (2/7) und $U_{BE} \gg U_T$ ist $\frac{1}{2}(W/L_{pB})^2 = 10^{-2}$ und $(W/L_{pB}) = 0,14$.

2.3

Folgende Daten eines *npn*-Si-Transistors seien bekannt: Basisdotierung: $N_A = 10^{16}\,\text{cm}^{-3}$, aktive Fläche: $A = 10^{-4}\,\text{cm}^2$, neutrale Basisweite: $W = 4\,\mu\text{m}$, Diffusionskonstante für Elektronen in der Basis: $D_{nB} = 25\,\text{cm}^2/\text{s}$.

a) Welchen maximalen Wert darf der Kollektorstrom annehmen, wenn die Bedingung für schwache Injektion (Minoritätsträgerdichte überall in der Basis höchstens 1/10 der Majoritätsträgerdichte) nicht verletzt werden soll?

b) Wie groß ist dabei die Basis-Emitter-Spannung U_{BE}? (Zimmertemperatur: $U_T = 25\,\text{mV}$, $n_i = 1,5 \cdot 10^{10}\,\text{cm}^{-3}$.)

Lösung:

a) Nach (2/2) mit $n_B(0) \leqq N_A/10$ erhält man die Bedingung $I_C \leqq 1\,\text{mA}$.

b) Aus (2/3) mit $n_{B0} = \dfrac{n_i^2}{N_A}$ folgt $U_{BE} = U_T \ln \left| \dfrac{I_C W N_A}{e A D_{nB} n_i^2} \right|$, also $U_{BE} = 0,613\,\text{V}$.

2.4

Ermittle aus den Kennlinien des Bildes 2/14 den Eingangs- und Innenwiderstand, sowie die Steilheit, den Rückwirkungsfaktor und die Verlustleistung des Transistors bei dem Arbeitspunkt $I_C = 33\,\text{mA}$ und $U_{CE} = 10\,\text{V}$.

Lösung:

Für Emitterschaltung und Stromsteuerung erhält man aus Bild 2/14:

$$R_e = \frac{\Delta U_{BE}}{\Delta I_B} \bigg|_{U_{CE} = 10\,\text{V}} = \frac{25\,\text{mV}}{50\,\mu\text{A}} = 500\,\Omega,$$

$$R_i = \frac{\Delta U_{CE}}{\Delta I_C} \bigg|_{I_B = 0,1\,\text{mA}} = \frac{20\,\text{V}}{5\,\text{mA}} = 4\,\text{k}\Omega,$$

$$g_m = \frac{\Delta I_C}{\Delta U_{BE}} \bigg|_{U_{CE} = 10\,\text{V}} = \frac{\Delta I_C}{\Delta I_B} \cdot \frac{\Delta I_B}{\Delta U_{BE}} \bigg|_{U_{CE} = 10\,\text{V}} = \frac{66\,\text{mA}}{0,3\,\text{mA}} \cdot \frac{50\,\mu\text{A}}{25\,\text{mV}} = 0,44\,\text{S},$$

$$R_i = \frac{1}{2\eta g_m}, \text{ daraus } \eta = \frac{1}{2 R_i g_m} = 2,8 \cdot 10^{-4},$$

$$P = I_C U_{CE} = 330\,\text{mW}.$$

2.5

Bei einem npn-Si-Transistor sind folgende Daten bekannt: Basisdotierung $N_A = 10^{17}\,\text{cm}^{-3}$, Kollektordotierung $N_D = 10^{16}\,\text{cm}^{-3}$ und im gegebenen Arbeitspunkt eine neutrale Basisweite $W = 2,5\,\mu\text{m}$. Berechne den Rückwirkungsfaktor η des Transistors bei einer Kollektor-Basis-Spannung $U_{CB0} = 5\,\text{V}$!

Lösung:

Nach (2/24) gilt: $\eta = U_T \dfrac{1}{W} \left| \dfrac{\partial W}{\partial U_{CB}} \right|$.

Für abrupte Dotierungsverläufe erhält man [3]:

$$\left| \frac{\partial W}{\partial U_{CB}} \right|_{U_{CB0}} = \left| -\frac{1}{2} \sqrt{\frac{2\varepsilon}{e} \frac{N_D}{N_A(N_A + N_D)} \frac{1}{(U_{DCB} + U_{CB0})}} \right|.$$

Mit der Diffusionsspannung $U_{DCB} = U_T \ln \left(\dfrac{N_A N_D}{n_i^2} \right) = 0,76\,\text{V}$ und $U_{CB0} = 5\,\text{V}$ ergibt sich $\eta = 7,3 \cdot 10^{-5}$.

2.6

In einem *npn*-Si-Transistor, der eine Basisweite $W = 2\,\mu\text{m}$ hat, fließt bei einer Basis-Emitter-Spannung $U_{BE} = 0{,}56\,\text{V}$ ein Kollektorstrom $I_C = 1\,\text{mA}$. Die Diffusionskonstante für Elektronen in der Basis beträgt $D_{nB} = 25\,\text{cm}^2/\text{s}$.

a) Berechne die im stationären Zustand in der Basis vorhandene Minoritätsträgerladung Q.

b) Um wieviel Prozent ändert sich diese Ladung, wenn
   α) die Basis-Emitter-Spannung U_{BE} um 5 % erhöht wird,
   β) der Basisstrom um 5 % erhöht wird?

Lösung:

a) Aus Bild 2/17 folgt für $|Q| = \dfrac{1}{2}\,eAn_B(0)\,W$. Mit (2/2) ist

$$|Q| = \frac{I_C W^2}{2\,D_{nB}} = 0{,}8 \cdot 10^{-12}\,C.$$

b) α) $Q \sim I_C \sim \exp(U_{BE}/U_T)$. Damit gilt für die prozentuale Zunahme

$$\frac{Q_2 - Q_1}{Q_1} \cdot 100\,\% = \frac{\exp\left\{\dfrac{U_{BE}}{U_T}(1 + 0{,}05)\right\} - \exp\left(\dfrac{U_{BE}}{U_T}\right)}{\exp\left(\dfrac{U_{BE}}{U_T}\right)} \cdot 100\,\% = 206\,\%.$$

β) $I_B \sim I_C \sim Q$; damit ist die prozentuale Zunahme ebenfalls 5 %.

2.7

Eine Erhöhung der Emitter-Basis-Spannung bedingt bei ausgangsseitigem Kurzschlußbetrieb eine Änderung des Gradienten der Minoritätsträgerverteilung in der Basis aufgrund der erhöhten Minoritätsträgerinjektion am emitterseitigen Basisende sowie aufgrund der verringerten Emitter-Basis RL-Zone und der daher vergrößerten neutralen Basisweite.

Bei einem *pnp*-Si-Transistor mit abrupten Dotierungsübergängen (Emitter: $N_A = 10^{18}\,\text{cm}^{-3}$, Basis: $N_D = 10^{16}\,\text{cm}^{-3}$) wird U_{EB} von 0,6 V auf 0,65 V erhöht (Basisweite: $W = 4\,\mu\text{m}$; $\varepsilon_r = 12$; $n_i = 1{,}5 \cdot 10^{10}\,\text{cm}^{-3}$). Berechne die relative Änderung des Kollektorstromes

a) infolge erhöhter Minoritätsträgerinjektion,
b) infolge verringerter Emitter-Basis Raumladungszone.

Lösung:

a) $\dfrac{I_{C2}}{I_{C1}} = \exp\left[\dfrac{e}{kT}(U_{EB2} - U_{EB1})\right] = 6{,}84.$

b) $\dfrac{I_{C2}}{I_{C1}} = \dfrac{W - l_1}{W - l_2}$ mit $l_{1,2} = \left[\dfrac{2\,\varepsilon_0\varepsilon_r}{e}(U_D - U_{EB})\dfrac{1}{N_D}\right]^{1/2}.$

$U_D = U_T \ln \dfrac{N_A N_D}{n_i^2} = 0{,}817\,\text{V},$

damit $l_1 = 0{,}157\,\mu\text{m}$, $l_2 = 0{,}134\,\mu\text{m}$ und $\dfrac{I_{C2}}{I_{C1}} \simeq 1 - \dfrac{l_1 - l_2}{W} = 0{,}994$. Dieser Effekt ist vernachlässigbar.

2.8

Die Abhängigkeit des Ausgangswiderstandes R_a eines Transistors vom Kollektorstrom I_C und der Kollektor-Basis-Spannung U_{CB} soll untersucht werden.

a) Entnehme und skizziere aus den Kennlinien
   - α) $R_a = f(I_C)$ bei $U_{CB} = 10$ V,
   - β) $R_a = f(U_{CB})$ bei $I_C = 40$ mA.
b) Berechne $R_a = 1/\eta g_m$ als Funktion von I_C und U_{CB}.
c) Stimmt die aus den Kennlinien entnommene Änderungstendenz mit der errechneten überein?

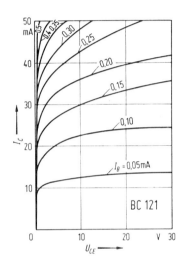

Lösung:

a) $R_a = \Delta U_{CE}/\Delta I_C$

α: $U_{CB} = U_{CE} - U_{BE} = 10$ V $=$ const

I_C(mA)	13	23	30	37	43
R_a(kΩ)	5	2,9	2	1,7	1,4

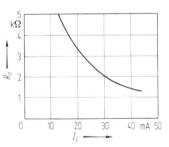

β: $I_C = 40$mA

U_{CB} (V)	21	5	2	0,5
R_a(kΩ)	3,2	1,2	0,64	0,4

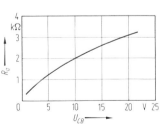

146

b) Mit (2/13), (2/24) und [3], (7/9) wird $R_a = \dfrac{W}{|I_C|\,\partial W/\partial U_{CB}} \sim \dfrac{\sqrt{U_D - U_{CB}}}{|I_C|}$.

c) Ja; nach b) gilt: $R_a \sim \sqrt{U_D - U_{CB}}$ bzw. $R_a \sim 1/|I_C|$.

2.9

Gegeben sei ein *npn*-Transistor in Emitterschaltung mit einer Basisweite $W = 2\,\mu m$ und einer Stromverstärkung $\beta_0 = 50$. Es fließe ein Kollektorstrom $I_C = 10\,mA$. Sperrschichtkapazitäten seien vernachlässigbar. Der gesamte Basisbahnwiderstand sei $r_{bb'} = 20\,\Omega$ ($U_T = 25\,mV$, $D_n = 25\,cm^2/s$).

a) Wie groß ist die an den Transistorklemmen wirksame Steilheit g_m^* bei diesem Kollektorstrom und bei der Frequenz $f \to 0$?

b) Bei welcher Frequenz f_g ist der Betrag der wirksamen Steilheit $|g_m^*|$ auf das $1/\sqrt{2}$ fache ihres Wertes bei $f = 0$ abgesunken?

c) Zeichne die Ortskurve von g_m^* für $f(0 \leq f \leq f_g)$ in der komplexen Ebene.

Lösung:

a) Nach (2/15) ist $\delta g_m^* = \dfrac{\Delta I_B}{\Delta U_{BE}}$ mit $\delta = \dfrac{1}{\beta_0}$, wobei ΔI_B und ΔU_{BE} auf die Transistorklemmen bezogen sind (deshalb g_m^*). Die Steilheit des inneren Transistors ist g_m $= 0{,}04\,|I_C| = 400\,mS$. Mit $\dfrac{\Delta U_{BE}}{\Delta I_B} = R_e = r_{bb'} + \dfrac{1}{\delta g_m}$ erhält man $g_m^* = g_m \dfrac{1}{1 + r_{bb'}\,\delta g_m}$ $= 345\,mS$.

b) Aus Bild 2/29 erhält man: $g_m^* = g_m \dfrac{1}{1 + r_{bb'}\,(\delta g_m + j\omega C_B)}$.

Mit C_B aus (2/18) wird die

Grenzfrequenz: $f_g = \dfrac{1 + r_{bb'}\,\delta g_m}{2\,\pi r_{bb'}\,C_B} = 28{,}8\,MHz$.

c)

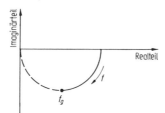

2.10

Gegeben sind die *y*-Parameter eines Transistors in Emitterschaltung $y_{11} = 0{,}8\,mS$, $y_{12} = 0$, $y_{21} = 80\,mS$, $y_{22} = 0{,}1\,mS$. Berechne

a) den Ausgangswiderstand $R_a = u_2/i_2$ und Eingangswiderstand $R_e = u_1/i_1$ des Transistors.

b) die Spannungsverstärkung bei einem Lastwiderstand $R_L = 10\,k\Omega$.

c) die Ausgangsspannung, den Ausgangswiderstand inclusive Lastwiderstand und den Kurzschlußstrom, wenn am Eingang des mit R_L belasteten Transistors eine Steuerspannung $U_\sim = 10\,mV_{eff}$ liegt.

Lösung:

a) $R_a = \dfrac{1}{y_{22}} = 10\ \text{k}\Omega$, $R_e = \dfrac{1}{y_{11}} = 1{,}25\ \text{k}\Omega$.

b) $|V_u| = y_{21}\dfrac{1}{1/R_L + 1/R_a} = 400$.

c) $U_a = U_- V_u = 4\ \text{V}_{\text{eff}}$, $R_{aL} = \dfrac{1}{1/R_L + 1/R_a} = 5\ \text{k}\Omega$, $I_k = \dfrac{U_a}{R_{aL}} = 0{,}8\ \text{mA}$.

2.11

Gegeben sei ein Transistor mit der Stromverstärkung $B = 100$, einer neutralen Basisweite $W = 4\ \mu\text{m}$ ($D_{nB} = 25\ \text{cm}^2/\text{s}$). Berechne die Zeitkonstante, die für den Aufbau einer stationären Minoritätsträgerverteilung in der Basis maßgeblich ist, wenn der Transistoreingang mit einem Stromsprung beaufschlagt wird, für

a) den Transistor in Basisschaltung bei eingeprägtem Emitterstrom,
b) den Transistor in Emitterschaltung bei eingeprägtem Basisstrom.

Vergleiche das Ergebnis jeweils mit der aus dem Kleinsignal-Ersatzschaltbild abgeleiteten RC-Zeitkonstanten!

Lösung:

a) $\tau I_E = Q$. Aus Bild 2/17 wird $|Q| = \dfrac{1}{2}eAn_B(0)W$. Mit (2/2) ist $Q = \dfrac{I_E W^2}{2D_{nB}}$ und

daraus $\tau = \dfrac{W^2}{2D_{nB}} = \dfrac{C_B}{g_m} = 3{,}2\cdot 10^{-9}\ \text{s}$.

b) $\tau I_B = |Q|$, $\tau = \dfrac{W^2 I_E}{2D_{nB}I_B}$. Mit $\dfrac{I_E}{I_B} = B$ folgt $\tau = \dfrac{W^2}{2D_{nB}}B = \dfrac{C_B}{g_m}B = 3{,}2\cdot 10^{-7}\ \text{s}$.

Aus dem Ersatzschaltbild Bild 2/30 bzw. 2/29 folgt

a) $\tau' = \dfrac{C_B + C_{sb'e}}{g_m}$,

b) $\tau' = \dfrac{C_B + C_{sb'e}}{\delta g_m}$.

2.12

Ein Leistungstransistor mit einer Stromverstärkung $\beta_0 = 20$ und einem Kollektorreststrom $I_{CR} = 5\ \text{mA}$ soll mit einem Kollektorstrom $I_C = 2\ \text{A}$ bei einer Batteriespannung $U_{\text{Batt}} = 40\ \text{V}$ betrieben werden. Berechne für die beiden Fälle a) Basisstrom $I_B = \text{const}$ und b) Emitterstrom $I_E = \text{const}$ den Mindestwert des Lastwiderstandes R_L, für den thermische Stabilität ($\gamma \geqq 0{,}05$) gewährleistet ist. Welchen maximalen Wert darf dabei der Wärmewiderstand des Kühlkörpers, auf dem der Transistor montiert ist, jeweils haben, wenn die höchstzulässige Sperrschichttemperatur $T_j = 200\ ^\circ\text{C}$ und der thermische Widerstand zwischen Sperrschicht und Gehäuse des Transistors $R_{\text{th}\,G} = 1{,}5\ ^\circ\text{C/W}$ ist? Die Umgebungstemperatur betrage $T_u = 30\ ^\circ\text{C}$.

Lösung:

Mit (2/54) und $U_C = U_{\text{Batt}} - I_C R_L$ erhält man $R_L = \dfrac{\gamma U_{\text{Batt}}}{I_{CR}S + 2\gamma I_C}$.

a) Für $I_B = \text{const}$ gilt $S \approx \beta_0 + 1$.

Für $\gamma \geqq 0,05$ wird $R_L > 6,55\,\Omega$. Für $R_L = 6,55\,\Omega$ erhält man $P = U_C I_C = 54\,\text{W}$. Die maximal zulässige Transistorgehäusetemperatur ist $T_G = T_j - R_{\text{th}\,G} P$ = 119 °C, damit der Wärmewiderstand des Kühlkörpers $R_{\text{th}\,K} < \dfrac{T_j - R_{\text{th}\,G} P - T_u}{P}$ = 1,65 °C/W.

b) Mit $S \approx 1$ für $I_E = \text{const}$ wird $R_L > 9,75\,\Omega$ und $R_{\text{th}\,K} < 2,65$ °C/W.

2.13

Die Gleichung (2/4a) beschreibt den von der Basis in den Emitter injizierten Stromanteil für eine Dicke d_E der Emitterschicht, die groß ist gegen die Diffusionslänge L_{pE} der Minoritätsträger im Emitter (Fall a). Wie muß die Gleichung für den von der Basis in den Emitter injizierten Stromanteil für folgende zwei weitere Fälle lauten:

b) Die Emitterdicke d_E ist kleiner als die Diffusionslänge L_{pE} und die Oberflächenrekombinationsgeschwindigkeit s am Emitterkontakt ist sehr klein ($s \to 0$).

c) Wie b) aber große Oberflächenrekombinationsgeschwindigkeit ($s \to \infty$).

Skizziere die Minoritätsträgerverteilungen für diese drei Fälle

Lösung:

Das Bild zeigt die drei Minoritätsträgerverteilungen (Überschußdichten p'_E).

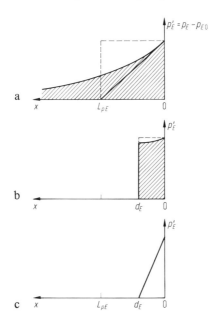

Der Fall a) ist im Text mit (2/4a) beschrieben. Die Fläche unter der Exponentialkurve für p'_E, die ein Maß für die Gesamtrekombination und damit für den Stromanteil I_{BE} ist, ist gleich der Fläche des gestrichelt gezeichneten Rechtecks in Bild a.

Für den Fall b) existiert Rekombination nur im Bereich zwischen 0 und d_E. Dem Ausdruck (2/4a) ist daher ein Korrekturfaktor d_E/L_E hinzuzufügen (gestrichelt in Bild b gezeichnet). Wenn die der Annahme $s \to 0$ entsprechende Minoritätsträgerverteilung davon etwas abweicht (s. Bild b), so ergibt dies nur einen kleinen Fehler.

b) $d_E < L_{pE}$, $s \to 0$:

$$I_{BE} = \frac{eAD_{pE}\,p_{E0}}{L_{pE}}\,\frac{d_E}{L_{pE}}\left[\exp\frac{U_{BE}}{U_T} - 1\right].$$

Im Fall c) wird an der Oberfläche die Überschuß-Trägerdichte Null, so daß grad p_E und damit der Strom entsprechend größer ist; es ist L_{pE} durch d_E zu ersetzen.

c) $d_E < L_{pE}$, $s \to \infty$:

$$I_{BE} = \frac{eAD_{pE}\,p_{E0}}{d_E}\left[\exp\frac{U_{BE}}{U_T} - 1\right].$$

In den Fällen a) und b) bestimmt Rekombination im Volumen den Stromanteil I_{BE} (gekennzeichnet durch die schraffierten Flächen), im Fall c) bestimmt die Oberflächenrekombination den Stromanteil I_{BE} und die Volumenrekombination ist zu vernachlässigen.

Der Fall c) ist ungünstig, tritt aber auf, wenn normale Emitterkontakte benutzt werden. Der (günstigste) Fall b) kann mit besonderen Emittertechnologien [181, 182, 185] realisiert werden.

3 Feldeffekttransistoren

3.1 Einführung

Der *Feldeffekttransistor* (FET) wurde bereits vor Entdeckung des normalen Transistoreffektes vorgeschlagen [88, 89], jedoch erst gegen Ende der fünfziger Jahre zufriedenstellend realisiert.

Das Grundprinzip der Wirkungsweise ist aus Bild 3/1 ersichtlich. Man erkennt eine einem Kondensator ähnliche Anordnung. Zwischen einer Metallelektrode M und einem Halbleiter S (semiconductor) liegt ein Isolator I (MIS-Struktur). Legt man an diesen „Kondensator" eine Spannung U_{MK} (K steht für „leitender *Kanal*"), so entstehen auf den beiden „Kondensatorplatten" Ladungen, die der Spannung U_{MK} proportional sind. Da die Leitfähigkeit des Halbleiters von der Trägerdichte abhängt, wird auf diese Weise der Widerstand der Halbleiterschicht zwischen den Kontakten S (source) und D (drain) durch die Spannung U_{MK} gesteuert. (Wegen der hohen Trägerdichte im Metall ist die prozentuale Ladungsträgeränderung im Metall so klein, daß dort eine Leitfähigkeitsmodulation durch die Spannung U_{MK} nicht feststellbar ist.) Wenn zwischen der Elektrode S und dem Halbleiter keine Spannungsdifferenz (oder zumindest eine konstante) besteht, ist U_{MK} gleich (bzw. bis auf eine Konstante gleich) der Steuerspannung U_{GS} zwischen der Steuerelektrode G (gate) und der Elektrode S (source). Man erhält also zwischen den Elektroden S und D einen Widerstand, der durch die Spannung U_{GS} „leistungslos" gesteuert werden kann, da wegen der Isolatorschicht I der Steuergleichstrom verschwindend klein ist. Nur für schnelle Steuervorgänge ist ein kapazitiver Steuerstrom erforderlich.

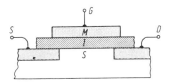

Bild 3/1. MIS-Transistor, schematisch.

Die Realisierung dieses Vorschlages stieß anfangs auf Schwierigkeiten, da die „Kondensatorladung" zum Großteil aus Ladungen bestehen kann, die sich an der Grenzschicht Isolator-Halbleiter befinden und nur schwer transversal beweglich sind. Diese Ladungen liefern dann kaum einen Beitrag zum Leitwert zwischen den Elektroden S und D. Diese Schwierigkeit konnte dadurch umgangen werden, daß der ganze Steuervorgang in das Innere eines Halbleiterkristalls verlegt wurde [90]. Dieser Sperrschicht-FET wird in den Abschn. 3.2 und 3.3 behandelt. Realisierungen gemäß dem ursprünglichen Vorschlag werden in den Abschn. 3.4 und 3.5 beschrieben.

Während die Wirkungsweise des normalen Transistors (Kap. 2) die Existenz von Halbleiterzonen entgegengesetzten Leistungstyps (p-Typ und n-Typ) voraussetzt, beruht die Wirkungsweise der FET primär nur auf der Existenz *eines* Ladungsträgertyps. Man nennt daher normale Transistoren auch *bipolare Transistoren* (oder Injektionstransistoren, da die Minoritätsträgerinjektion entscheidend ist) und FET *unipolare Transistoren*. Aus demselben Grunde sind auch die Anforderungen an das Halbleitermaterial geringer (Minoritätsträgereigenschaften sind ohne Belang), und es wurden FET mit einer Vielzahl verschiedener Halbleiter realisiert (Si, CdS, CdSe, Te, InSb, usw.; z. B. [91, S. 177]).

3.2 Wirkungsweise des Sperrschicht-FET (JFET, junction FET)

Bild 3/2 zeigt schematisch einen n-Kanal-Sperrschicht-FET. Man erkennt zunächst in der Mitte des Transistors zwei p^+n-Dioden mit gemeinsamer n-Zone. Diese ist an den beiden Seiten kontaktiert. Durch Anlegen einer Sperrspannung an die p^+n-Übergänge entstehen Raumladungszonen, die sich, wie in Bild 3/2 gezeichnet, im wesentlichen innerhalb der schwächer

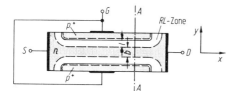

Bild 3.2. Sperrschicht-FET, schematisch.

dotierten n-Zone befinden. Da die Weiten l der Raumladungszonen von der Spannung U_{GK} abhängen, hängt auch die Breite b des verbleibenden leitenden Kanals K von der Spannung U_{GK} ab. Damit kann der Widerstand zwischen den Elektroden S und D durch die Spannung U_{GK} gesteuert werden. Da die beiden p^+n-Dioden in Sperrichtung gepolt sind, erfolgt diese Steuerung „leistunglos" (der Steuerstrom, gleich dem Sperrstrom der Dioden, ist sehr klein).

Bild 3/3 zeigt das elektrische Potential im Schnitt $A-A$ für zwei Werte der Spannung U_{GK}. Man erkennt daraus die Abhängigkeit der Kanalbreite b von der Potentialdifferenz zwischen Gate-Elektrode G und Kanal K (Übung 3.5). Solange der Spannungsabfall im Kanal klein gegen diese

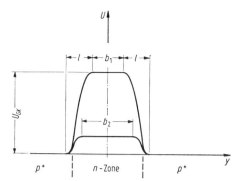

Bild 3/3. Potentialverteilung im Sperrschicht-FET.

Spannung U_{GK} ist, ist die Potentialdifferenz zwischen Gate und Kanal und damit die Kanalbreite an jeder Stelle des Kanals gleich groß. Bei kleinen Spannungen U_{DS} ist daher der Widerstand zwischen S und D unabhängig von U_{DS}, und man erhält im I-U-Kennlinienfeld des Feldeffekttransistors Widerstandsgeraden mit der Spannung U_{GS} (zwischen Gate und Source) als Parameter (s. punktierte Gerade in Bild 3/4). Man nennt die Elektrode, aus der die Ladungsträger in den Kanal eintreten, Source-Elektrode S und diejenige, in welche die Ladungsträger eintreten, Drain-Elektrode D.

Mit zunehmender Spannung $|U_{DS}|$ nimmt der Kanalstrom I (gleich Drainstrom I_D) zunächst linear zu. Mit zunehmendem Strom I nimmt jedoch der Spannungsabfall im Kanal zu, so daß schließlich die Potentialdifferenz zwischen Gate und Kanal an verschiedenen Stellen x des Kanals verschiedene Werte annehmen muß, und zwar ist die transversale Potentialdifferenz (y-Richtung) um so größer, je näher man an die Drain-Elektrode gelangt. Die Kanalbreite nimmt daher in Richtung Drain-Elektrode ab. Der Gesamtleitwert zwischen Source und Drain nimmt daher mit zunehmender Spannung $|U_{DS}|$ ab, da der Kanal (zumindest teilweise) schmaler wird (Krümmung der Kennlinien in Bild 3/4).

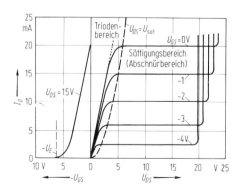

Bild 3/4. Kennlinienfeld eines Sperrschicht-FET.

153

Da der Kanalstrom an jeder Stelle x gleich ist (Verschiebungsströme ausgeschlossen, d. h. „Gleichstromkennlinie" und Vernachlässigung des Sperrstromes der p^+n-Dioden), nimmt der Spannungsabfall je Längeneinheit mit zunehmender Entfernung von der Source-Elektrode zu. Die Abnahme der Kanalbreite erfolgt daher schneller als proportional dem Abstand von der Source-Elektrode. Bild 3/5 zeigt die Kanalbreiten als Funktion des Ortes x für verschiedene Spannungen $|U_{DS}|$. Kurve 1 gilt für vernachlässigbaren Spannungsabfall im Kanal, Kurve 2 zeigt die Abnahme der Kanalbreite, und Kurve 3 zeigt einen Fall, bei dem nach obiger Überlegung die Kanalbreite Null an einem Ort x_s zwischen Drain und Saugelektrode entsteht. Man nennt diese Stelle Abschnürstelle (pinch of point). Wenn die Abschnürstelle x_s gerade an der Drain-Elektrode liegt, ist der Sättigungspunkt erreicht. Die dazu erforderliche Spannung U_{DS} nennt man Sättigungsspannung oder Kniespannung U_{sat}. Den bis hierher beschriebenen (nicht-linearen) Kennlinienbereich für $|U_{DS}| \leq |U_{sat}|$ nennt man *Triodenbereich* (Bild 3/4). Trotz der Gültigkeit des Ohmschen Gesetzes pro Volumeneinheit im Kanal ($i = \sigma E$) in diesem Triodenbereich gilt für die Klemmgrößen U_{DS} und I das Ohmsche Gesetz nur für $|U_{DS}| \ll |U_{sat}|$ (s. Abschn. 3.7).

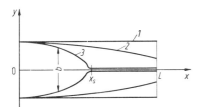

Bild 3/5. Kanalkonturen im Sperrschicht-FET für verschiedene Drain-Spannungen.

Mit abnehmender Kanalbreite nehmen bei konstantem Strom Stromdichte und Feldstärke zu; dabei nimmt die Ladungsträgergeschwindigkeit gemäß der Beziehung $v = \mu E$ zu. Im Abschnürpunkt wäre nach obiger einfacher Überlegung die Ladungsträgergeschwindigkeit unendlich. Die Trägergeschwindigkeit nimmt jedoch nur bis zur Sättigungsgeschwindigkeit v_s (ca. 10^7 cm/s) zu. Der Kanal schnürt sich daher nur auf den durch v_s gegebenen Grenzwert zusammen. Bild 3/6 zeigt Potential, Trägergeschwindigkeit und Kanalbreite als Funktion des Ortes. Für $x \ll x_s$ gilt das Ohmsche Gesetz $i = \sigma E$ mit $\sigma = $ const; für $x > x_s$ ist die Trägergeschwindigkeit unabhängig von der Feldstärke.

Die Potentialdifferenz U_{GK} zwischen Gate und Kanal am Einschnürpunkt ist gerade so groß, daß sich die beiden RL-Zonen der p^+n-Zonen berühren; sie ist daher unabhängig vom Wert x_s immer gleich U_{GKsat}. Dieser Aussage liegt u. a. die Annahme zugrunde, daß sich die Kanalbreite nur „langsam" mit dem Ort x ändert. (In der für die RL-Zone für $x < x_s$ gülti-

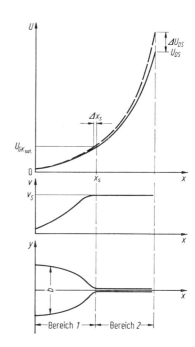

Bild 3/6. Potentialverlauf. Driftgeschwindigkeit und Kanalbreite im Sperrschicht-FET als Funktion der Ortskoordinate in Längsrichtung.

gen Poisson-Gleichung kann der Term $\partial^2 U/\partial x^2$ gegenüber $\partial^2 U/\partial y^2$ vernachlässigt werden.)

Welchen Verlauf hat das Potential in Bereich $x > x_s$? Das Gesetz $i = \sigma E$ muß nicht mehr berücksichtigt werden; die Stromdichte i ist unabhängig von E; die Dichte der freien Ladungsträger ist wegen der hohen Trägergeschwindigkeit v_s so klein, daß ihre Ladung im Vergleich zur Ladung der Dotierungsatome vernachlässigt werden kann. Das elektrische Potential ist daher gegeben durch die feste Ladung der Dotierungsatome und das Potential der Ränder (Gate- und Drain-Elektrode). Die Lösung der Poisson-Gleichung ergibt ein in x-Richtung exponentiell ansteigendes Potential. Wie Bild 3/6 oben zeigt, bringt eine Änderung der Drainspannung U_{DS} nur eine sehr kleine Änderung der Lage des Einschnürpunktes x_s mit sich, der jeweils beim gleichen Spannungswert bleibt. Als Folge davon entsteht eine sehr kleine Änderung des Stromes, wie es der Änderung der Feldstärke im Bereich 1 des Kanals entspricht ($i = \sigma E$). Die Drainspannung hat auf die Bewegung der Ladungsträger im Bereich 2 keinen Einfluß, da dort die Geschwindigkeit ohnehin den gesättigten Wert hat. Der einzige Einfluß der Drainspannung auf die Ladungsträgerbewegung und damit den Strom erfolgt über den „Durchgriff" des elektrischen Feldes bis in den Bereich 1 des Kanals. Aus diesem Grunde ändert sich der Strom I nach Einschnürung des Kanals nur mehr sehr wenig (Bild 3/4), und der Innenwiderstand R_i des FET, definiert als $R_i = \partial U_{DS}/\partial I$, ist sehr groß. Das ist mit $|U_{DS}| > |U_{sat}|$ der *Sättigungsbereich*.

155

Bei sehr hohen Drainspannungen wird schließlich zwischen Gate und Drain ein Durchbruch entstehen (Bild 3/4). Wie man aus Bild 3/2 erkennt, liegt die höchste Sperrspannung der p^+n-Diode am drainseitigen Ende dieser Diode. Diese Sperrspannung ist $U_{GD} = U_{GS} + U_{SD}$. Wenn diese Spannung den Wert U_b erreicht, steigen Drainstrom und Gatestrom sehr stark an. Man erkennt aus Bild 3/4, daß beim Durchbruch die Beziehung $U_{GS} + U_{SD} = U_b$ in etwa erfüllt ist.

Im Vergleich zum bipolaren Transistor entspricht die Source-Elektrode dem Emitter, die Gate-Elektrode der Basis und die Drain-Elektrode dem Kollektor.

Bild 3/7 zeigt die Kennlinien eines Sperrschicht-FET für verschiedene Temperaturen. Man erkennt, daß diese Temperaturabhängigkeit wesentlich kleiner als beim bipolaren Transistor ist und der Strom mit zunehmender Temperatur abnimmt, d. h. eine thermische Instabilität in dem Sinne

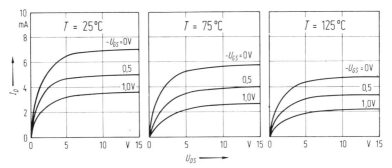

Bild 3/7. Kennlinienfelder des n-Kanal-Sperrschicht-FET BFW 11 (Valvo) für verschiedene Temperaturen.

wie beim bipolaren Transistor nicht auftreten kann. Maßgebend für diese Temperaturabhängigkeit des Stromes ist die Temperaturabhängigkeit der Beweglichkeit. Die Trägerdichte ist in erster Näherung temperaturunabhängig, da es sich um Majoritätsträger handelt. Unter Umständen kann eine Temperaturabhängigkeit der Kanalbreite in bestimmten Arbeitspunkten die Temperaturabhängigkeit der Beweglichkeit kompensieren (z. B. [92, S. 377]).

Damit ist das Kennlinienfeld (qualitativ) erklärt. Eine einfache Theorie des FET wird in Abschn. 3.7 gebracht.

3.3 Ausführungsformen des Sperrschicht-FET

Bild 3/8 zeigt eine Ausführungsform eines Sperrschicht-FET. In diesem Fall wurde von einem n-Typ Halbleiter ausgegangen, in welchen durch eine p-Diffusion Source, Drain und Kanal eindiffundiert werden. Die

156

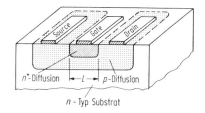

Bild 3/8. *p*-Kanal Sperrschicht-FET im Schnitt.

obere Gate-Elektrode wird als „Steg" durch eine flache, aber starke n^+-Diffusion erzeugt. Als Halbleitermaterial verwendet man meist Si, so daß die von der Planartechnik her bekannten Schritte zur Anwendung kommen, d. h. die Geometrien werden im Fotoätzverfahren bestimmt. Werden die beiden Gate-Zonen nicht miteinander verbunden, so können sie unabhängig voneinander zur Steuerung herangezogen werden (double gate FET), wie es insbesondere für Misch- und Regelschaltungen von Vorteil ist.

3.4 Wirkungsweise und Betriebsarten des MIS-FET

Durch bessere Beherrschung der Herstellungsschritte konnte schließlich auch die ursprünglich vorgeschlagene Form der FET (Bild 3/1) realisiert werden. Besonders ausgereift und gebräuchlich ist der in Abschn. 3.5 näher beschriebene MOS-(*M*etall-*O*xid-*S*emiconductor-)Transistor, bei dem als Halbleitermaterial Si und als Isolator SiO_2 verwendet werden. Für MIS-(*M*etall-*I*solator-*S*emiconductor-)Transistoren ist auch der Ausdruck IG-FET (*I*solated *G*ate FET) gebräuchlich.

Beim MIS-Transistor ist ein Betrieb möglich wie beim Sperrschicht-FET, d. h. es kann die Ladungsträgerdichte im Halbleiter durch die Gate-Spannung *verringert* werden (negative Gate-Spannung beim *n*-Typ Halbleiter). Man spricht dann vom *Verarmungsbetrieb*. Damit in diesem Betrieb eine nennenswerte Widerstandsmodulation durch die Gate-Spannung auftritt, muß die Halbleiterschicht genügend dünn sein. Im Gegensatz zum Sperrschicht-FET kann hier aber auch ein *Anreicherungsbetrieb* realisiert werden, bei dem durch die Gate-Spannung die Trägerdichte im Halbleiter steigt. Es sammeln sich dann die Ladungsträger an der Grenzschicht Halbleiter-Isolator; beim Sperrschicht-FET würde dieser Betriebszustand zu einem großen Steuerstrom führen, da die *pn*-Diode in Flußrichtung gepolt wäre.

Da im Prinzip beide Betriebsarten sowohl mit *n*-Kanal als auch mit *p*-Kanal möglich sind, gibt es vier Typen von MIS-Transistoren.

Im Isolator sind je nach Herstellungsbedingungen mehr oder weniger feste Ladungen (meist positive) vorhanden. Diese wirken wie eine Vorspannung am Gate also meist so, daß an der Grenzschicht Isolator-Halbleiter die Tendenz zur Bildung eines *n*-Kanals besteht (s. Abschn. 3.7).

3.4.1 MOS-FET-Verarmungsbetrieb

Bild 3/9 zeigt schematisch einen n-Kanal-MOS-Transistor für Verarmungsbetrieb. Source und Drain sind stark n-dotiert, so daß Ladungsträger von einem n-Kanal ungehindert übertreten können. Als n-Kanal dient die n-dotierte Schicht unter dem Isolator. Liegt die Spannung Null (bezogen auf Source) am Gate, so fließt ein Strom über die n-Schicht; man nennt den Transistor dann *selbstleitend*. Legt man eine negative Spannung an das Gate, so entsteht unter dem Gate eine RL-Zone, und der Kanal wird in diesem Bereich schmäler, d. h. der Transistorstrom I sinkt mit zunehmender negativer Spannung am Gate.

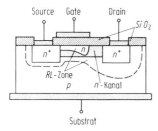

Bild 3/9. n-Kanal MOS-FET im Schnitt.

Wird die Drainspannung U_{DS} erhöht, d. h. stärker positiv gemacht, so nimmt der Transistorstrom I zu, aber nur anfangs proportional U_{DS}, da die Spannungsdifferenz zwischen Gate und Kanal mit zunehmendem Abstand von der Source zunimmt und dadurch eine Einschnürung des Kanals erfolgt. Schließlich wird bei einer bestimmten Spannungsdifferenz U_{GK} die Raumladungszone bis zur p-Zone reichen, und man erhält ebenso wie beim Sperrschicht-FET eine Stromsättigung. Ein Nebenschluß über die

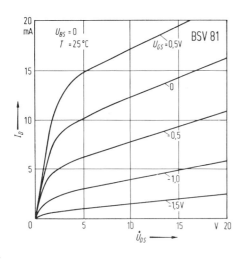

Bild 3/10. Kennlinienfeld des n-Kanal MOS-FET BSV 81 (Valvo).

p-Zone (Substrat) ist nicht möglich, da die Diode zwischen Substrat und Drain in Sperrichtung gepolt ist (vgl. eingezeichnete RL-Zone). Das Substrat liegt normalerweise auf gleichem Potential wie die Source-Elektrode d. h. insbesondere bei der Source-Schaltung (Abschn. 3.9) wechselstrommäßig an Masse. Das Substrat kann jedoch auch als zweites Gate, z. B. zur automatischen Regelung der Verstärkung, benutzt werden.

Der Bereich der *n*-Schicht, der nicht unter dem Gate liegt, bleibt unmoduliert; er stellt einen internen Verlustwiderstand dar. Da jedoch die Kapazität zwischen Gate und Drain besonders schädlich ist (Abschn. 3.9), wird dieser Verlustwiderstand oft in Kauf genommen und das Gate für diese Transistorart, wie in Bild 3/9 gezeichnet, unsymmetrisch angeordnet.

Bild 3/10 zeigt das Kennlinienfeld eines *n*-Kanal-MOS-Transistors. Die Kennlinienschar weist den gleichen Charakter wie die der Sperrschicht-FET (Bild 3/4) auf.

3.4.2 MOS-FET-Anreicherungsbetrieb

Wie aus Bild 3/10 ersichtlich, ist mit einem Transistor nach Bild 3/9 auch „Anreicherungsbetrieb" möglich ($U_{GS} > 0$ für *n*-Kanal), sofern dabei die zulässige Verlustleistung nicht überschritten wird. Dabei häufen sich an der Grenzschicht Isolator-Halbleiter Leitungselektronen durch die positive Ladung auf dem Gate an. Die Trägerdichte im Kanal ist dann von der Grunddotierung ziemlich unabhängig. Dies heißt insbesondere, daß man anstelle der *n*-Schicht die *p*-Zone des Substrats bis an den Isolator reichen lassen kann (Bild 3/11). Es wird dann bei genügend positiver Gate-Spannung an der Grenzschicht, trotz der negativen Ladung der ionisierten Akzeptoren, ein *n*-Kanal entstehen. Man nennt diese leitende Zone an der Grenzschicht Halbleiter-Isolator *Inversionsschicht*, da sie von entgegengesetztem Leitungstyp ist wie das Grundmaterial. Das Grundmaterial (Substrat) ist meist mit Source verbunden (Potentialunterschied n^+-p gleich Diffusionsspannung).

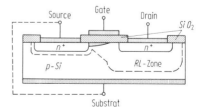

Bild 3/11. *n*-Kanal MOS-Transistor mit Inversionsschicht (im Schnitt).

Bild 3/12 veranschaulicht die Bildung der Inversionsschicht anhand des Bändermodells. Für $U = 0$ liegen die Fermi-Niveaus im Halbleiter und im Metall auf gleicher Höhe. Ladungen im Isolator oder an der Grenzschicht Halbleiter-Isolator wurden nicht angenommen. Der Isolator ist ebenfalls durch die eingezeichneten Bandkanten gekennzeichnet.

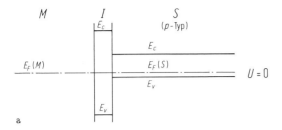

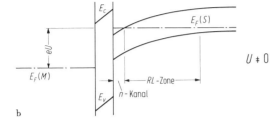

Bild 3/12. Bändermodel des MIS-Transistors (ohne Oberflächenzustände). **a** ohne Steuerspannung; **b** Bildung einer Inversionsschicht.

Für $U \neq 0$ (Metall positiv gegen p-Typ-Halbleiter) entsteht zunächst im Halbleiter eine RL-Zone. Sinkt die potentielle Energie am Rand des Halbleiters so tief, daß das (etwa in der Mitte des verbotenen Bandes liegende) Eigenleitungsniveau E_i unter das Fermi-Niveau sinkt, so bildet sich die besprochene n-leitende Inversionsschicht an der Grenze zwischen Halbleiter und Isolator (schwache Inversion). Steigt U weiter an, so sinkt die Leitungsbandkante bis in die Nähe des Fermi-Niveaus und man spricht von starker Inversion. Da der Isolator einen Stromfluß zwischen Metall und Halbleiter verhindert, stehen der Halbleiter und der Leiter für sich getrennt im Gleichgewicht. Deshalb kann das Fermi-Niveau wie in Bild 3/12 unten eingetragen werden. (Beachte den Feldstärkesprung an der Grenzfläche $I - S$ als Folge des Unterschieds der Dielektrizitätskonstanten.)

Bezüglich des Nebenschlusses über das Substrat gilt hier das gleiche wie beim MOS-FET mit Verarmungsbetrieb; die isolierende RL-Zone zur Drain-Elektrode ist in Bild 3/11 eingezeichnet.

Ein p-Kanal MOS-FET entspricht im Aufbau ebenfalls Bild 3/11. Die Source- und Drain-Elektroden sind jedoch stark p-dotiert und das Substrat ist n-dotiert.

Ebenso wie beim Sperrschicht-FET erfolgt auch beim MOS-Transistor eine Sättigung des Drainstroms bei hohen Source-Drainspannungen. Beim Verarmungsbetrieb wird der Kanal ebenso wie beim Sperrschicht-FET geometrisch eingeschnürt. Beim Anreicherungsbetrieb führt der Spannungsabfall im Kanal dazu, daß in Drainnähe die Potentialdifferenz zwischen Gate und Kanal so klein wird (hier sind keine festen Ladungen im Oxid angenommen), daß im Kanal keine Ladungen mehr gehalten werden. Es sind lediglich die vom ungesättigten Kanalbereich her injizierten Ladungsträger

160

vorhanden, die durch die hohe Feldstärke mit Sättigungsgeschwindigkeit Richtung Drain driften.

Sind im Oxid (oder im Halbleiter an der Grenzfläche zum Oxid) feste Ladungen Q_{fest} vorhanden, so verschieben sich die U_{GS}-Werte für gegebene Drainströme. Dies sei zunächst für n-Kanal Transistoren (ohne Kanaldotierung) erläutert: Eine positive Ladung im Oxid bewirkt bereits für $U_{GS} = 0$ einen leitenden Kanal. Man nennt einen solchen Transistor selbstleitend. Die Übertragungskennlinie $I_D(U_{GS})$ wird nach links verschoben (Bild 3/13a); man erhält eine negative Einsatzspannung U_E. Für eine negative Ladung im Oxid verschiebt sich die Übertragungskennlinie nach rechts, der Transistor ist selbstsperrend und die Einsatzspannung ist positiv. Für p-Kanal Transistoren sind die Vorzeichen von Q_{fest} und U_E zu ändern. Die feste Ladung der Dotierung im Kanal wirkt im Prinzip gleich; d. h. positive Donatoren bewirken (selbstverständlich) einen n-Kanal bereits bei $U_{GS} = 0$.

Die Einsatzspannung ist eine für die Anwendung wichtige Kenngröße. Sie kann gezielt z. B. durch Einbringen von Ladungen in die oberste Halbleiterschicht (z. B. durch Ionenimplantation) eingestellt werden (s. Abschn. 3.7.2).

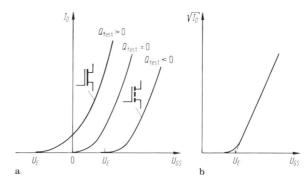

Bild 3/13. Übertragungskennlinien für n-Kanal FET's (Einfluß des Gatematerials vernachlässigt, s. Abschn. 3.7.2). **a** unterschiedliche Oxidladungen; **b** $\sqrt{I_D}$ als Funktion von U_{GS}.

Wie die einfache Theorie der Ladungssteuerung zeigt (Abschn. 3.7), ist die Übertragungscharakteristik (im Sättigungsbereich) eine Parabel ($I_D \sim U_{GS}^2$). Deshalb (und auch weil für sehr kleine Ströme etwa eine Exponentialcharakteristik gilt) kann U_E schwer aus der Übertragungskennlinie (Bild 3/13a) abgelesen werden. Trägt man hingegen, wie in Bild 3/13b gezeigt $\sqrt{I_D}$ als Funktion von U_{GS} auf, so erhält man für genügend große I_D-Werte eine Gerade, die eine bessere Ablesung der (so definierten) Einsatzspannung erlaubt.

161

3.4.3 Symbole für MOS-FET

In den bisherigen Abschnitten wurde die Wirkungsweise der MOS-Transistoren beschrieben. Betrieb mit Inversionsschicht, Betrieb mit Anreicherungsschicht usw. sind für den Anwender von MOS-Transistoren unwesentlich; ihn interessieren die an den Klemmen feststellbaren Eigenschaften wie Kanalpolarität, Einsatzspannung usw.

Bild 3/14 zeigt die gebräuchlichen Symbole und Kennlinien der vier Arten von MIS-Transistoren und Sperrschicht-FET. In n-Kanal-Transistoren steigt der Transistorstrom, wenn die Gate-Spannung positiver wird; in p-Kanal-Transistoren sinkt er.

Wegen der höheren Beweglichkeit der Ladungsträger sind n-Kanal-MOS-Transistoren bevorzugt. Die Ionenimplantation in Verbindung mit

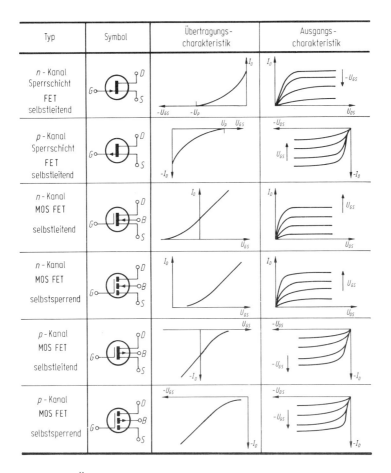

Bild 3/14. Übersicht über die verschiedenen Typen von FET.

der silicon-gate-Technologie ermöglicht einen weiten Bereich für die Einstellung der Einsatzspannung U_E, d. h. es können sowohl selbstsperrende als auch selbstleitende n-Kanal- und p-Kanal-MOS-Transistoren realisiert werden. Der Sperrschicht-FET ist selbstleitend.

3.4.4 Daten und Kennlinien von MOS-FET

Die I-U_{DS}-Kennlinien von MOS-Transistoren ähneln, abgesehen von den Parameterwerten U_{GS}, denen der Sperrschicht-FET. Ein Durchbruch im Sinne der Sperrschicht-FET tritt hier nicht auf; ein durchbruchähnlicher Stromanstieg kann aber auftreten, wenn der Einschnürpunkt extrem nahe an die Source-Elektrode gelangt (punch through).

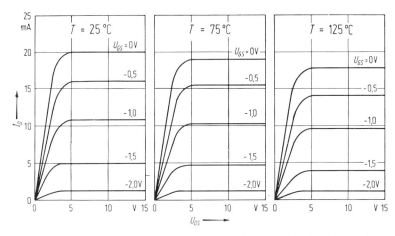

Bild 3/15. Kennlinienfelder des n-Kanal-MOS-FET BFS 28 (Valvo) für verschiedene Temperaturen.

Die typische Temperaturabhängigkeit der Kennlinien ist aus Bild 3/15 ersichtlich; sie ist ähnlich wie beim Sperrschicht-FET meist durch die Temperaturabhängigkeit der Beweglichkeit bestimmt, d. h. mit steigender Temperatur sinkt der Strom. Eine Temperaturabhängigkeit der Einsatzspannung kann u. U. diesen Effekt kompensieren.

Der Eingangswiderstand von MOS-Transistoren ist wegen der hohen Qualität der SiO$_2$-Schicht extrem hoch (bis zu $10^{12}\,\Omega$) und im Gegensatz zum Sperrschicht-FET temperaturunabhängig.

Die Eingangskapazität ist etwa gleich groß wie die des Sperrschicht-FET, aber spannungsunabhängig.

3.5 Ausführungsformen von MIS-FET

Es existiert eine Reihe von unterschiedlichen Ausführungsformen von MIS-FET (z. B. [94, 95]). Ohne näher auf den Zusammenhang zwischen Herstellungsverfahren und Daten der FET einzugehen, sollen hier einige typische Ausführungsformen angegeben werden. Dominierend ist die Verwendung von SiO_2 als Isolator; man spricht dann von MOS-Transistoren.

Bild 3/16 zeigt einen selbstsperrenden p-Kanal-MOS-FET mit einigen typischen Abmessungen. Hergestellt wird dieser Transistor nach der vom bipolaren Transistor her bekannten Planartechnik, wobei allerdings auf die Qualität der ca. 0,1 µm starken SiO_2-Schicht unter dem Gate besonderes Augenmerk gelegt werden muß.

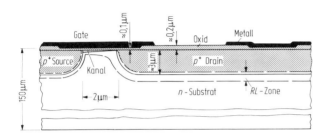

Bild 3/16. MOS-FET im Schnitt

Um große Steuerwirkung zu erzielen, soll das Oxid möglichst dünn sein; andererseits darf es nicht so dünn sein, daß es von Elektronen durchtunnelt werden kann und selbstverständlich darf es keine Löcher haben.

Wie noch näher gezeigt wird, hat ein MOS-FET um so bessere Eigenschaften (Steilheit, Grenzfrequenz) je kürzer der leitende Kanal ist. Außerdem soll die dem Steuerkreis belastende Gatekapazität möglichst klein sein. Werden Kanalbereich und Gate „unabhängig voneinander" hergestellt, so muß das Gate auf beiden Seiten um die Justiertoleranz über den Kanal hinausreichen um die sichere Überdeckung des Kanals (notwendig bei Anreicherungs- und Inversionsbetrieb) zu gewährleisten. Wie Bild 3/16 zeigt, führt dies zu Gatekapazitäten, die etwa dreimal so groß sind als von der Funktion gefordert. Dieser Nachteil kann durch „selbstjustierende" Techniken vermieden werden. Bild 3/17a zeigt die Herstellung eines Si-Gatetransistors [158, 159], bei dem polykristallines hochdotiertes Si als Gatematerial und gleichzeitig als Maske für die Source- und Draindotierung benutzt wird. Die im ersten Schritt erzeugte polykristalline Si-Schicht auf dem späteren Gateoxid, wird im 2. und 3. Schnitt mit Hilfe der Photolithographie auf die gewünschte Gateform (Streifen) gebracht. In der nachfolgenden Dotierung (Ionenimplantation) dient das Gate als Maske und Source und Drain enden genau unter dem Band des Gates (abgesehen von der Unterdiffusion beim Ausheilprozeß). Auf diese Weise lassen sich

164

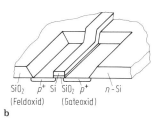

SiO₂ p^+ Si SiO₂ p^+ n-Si
(Feldoxid)   (Gateoxid)

b

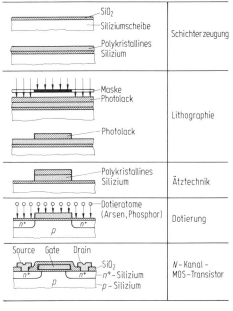

	Schichterzeugung
	Lithographie
	Ätztechnik
	Dotierung
	N-Kanal-MOS-Transistor

Herstellung eines MOS-Si-Gate-Transistors

a

Bild 3/17. Si-gate-MOS-FET. **a** Herstellung; **b** fertige Struktur.

selbstjustierte Strukturen mit Gatelängen bis unter 1 μm herstellen. Das Potential des Gates und damit die Wirkung auf den Kanal ist je nach Dotierung des Gates unterschiedlich, da die Kontaktspannung zwischen Gateelektrode und Gateanschluß dotierungsabhängig ist. Dies kann zur Einstellung der Einsatzspannung benutzt werden (s. Abschn. 3.7.2). Bild 3/17b zeigt schematisch den fertigen Transistor.

MIS-Transistoren können auch in Aufdampftechnik realisiert werden [96]. Auf einem isolierenden Substrat (z. B. Glas) werden in mehreren Schritten Metallelektroden, Halbleiter und Isolierschichten aufgedampft. Als Halbleiter kommen eine Reihe von Materialien in Frage (CdS, CdSe, Ge, Si, Te, InAs usw., z. B. [91, S. 178]). Als Isolator dient meist SiO₂ oder Al₂O₃. Die Isolierschicht muß genügend dünn (z. B. 0,1 μm) sein, um eine gute Steuerwirkung der Gateelektrode zu ermöglichen.

Leistungs-MOS-Transistoren (s. z. B. [215])

Auch bei der selbstjustierenden Technik nach Bild 3/17 ist die Kanallänge durch die photolithographische Auflösung und durch die Ätztechnik begrenzt. Ein völlig anderer Weg zur Erzielung kleiner Kanallängen (und damit hoher Stromdichten) liegt darin, die gut beherrschten Tiefendimensionen der Dotiertechniken (Diffusion und Implantation) zur Einstellung der Kanallänge herauszuziehen. Bild 3/18 zeigt einen V-MOS-Transistor. Hier

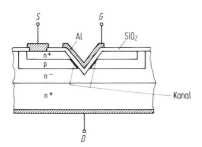

Bild 3/18. Schematische Darstellung eines Leistungs-VMOS-FET.

wird in Zweifachdiffusion eine *npn*-Struktur erzeugt, in welche eine V-förmige Rille geätzt wird. In diese wird nach Oxidation die Gateelektrode aufgedampft. Bei dieser Herstellungstechnik kann eine kleine Kanallänge sehr exakt durch Diffusion (wie beim bipolaren Transistor in Planartechnik) eingestellt werden. Die schwach dotierte *n*-Zone auf der Drainseite ermöglicht die Ausbildung einer großen Raumladungszone, so daß Durchbruchspannungen von einigen hundert Volt erzielt werden können [160].

Bild 3/19 zeigt Schnittbilder weiterer solcher Strukturen. Der D-MOS FET (doppelt diffundierter MOS FET, Bild 3/19a) hat seinen Kanalbereich in der *p*-Zone, die ähnlich wie die Basis eines (doppelt diffundierten) Bipolartransistor hergestellt wird. Analog wird beim DI-MOS FET (doppelt implantierten MOS FET, Bild 3/19b) die Kanallänge durch die Implantationstiefe unter einer rampenförmig geätzten Poly-Si Gateelektrode ausgenutzt [188].

Der Vorteil des V-MOS-FET liegt darin, daß viele V-Rillen parallel angeordnet einer großflächigen Drainelektrode gegenüberstehen; der Stromfluß ist „senkrecht" zur Halbleiteroberfläche. Dadurch lassen sich bei guter Flächenausnutzung hohe Transistorströme realisieren (z. B. 20 A). Dieser Vorteil kann auch mit den Techniken nach Bild 3/19 kombiniert werden und führt zu den Leistungstransistoren nach Bild 3/20. Der HEX-FET benutzt die Doppeldiffusionstechnik, der SIPMOS die Doppelimplantationstechnik. Da mit zunehmender Temperatur beim FET der Strom (bei kon-

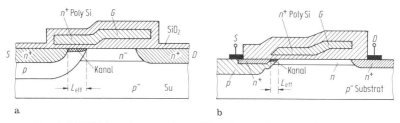

Bild 3/19. MOS-Transistoren, deren Kanallänge durch Diffusion oder Implantation eingestellt wird. **a** D-MOS-FET (*d*ouble *d*iffused MOS-FET); **b** DI-MOS-FET (*D*oppelt *I*mplantierter-MOS-FET)

166

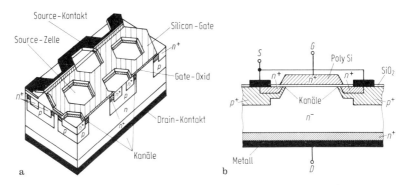

Bild 3/20. Leistungs-MOS-Transistoren. **a** HEX FET (symmetrisch aufgebaute D-MOS-Transistoren) **b** SIPMOS (symmetrisch aufgebaute DI-MOS-Transistoren)

stanter Spannung) meist *sinkt*, ist die Parallelschaltung dieser Transistoren möglich, ohne daß die Gefahr der thermischen Zerstörung einzelner Zellen besteht. So können beispielsweise 1 000 Transistorzellen gemäß Bild 3/20b parallel geschaltet werden. Mit Transistoren dieser Art lassen sich Ströme von einigen ...zig Ampere bei Spannungen bis über 1 000 V fast leistungslos ein- und ausschalten (z. B. 5 A bei 1 000 V oder 30 A bei 100 V).

Ein weiterer Leistungs-FET ist der static induction transistor ein Sperrschicht-Kurzkanal-FET, der in Abschn. 3.12 noch beschrieben wird; mit ihm lassen sich Ströme von ca. 100 A bei Spannungen von z. B. 2 000 V schalten [204].

Wesentlich für den eingeschalteten Zustand ist der *On*-Widerstand, der je nach Spannungsfestigkeit verschiedene, der Fläche des Transistors umgekehrt porportionale Werte annimmt. Für ca. 100 V-Spannungsfestigkeit erhält man typische *On*-Leitwerte von 100 S/cm^2, für 1 000 V etwa 1 S/cm^2 [217].

3.6 GaAs-MES-FET

Für die Gate-Kanal-Struktur hat man entweder die Möglichkeit, eine sperrende Diode oder ein durch einen Isolator vom Halbleiter getrenntes Gate zu verwenden. In Abschn. 3.2 wurden Feldeffekttransistoren beschrieben, bei denen die sperrenden Eigenschaften einer *pn*-Struktur ausgenutzt werden. Eine weitere Möglichkeit besteht in der Verwendung einer sperrenden Schottky-Diode, d. h. man benutzt einen Metall-Halbleiter-Übergang (MES-FET).

Die Verwendung einer Schottky-Diode als Gate-Struktur ergibt eine selbstjustierende Technik, da die Gate-Elektrode gleichzeitig die Kanallänge begrenzt. Die Herstellung ist verhältnismäßig einfach; es müssen zwei unterschiedliche Metall-Elektrodentypen aufgedampft werden, damit beim Gate eine sperrende Schottky-Diode, bei Source und Drain ohmsche Kontakte entstehen. Insbesondere ist kein isolierendes Oxid erforderlich, so daß dieser MES-FET aus dem in seinen Halbleiterdaten besseren GaAs hergestellt werden kann. Transistoren dieser Art können (ebenso wie JFET nur selbstleitend hergestellt werden. Diese Transistoren weisen zur Zeit bezüglich Grenzfrequenz und Rauschzahl die besten Daten auf. Der Frequenzbereich erstreckt sich bis über 40 GHz, die Rauschzahlen reichen bis herunter zu 1 dB bei beispielsweise 4 GHz [139, 140, 189]. Bei 10 GHz sind HF-Ausgangsleistungen von 10 W realisierbar.

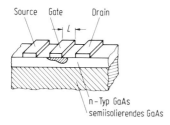

Bild 3/21. Schnitt durch einen GaAs-MES-FET.

Bild 3/21 zeigt die Struktur des Transistors. Auf einer halbisolierenden GaAs-Scheibe ist eine Epitaxieschicht aufgebracht, in welcher sich der Kanal befindet. Als Gateelektrode wird beispielsweise Aluminium benutzt, weil dies einen sperrenden Halbleiterübergang ergibt. Als Source-Drainelektrode kann eine Gold-Germanium-Legierung benutzt werden, da dies ohmsche Kontakte auf GaAs ergibt.

Der die Funktion ganz wesentlich beeinflussende Parameter ist die Kanallänge L. Bild 3/22 zeigt für 8 GHz die Verstärkung G und die Rauschzahl F als Funktion der Kanallänge L.

Für die Dimensionierung werden häufig halbempirische Formeln be-

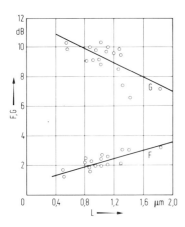

Bild 3/22. Leistungsverstärkung G und Rauschzahl F von GaAs-Feldeffekttransistoren als Funktion der Kanallänge nach [139].

168

nutzt. Dies liegt einmal darin begründet, daß der Einfluß von Kontaktwiderständen im Vergleich zum „Kanalwiderstand" merkbar wird und zum anderen, weil man an die Gültigkeitsgrenzen der Beziehungen für homogenen Halbleiter anstößt; beispielsweise kann man im letzten Abschnitt des Kanals nicht mehr von einer gleichförmigen Ladungsträgergeschwindigkeit sprechen, da hier dieser Kanalabschnitt bereits in der Größenordnung der freien Weglänge der Ladungsträger liegt [142].

Außer GaAs können auch noch andere Materialien hoher Elektronenbeweglichkeit (z. B. GaInAs) benutzt werden. Eine Besonderheit stellt der HEMT (*high electron mobility transistor*) dar [189, 197, 198]. Hier verläuft der leitende Kanal in einer undotierten Schicht hoher Beweglichkeit (z. B. GaAs) an die eine stark n-dotierte Zone mit höherem Bandabstand (z. B. $Al_xGa_{1-x}As$) anschließt.

Wegen des Sprunges der Leistungsbandkante an dieser Grenzschicht, bildet sich der leitende Kanal in der Schicht mit kleinerem Bandabstand aus. Wegen der deutlich unterschiedlichen Dotierung der beiden Schichten nennt man solche Transistoren auch MODFET's (*modulation doped* FET).

Bild 3/23 zeigt eine Struktur dieser Art. An dem Heteroübergang zwischen diesen beiden Zonen bildet sich eine dünne leitende Kanalschicht („Zweidimensionales" Elektronengas, 2-DEG-FET = *twodimensional electron gas* FET) im undotierten GaAs. Die Elektronen im undotierten Material haben hohe Beweglichkeit, da die Störstellenstreuung drastisch reduziert ist (bei 300 K etwa doppelt so hoch wie im normalen MESFET, bei 70 K etwa 15mal so hoch).

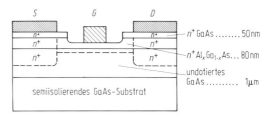

Bild 3/23. HEMT (*high electron mobility transistor*) im Schnitt.

Im Bereich des Source- und Drainkontaktes muß die dort schädliche Wirkung der Potentialbarriere vermieden werden. Dazu wird der gestrichelt gekennzeichnete Bereich sehr stark dotiert (Implantation oder vom Kontaktmaterial her), so daß eine gegebenenfalls noch vorhandene Barriere durchtunnelt werden kann und man „Ohmsche Kontakte" bis zum GaAs erhält.

Mit Gatelängen von etwa 0,5 μm wurden folgende Daten erzielt [189]: 10 GHz: 12 db Gewinn, 1,26 dB Rauschzahl; 17 GHz: 7 db Gewinn, 2,3 dB Rauschzahl. Mit 0,25 μm Gatelänge wurde bei 18 GHz 12 dB Gewinn und 1,3 dB Rauschzahl erreicht [197].

3.7 Theorie der Ladungssteuerung

Obwohl die Ausführungsformen der verschiedenen Feldeffekttransistoren ziemliche Unterschiede aufweisen, ist der Charakter aller I-U_{DS}-Kennlinien gleich. Dies liegt daran, daß der Grundmechanismus immer der gleiche ist: Es wird durch eine Spannung (zwischen Gate und Kanal) eine Ladung (im Kanal) gesteuert, die für den Stromfluß maßgebend ist. Aus diesem Grunde läßt sich auch eine einfache Theorie angeben, welche für alle Feldeffekttransistoren gilt (z. B. [1]). Sie wird anhand eines MIS-Transistors erklärt.

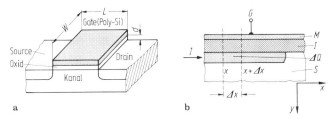

Bild 3/24. MIS-Transistor. **a** schematisch; **b** Kanalausschnitt.

Bild 3/24 zeigt schematisch einen MIS (bzw. Si-gate) Transistor, wobei der Halbleiter als undotiert angenommen wird. Wenn C_G die Kapazität ist für ein Gate, welches genau von Source zu Drain reicht (Kanallänge = L), so ist ΔC die Kapazität der Strecke Δx:

$$\Delta C = \frac{C_G}{L} \Delta x. \tag{3/1}$$

Die Ladung ΔQ im Halbleiter im Bereich zwischen x und $x + \Delta x$ ist durch die Spannung am „Kondensator", also die Differenz des Potentials am Gate V_G und des Kanalpotentials $V(x)$ am Ort x bestimmt:

$$\Delta Q = \Delta C[V(x) - V_G]. \tag{3/2}$$

Zur Kapazität $C_G = \varepsilon_0 \varepsilon_r A / d$: Bei räumlicher Ausdehnung der Ladung in y-Richtung ist für d ein geeigneter Mittelwert anzunehmen. Streng genommen ist dann die Kapazität je Längeneinheit C_G/L eine von der Breite des Kanals und damit von x abhängige Größe; es zeigt sich jedoch (z. B. [97, S. 21]), daß der Einfluß der räumlichen Verteilung der Ladung in y-Richtung auf die Kennlinien des FET kaum einen Einfluß hat, wenn für C_G ein geeigneter (konstanter) Mittelwert gewählt wird. Aus diesem Grunde gelten die Ergebnisse dieses Abschnittes auch für Sperrschicht-FET- Die Größe A ist die Fläche unter der Gate-Elektrode in der sich der Kanal bilden kann; L ist der Abstand zwischen Source und Drain. Demgemäß sind in C_G evtl. Kapazitätsanteile zu den Source- und Drain-Zonen *nicht* enthalten.

Aus der Feldstärke in x-Richtung dV/dx und der Ladung je Längeneinheit $\varrho_x = \Delta Q / \Delta x$ kann der Strom I im Kanal ermittelt werden. Dieser ist für Gleichstromvorgänge unabhängig vom Ort x (Quellenfreiheit des Gesamtstromes). Man erhält für die Geschwindigkeit v der Ladungsträger und für den Strom I (mit (3/1) und (3/2))

$$v = -\mu \frac{dV}{dx},\tag{3/3}$$

$$I = \varrho_x v = \frac{\Delta Q}{\Delta x} v = \frac{C_G}{L} \mu [V_G - V(x)] \frac{dV}{dx}.\tag{3/4}$$

Mit den Randbedingungen

$$V(0) = 0, \qquad V(L) = U_{DS} \quad \text{und} \quad V_G = U_G$$

erhält man durch Integration aus (3/4) die Kennliniengleichung für $U_{DS} < U_G$:

$$I = \frac{\mu C_G}{L^2} \left(U_G U_{DS} - \frac{1}{2} U_{DS}^2 \right).\tag{3/5}$$

Voraussetzung für die Gültigkeit der darin benutzten Gleichung (3/3) ist die Gültigkeit des Ohmschen Gesetzes je Volumeneinheit; nur dann ist die Beweglichkeit μ konstant. Gleichung (3/5) gilt also nur für Spannungen U_{DS} unter der „Sättigungsspannung" U_{sat}, bei der sich der Kanal gerade einzuschnüren beginnt.

Die Kennlinien nach (3/5) sind Parabeln (Bild 3/25), die bis zu ihrem Scheitel gelten. Im Scheitel ist $\partial I/\partial U_{DS} = 0$ und damit $U_G = U_{DS}$, d. h. am drainseitigen Ende des Kanals ist die Spannung am Kondensator $U_G - U_{DS}$ gleich Null (und damit die Ladung ΔQ); der Kanal ist gerade eingeschnürt. Diese Gültigkeitsgrenze ist in Bild 3/25 gestrichelt eingetragen. Der Strom

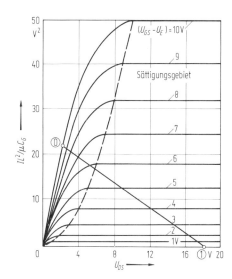

Bild 3/25. Kennlinienfeld von FET gemäß der Theorie der Ladungssteuerung mit $U_{GS} - U_E = U_G$.

171

im Maximum ist nach (3/5)

$$I_{\max} = \frac{\mu C_G}{L^2} \, \frac{1}{2} \, U_G^2.$$ (3/6)

Für $U_{DS} > U_{sat}$ wird angenommen, daß der Strom unabhängig von U_{DS} auf dem Wert $I_{\max}$ bleibt. In diesem Sättigungsbereich wird also wegen der Kanalabschnürung $R_i = \partial U_{DS}/\partial I$ als unendlich angenommen.

Im Bereich $U_{DS} < U_{sat}$ (Triodenbereich) gilt zwar voraussetzungsgemäß das Ohmsche Gesetz pro Volumeneinheit ($\mu = $ const in (3/3)), aber der Zusammenhang zwischen I und U_{DS} ist nach (3/5) nichtlinear. Nur für $U_{DS} \ll U_G$ kann (3/5) linearisiert werden, und es stellt die Source-Drainstrecke, wie in Abschn. 3.2 besprochen, einen durch U_G gesteuerten Widerstand dar.

Die bereits im Abschn. 3.4.2 erwähnten Ladungen im Isolator ergeben eine Verschiebung der Gatespannung um den Wert U_E. Wenn man daher U_G durch $U_{GS} - U_E$ ersetzt, so erhält man folgende allgemein für Feldeffekttransistoren gültigen Kennliniengleichungen:

Triodenbereich:

$$I = \frac{\mu C_G}{L^2} \left[(U_{GS} - U_E) \, U_{DS} - \frac{1}{2} \, U_{DS}^2 \right],$$ (3/7)

Sättigungsbereich:

$$I = \frac{\mu C_G}{L^2} \, \frac{1}{2} \, (U_{GS} - U_E)^2.$$ (3/8)

Die Grenze zwischen Triodenbereich und Sättigungsbereich ist gegeben durch

$$U_{GS} - U_E = U_{DS}.$$ (3/9)

Man erkennt aus einem Vergleich des Bildes 3/25 mit den Bildern 3/4 bzw. 3/10, daß abgesehen von der endlichen Kennlinienneigung im Sättigungsbereich die FET-Kennlinien durch (3/7) und (3/8) gut beschrieben werden. Die Gleichung (3/8) entspricht der Übertragungscharakteristik (Bild 3/13).

Die Kapazität C_G ist proportional der Kanalfläche WL (s. Bild 3/24a):

$$C_G = WL \, C_0.$$

Dabei ist $C_0 = \varepsilon_0 \varepsilon_r/d$ die Kapazität pro Flächeneinheit. Damit können (3/7) und (3/8) auch folgendermaßen geschrieben werden:

$$U_{DS} < U_{GS} - U_E: \quad I = \frac{\mu \varepsilon_0 \varepsilon_r}{d} \frac{W}{L} \left[(U_{GS} - U_E) U_{DS} - \frac{1}{2} U_{DS}^2 \right], \quad \text{(3/7a)}$$

$$U_{DS} > U_{GS} - U_E: \quad I = \frac{\mu \varepsilon_0 \varepsilon_r}{2d} \frac{W}{L} (U_{GS} - U_E)^2. \quad \text{(3/8a)}$$

Mit dem Verhältnis W/L können Transistordaten bei sonst unveränderten Technologieschritten (d, U_E) einfach variiert werden.

Die in diesem Abschnitt benutzten Gleichungen gelten für p-Kanaltransistoren, da (3/3) für Löcher als Ladungsträger gilt. Der Strom I ist gleich dem Sourcestrom I_S und positiv. Für n-Kanaltransistoren ist als Folge des geänderten Vorzeichens in (3/3) einfach in (3/5) bis (3/8a) der Strom I durch den (positiven) Drainstrom I_D zu ersetzen.

3.7.1 FET als Schalter

Für viele Anwendungen, z. B. in der Digitaltechnik, dient der FET als Schalter. Er soll entweder als Schalter geöffnet (Arbeitspunkt 1 in Bild 3/25) oder geschlossen (Punkt 0) sein. Für den gesperrten Zustand 1 ist die im folgenden Abschnitt noch näher behandelte Einsatzspannung von Bedeutung. Für den leitenden Zustand 0 stellt der Transistor in erster Näherung einen Widerstand R_{on} dar (linearer Teil der I-U-Kennlinie im Triodenbereich). Für diesen Bereich, d. h. für $U_{DS} \ll U_G = U_{GS} - U_E$ kann der letzte Term in (3/7) vernachlässigt werden und man erhält:

$$R_{on} = \frac{U_{DS}}{I} = \frac{L^2}{\mu C_G (U_{GS} - U_E)},$$
$$R_{on} = \frac{d}{\mu \varepsilon_0 \varepsilon_r} \frac{L}{W} \frac{1}{U_{GS} - U_E}. \qquad \text{(3/10)}$$

Dieses Ergebnis bekommt man auch unmittelbar aus den Überlegungen am Anfang von Abschn. 3.7 (s. Übung 3.9).

In Leistungstransistoren wird R_{on} durch die Serienschaltung des gesteuerten Kanals mit der (bei Sperrung die Raumladungszone aufnehmenden schwach dotierten) Driftzone gebildet (s. Bild 3/18 und 3/20) in diesem Fall ist meist die Driftzone maßgebend für R_{on} [190].

Will man mit einem Transistor (z. B. in einem Inverter) einen zweiten (gleichen) Transistor ansteuern (fan out = 1), so muß der Transistorstrom die (gleiche) Gatekapazität des zweiten Transistors aufladen. Die erforderliche Zeit τ ist gegeben durch

$$\tau = R_{on} C_B = \frac{L^2}{\mu (U_{GS} - U_E)}.$$

Man erkennt wieder, daß eine kleine Kanallänge wünschenswert ist.

3.7.2 Einsatzspannung

Die Einsatzspannung hängt wie bereits erwähnt von den festen Ladungen bei der Grenzfläche Halbleiter-Oxid, also von der Dotierung des Halbleiters und der Oxidladung ab. Wenn (wie das meist der Fall ist) das Gatematerial nicht gleich dem Halbleitergrundmaterial ist, so besteht zwischen diesen beiden Stoffen eine Potentialdifferenz, die Kontaktspannung U_K; sie stellt sich auf dem Wege der äußeren Schaltung ein und beeinflußt ebenfalls die Einsatzspannung. Bild 3/26 veranschaulicht diese Situation.

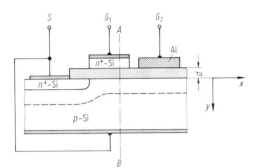

Bild 3/26. MOS-Transistor im Schnitt mit Si-Gate und Al-Gate. Grenze der RL-Zone gestrichelt.

Für das hier gewählte Beispiel eines n-Kanaltransistors im p-Typ Grundmaterial muß auf dem Gate eine positive Ladung sein, um die Inversionsschicht zu erzeugen. Es ist also bezogen auf das Halbleitergrundmaterial eine positive Spannung notwendig, die etwa gleich der Diffusionsspannung zwischen Source und Grundmaterial (Bulk) plus dem Spannungsabfall Q_B/C_{ox} im Oxid ist, wobei Q_B die Ladung in der RL-Zone ist (s. z. B. [191]). Dies wird im folgenden näher erläutert:

Es wird hier nur die Einsatzspannung für $U_{DS} \to 0$ besprochen, d. h. der bei Kurzkanaltransistoren besonders ausgeprägte Einfluß der Drainspannung (s. Abschn. 3.7.4) wird außer Acht gelassen. Da zwischen Gate und Kanal kein Strom fließt, ist damit der Halbleiter unabhängig von der angelegten Spannung U_{GS} im thermodynamischen Gleichgewicht und es kann zur Bestimmung der Trägerdichte im Kanal das Bändermodell im Halbleiter mit ortsunabhängigem Ferminiveau benutzt werden (Bild 3/27).

Wenn als Gatematerial Si mit gleicher Dotierung wie Source benutzt wird (G_1 in Bild 3/26), ist die Kontaktspannung zwischen Source und Gate gleich Null und man erhält für $d \to 0$ (kein Spannungsabfall im Oxid) ein Bänderschema wie in Bild 3/27a gestrichelt gezeichnet. Die Ladungsträgerdichte am Halbleiterrand ist also gleich der Trägerdichte in der Sourcezone.

In Bild 3/13 ist die Einsatzspannung unter Bezug auf die einfache Theorie der Ladungssteuerung so definiert, daß die Kanalladung gerade verschwindet. Im realen FET mit Inversionskanal beginnt der Bereich der

174

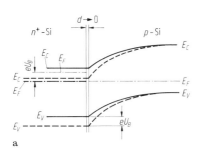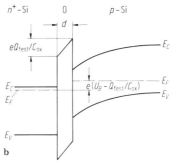

Bild 3/27. Bänderschema für den Schnitt A-B in Bild 3/26. **a** ohne Spannungsabfall im Oxid ($d \rightarrow o$); **b** mit Spannungsabfall im Oxid.

schwachen Inversion, wenn die Leitfähigkeit am Halbleiterrand gerade ihren Typ wechselt; der Strom steigt dann nur sehr langsam mit der Gatespannung an und erst wenn die Ladungsträgerdichte am Halbleiterrand etwa dem Betrag nach gleich groß ist wie im Grundmaterial, steigt der Kanalstrom stärker mit der Gatespannung an. Man bezeichnet dies als den Einsatz der starken Inversion und definiert (einigermaßen willkürlich) die zugehörige Gatespannung als die Einsatzspannung. Da Source und Grundmaterial im allgemeinen nicht gleich stark dotiert sind, entspricht der oben angegebene Zustand (gestrichelt in Bild 3/27a) bereits einem höheren (der Sourcedotierung entsprechenden) Kanalstrom. Im normalen Betriebsbereich und insbesonders bei der Einsatzspannung besteht daher zwischen Source und Kanalanfang eine Potentialbarriere U_B (Bild 3/40), um die das Gatepotential zu verschieben ist, um den so definierten Kanaleinsatz zu erhalten (durchgezogene Kurven in Bild 3/27a). Typische Werte dieser Barierenspannung sind (s. Übung 3.10):

p-Kanal: $U_B \approx 0{,}1$ bis $0{,}2$ V,
n-Kanal: $U_B \approx -0{,}1$ bis $-0{,}2$ V.

Der nächste Anteil entspricht dem Spannungsabfall im Oxid. Da im realen MOS-Transistor (im Gegensatz zum Ladungssteuerungsmodell) feste Ladungen im Halbleitermaterial sind, ist die Feldstärke am Halbleiterrand auch beim Kanaleinsatz nicht Null. Wie in Bild 3/27b gezeichnet, entsteht daher ein Spannungsabfall Q_{fest}/C_{ox} im Oxid. Dabei ist die Wirkung der beweglichen Ladungen (beim Kanaleinsatz!) vernachlässigt. Die feste Ladung setzt sich zusammen aus der Dotierungsladung in der RL-Zone, die mit Q_B (B = bulk) bezeichnet wird und den Ladungen an der Grenzfläche Halbleiter-Oxid (bzw. im Oxid in der Nähe dieser Grenzfläche), die mit Q_{ss} (ss = surface state) bezeichnet wird. Diese Oberflächenladungen sind meist positiv und liegen je nach Präparation und Kristallorientierung bei 10^{11} bis 10^{12} Elementarladungen je cm^2 ($Q_{ss}/e \approx 10^{11}$ bis 10^{12} cm^{-2}).

Insgesamt erhält man daher folgenden Ausdruck für die Einsatzspannung eines FET mit Si-Gate:

$$U_E = U_B - \frac{Q_B}{C_{ox}} - \frac{Q_{ss}}{C_{ox}} \qquad \text{für Si-Gate.}$$

Für n-Kanaltransistoren ist $Q_B < 0$, da das Grundmaterial Akzeptoren enthält, die in der RL-Zone die negative Ladung bilden, und Q_B/C_{ox} ist positiv; für p-Kanaltransistoren wird diese Komponente negativ. Der Anteil Q_B/C_{ox} liegt dem Betrag nach etwa bei 1 bis 2 Volt (s. Übung 3.10) und der Anteil Q_{ss}/C_{ox} ist etwa 0,5 bis 1 V.

Wird an das Substrat eine Vorspannung gelegt, so verschiebt sich die Grenze der RL-Zone und es ändert sich Q_B. Damit kann die Einsatzspannung durch die Substratspannung U_{BS} (bulk–source) eingestellt werden.

Wird ein Metall (z. B. Al) als Gatematerial benutzt (G_2 in Bild 3/26), so kommt die Kontaktspannung zwischen Source und Gate zur Einsatzspannung hinzu und man erhält [191]:

$$U_E = U_B - \frac{Q_B}{C_{ox}} - \frac{Q_{ss}}{C_{ox}} - U_{KGS} \qquad \text{für Metallgate.}$$

Die Kontaktspannung U_{KGS} zwischen Gatemetall und Sourcebereich hängt davon ab, ob der Kanal (und damit Source) p- oder n-dotiert ist. Mit der Austrittsarbeit von 4.2 eV für Al (Bild 1/34) und der Elektronenaffinität von 4.05 eV für Si erhält man folgende typische Werte (Sourcedotierung $3 \cdot 10^{18}$ cm^{-3}, s. Übung 3.10):

$$U_{KGS} = \quad 0,9 \, \text{V} \qquad \text{für } p\text{-Kanal,}$$
$$U_{KGS} = -0,1 \, \text{V} \qquad \text{für } n\text{-Kanal.}$$

Wenn ein Si-Gate nicht gleich stark dotiert ist wie die Sourcezone, so ist die Kontaktspannung zwischen Gate und Source für U_{KGS} einzusetzen.

Zur Einstellung der Einsatzspannung gibt es also folgende Möglichkeiten:

Wahl des Gatematerials (Al oder Si)

Dotierung in der RL-Zone (Q_B einstellbar z. B. durch Ioneninplantation),

Substratspannung

und Oxiddicke (C_{ox}).

Die Einstellung über die Oxiddicke hat u. a. folgende Bedeutung: Benutzt man in einer integrierten Schaltung Al als Gatematerial *und* für die Leiterbahnen, muß das Oxid unter den Leiterbahnen (Feldoxid) so dick sein, daß die Einsatzspannung unter der Leiterbahn außerhalb des Betriebsspannungsbereiches liegt (Übung 3.10).

3.7.3. FET als Lastwiderstand

In integrierten MOS-Schaltungen werden Lastwiderstände häufig durch FET realisiert. Man hat dazu die zwei in Bild 3/28 gezeigten Möglichkeiten, das Gate mit Source oder Drain zu verbinden. Ist das Gate mit Source verbunden, muß der Transistor selbstleitend sein. Meist wird diese Version bevorzugt, da hier auch bei kleinen Spannungen ein großer Strom fließt, wodurch die Umschaltzeit verkürzt wird (s. Übung 3.11 und 3.12).

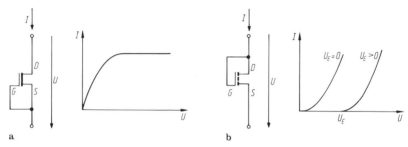

Bild 3/28. FET als Lastwiderstand. **a** selbstleitender Typ; **b** selbstsperrender Typ.

3.7.4 Kurzkanaleffekte

Die bisherige einfache Betrachtungsweise zeigt, daß es günstig ist, die Kanallänge klein zu machen. Herstellbar sind z. Z. Kanallängen bis herunter zu etwa 0,25 μm. Unter ca. 2 μm Kanallänge treten jedoch (für die üblichen Dotierungskonzentrationen) besondere Effekte auf (s. z. B. [1, 208]). So wird z. B. die Einsatzspannung geändert und abhängig von der Drain-Sourcespannung. Die Feldstärken im Kanal werden so groß, daß manche Elektronen zwischen den Stößen mit dem Gitter so viel Energie aufnehmen, daß sie (nach einer elastischen Streuung) die Potentialbarriere zum Oxid überwinden und in das Oxid eindringen können, wodurch die Einsatzspannung verschoben wird (hot electron degradation). Der Strom wird nicht mehr so gut durch den Spannungsabfall im Kanal begrenzt, so daß die Drain-Sourcespannung mehr Einfluß hat (schlechtere Sättigungscharakteristik). Schließlich wird der Strom nur mehr durch die Nachlieferung der Ladungsträger aus der Source in den Kanal bestimmt; es bildet sich eine Potentialbarriere zwischen Source und Drain aus, die den Strom steuert; es hängt dann der Strom exponentiell von der Gatespannung *und* von der Drainspannung ab. Eine Transistorart bei der dieser Betriebszustand ausgenutzt wird, ist der SIT (static inductiontransistor [192, 193], s. Abschn. 3.12).

3.8 Kleinsignalverhalten

Ebenso wie beim bipolaren Transistor ist es auch beim Feldeffekttransistor sinnvoll, die nichtlinearen Kennlinien in einem kleinen Aussteuerungsbereich zu linearisieren. Es können dann Kleinsignalparameter wie Steilheiten usw. angegeben werden, aus denen dann ein Kleinsignalersatzschaltbild ableitbar ist.

Kleinsignalparameter

In Analogie zu den Röhren definiert man hier folgende Kleinsignalparameter:

$$\text{Innenwiderstand:} \quad R_i = \frac{1}{g_D} = \frac{\partial U_{DS}}{\partial I}\bigg|_{U_{GS} = \text{const}},$$

$$\text{Steilheit:} \quad g_m = \frac{\partial I}{\partial U_{GS}}\bigg|_{U_{DS} = \text{const}}, \qquad (3/11)$$

$$\text{Durchgriff:} \quad D = \frac{\partial U_{GS}}{\partial U_{DS}}\bigg|_{I = \text{const}}.$$

Über den Innenwiderstand R_i wurde bereits bei der Beschreibung der Sättigung gesprochen. Die Steilheit g_m kennzeichnet den eigentlichen Steuereffekt des FET. Der Durchgriff gibt an, welche Gate-Spannungsänderung erforderlich ist, um die Wirkung einer Drain-Spannungsänderung auf den Strom gerade zu kompensieren. Man kann zeigen, daß der Durchgriff gleich folgendem Kapazitätsverhältnis ist:

$$D = \frac{\text{Drain-Kanal-Kapazität}}{\text{Gate-Kanal-Kapazität}}.$$

Dies bedeutet, daß für $I = \text{const}$ die durch die Gatespannungsänderung im Kanal verursachte Ladungsänderung entgegengesetzt gleich der durch die Drainspannungsänderung hervorgerufenen Ladungsänderung sein muß, wie dies das Konzept der „Ladungssteuerung" (Abschn. 3.7) nahelegt.

Wie man sich anhand der Definition für R_i, g_m und D überzeugen kann, gilt (ebenso wie bei Röhren) die Barkhausen-Formel

$$|R_i||g_m||D| = 1. \qquad (3/12)$$

Aus (3/7) bzw. (3/8) können die Kleinsignalparameter ermittelt werden. Man erhält für den Ausgangsleitwert g_D und die Steilheit g_m im Triodenbereich

$$g_D = \frac{\mu C_G}{L^2}(U_{GS} - U_E - U_{DS}),$$

$$g_m = \frac{\mu C_G}{L^2} U_{DS}, \qquad (3/13)$$

im Sättigungsbereich

$$g_D = 0,$$
$$g_m = \frac{\mu C_G}{L^2} (U_{GS} - U_E) = g_{max}. \tag{3/14}$$

Für konstantes U_{GS} nimmt die Steilheit g_m vom Wert Null bei $U_{DS} = 0$ ge-mäß (3/13) mit U_{DS} zu, bis sie bei $U_{DS} = U_{GS} - U_E$ ihren Maximalwert g_{max} nach (3/14) annimmt, der dann im Sättigungsbereich unabhängig von U_{DS} bestehen bleibt. Durch Addition der beiden Gleichungen (3/13) erhält man

$$g_m + g_D = g_{max}. \tag{3/15}$$

Man erkennt aus (3/14), daß im Sättigungsbereich die Steilheit von der Steuerspannung U_{GS} abhängt. Ein linearer Betrieb ist daher nur für kleine Signale möglich.

Die Bilder 3/29 und 3/30 zeigen die Gegenüberstellung zwischen gemessenen Kleinsignalparametern und den theoretischen Werten.

Kleinsignal-Ersatzschaltbild

Das sich aus obigen Überlegungen ergebende Ersatzschaltbild für Source-schaltung zeigt Bild 3/31. Das wichtigste Element ist der Stromgenerator

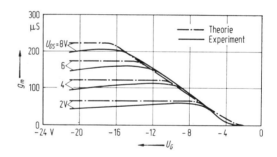

Bild 3/29. Abhängigkeit der FET-Steilheit g_m von der Gate-Spannung mit der Drain-Spannung als Parameter. Vergleich Theorie-Experiment nach [98].

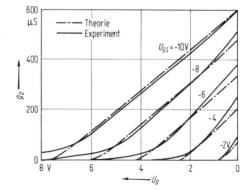

Bild 3/30. Abhängigkeit des Kanalleitwertes g_D von der Drain-Spannung mit der Gate-Spannung als Parameter. Vergleich Theorie-Experiment nach [98].

179

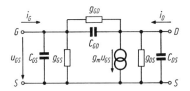

Bild 3/31. Kleinsignal-Ersatzschaltbild eines FET.

$g_m u_{GS}$; er kennzeichnet die Steuerwirkung des FET. Der Eingangskreis wird durch die Gate-Kapazität C_{GS} bestimmt. Diese setzt sich zusammen aus der für die Steuerung notwendigen Gate-Kanalkapazität C_G und unvermeidlichen Streukapazitäten zwischen Gate und Source. Für sehr kleine Spannungen U_{DS} ist der Kanal homogen, also nicht eingeschnürt; die Kapazität C_G ist dann symmetrisch (also je zur Hälfte) auf C_{GS} und C_{GD} aufzuteilen. Mit zunehmender Spannung U_{DS} schnürt sich der Kanal auf der Drainseite immer mehr ein und die Aufteilung der Ladungen bzw. der Kapazität C_G wird unsymmetrisch, d. h. C_G ist zunehmend stärker zu C_{GS} zu rechnen.

Der Leitwert g_{DS} berücksichtigt außer g_D den (in (3/14) nicht berücksichtigten) Einfluß der Drainspannung auf den Drainstrom als Folge des endlichen Durchgriffs zum leitenden Kanal. Die Leitwerte g_{GS} und g_{GD} berücksichtigen die (häufig vernachlässigbaren) Leckströme zwischen Gate und den anderen Elektroden. Analog dazu kennzeichnen die Kapazitäten C_{GS} und C_{GD} die zugehörigen Kapazitäten. Die Kapazität C_{DS} kennzeichnet für beispielsweise den Transistor nach Bild 3/11 die Sperrschichtkapazität der Diode Drain-Substrat, da dieses meist mit Source verbunden ist. Die zugehörigen Sperrströme können in g_{DS} berücksichtigt werden.

3.9 Grundschaltungsarten von Kleinsignalverstärkern

Für den Feldeffekttransistor als Element mit drei Anschlüssen existieren ebenso wie für den bipolaren Transistor drei Grundschaltungsarten. Es entspricht die Sourceschaltung der Emitterschaltung, die Gateschaltung der Basisschaltung und die Drainschaltung der Kollektorschaltung.

Sourceschaltung

Bild 3/32a zeigt das vereinfachte Kleinsignal-Ersatzschaltbild für die Sourceschaltung mit Steuergenerator und Lastwiderstand. Man kann daraus die Kleinsignalverstärkungen sowie die Eingangs- bzw. Ausgangsimpedanz berechnen, wobei diese jeweils für definierte Belastung am Ausgang bzw. am Eingang angegeben werden muß. Man erhält für die Spannungsverstärkung

$$V_u = \frac{-g_m + j\,\omega\,C_{GD}}{1/R_L + g_{DS} + j\,\omega\,(C_{DS} + C_{GD})}. \tag{3/16}$$

Für tiefe Frequenzen nimmt die Spannungsverstärkung mit R_L zu, bis der Grenzwert $g_m/g_{DS} = 1/D$ erreicht ist (der bei einigen 100 liegt). Für reelle Last ist die Ausgangsspannung in Gegenphase zur Eingangsspannung. Für $g_{DS} \ll 1/R_L$ erhält man die Spannungsverstärkung nach (3/17). Die (stark frequenzabhängige) Stromverstärkung ist in erster Näherung

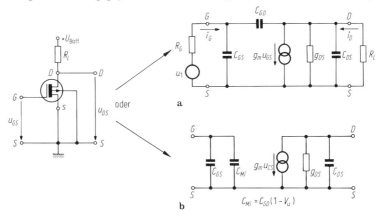

Bild 3/32. Vereinfachtes Kleinsignal-Ersatzschaltbild für Sourceschaltung.
a normales Ersatzschaltbild; **b** Ersatzschaltbild unter Verwendung der Miller-Kapazität.

durch (3/18) gegeben. Der Eingangsleitwert ist für reelles R_L kapazitiv nach (3/19):

$$V_u \simeq -g_m R_L, \tag{3/17}$$

$$V_i \simeq \frac{g_m}{j\,\omega\,C_1}, \tag{3/18}$$

$$y_1 = j\,\omega\,[C_{GS} + C_{GD}(1 - V_u)] = j\,\omega\,C_1. \tag{3/19}$$

Der Einfluß des Lastwiderstandes auf den Eingangsleitwert wird in (3/19) durch V_u berücksichtigt. Man erkennt, daß wegen der hohen Spannungsverstärkung die Kapazität zwischen Gate und Drain besonders störend ist (Miller-Effekt), weshalb beispielsweise bei den Transistoren im Bild 3/9 und 3/19 das Gate unsymmetrisch angeordnet ist. Für die Bestimmung des Eingangsleitwertes kann man also entweder die Schaltung gemäß Bild 3/32a heranziehen oder man läßt C_{GD} weg und belastet den Eingang durch die Millerkapazität $C_{Mi} = C_{GD}(1 - V_u)$. Die Millerkapazität ist also — wenn sie schon in die Schaltung eingetragen wird — zwischen Gate und *Source* anzubringen (Bild 3/32b).

Bei der Untersuchung von Schaltvorgängen fließt der Strom

$$C_{GD} \frac{d(u_2 - u_1)}{dt} \approx C_{GD} \frac{du_2}{dt}$$

181

durch die Kapazität, wobei u_2 die Spannung am Lastwiderstand ist. Die Millerkapazität ist hier nur als zeitlicher Mittelwert definierbar und nur für Abschätzungen geeignet; bei Leistungsschaltern (z. B. Sipmos) mit einer „Spannungsverstärkung" um 100, ist der kapazitive Eingangsstrom etwa um den Faktor 100 größer als

$$C_{GD}\frac{du_1}{dt} \quad (\text{mit } u_1 = \textit{Eingangs}\text{spannung}).$$

In Digitalschaltungen (Inverter) ist die „Spannungsverstärkung" gleich $V_u = -1$, so daß die Millerkapaztität doppelt so groß ist wie C_{GD}.
Die Sourceschaltung hat die größten Verstärkungswerte und ist daher die gebräuchlichste.

Gateschaltung

Bild 3/33 zeigt das Ersatzschaltbild für die Gateschaltung. Die Spannungsverstärkung ist gegeben durch

$$V_u = \frac{g_m + g_{DS} + \text{j}\,\omega\,C_{DS}}{1/R_L + g_{DS} + \text{j}\,\omega\,(C_{DS} + C_{GD})}. \tag{3/20}$$

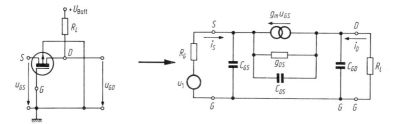

Bild 3/33. Kleinsignal-Ersatzschaltbild für Gateschaltung.

Für kleine Frequenzen und $g_{DS} \ll g_m$ erhält man für die Gateschaltung den gleichen Wert der Spannungsverstärkung wie für die Sourceschaltung, nur hier ohne Phasenumkehr $V_u > 0)$. Die Stromverstärkung ist

$$V_I \approx 1. \tag{3/21}$$

Für die Eingangsimpedanz erhält man bei tiefen Frequenzen etwa den Wert $1/g_m$, also einen viel kleineren Wert als bei Sourceschaltung.

Drainschaltung oder Sourcefolgeschaltung

Bild 3/34 zeigt das zugehörige Ersatzschaltbild. Die Spannungsverstärkung ist etwas kleiner als 1 und hat für tiefe Frequenzen und $R_L \gg (g_m + g_{DS})^{-1}$ den Wert

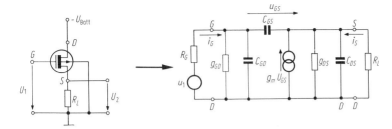

Bild 3/34. Kleinsignal-Ersatzschaltbild für Drainschaltung.

$$V_u \simeq \frac{g_m}{g_m + g_{DS}}. \qquad (3/22)$$

Das bedeutet, daß die Sourceelektrode in ihrem Potential der Gateelektrode folgt (source follower, $V_u \approx 1$). Die Stromverstärkung ist groß, da die Steuerung am Eingang über das Gate erfolgt. Die Eingangsimpedanz ist

$$y_1 = g_{GD} + j\,\omega\,[C_{GD} + C_{GS}\,(1 - V_u)] \simeq j\,\omega\,C_{GD}. \qquad (3/23)$$

Man erkennt, daß die Eingangskapazität wesentlich kleiner als bei Sourceschaltung ist. Die Ausgangsimpedanz ist $Y_2 \simeq g_m$. Die Drainschaltung wird ebenso wie die Kollektorschaltung als Impedanzwandler eingesetzt.

3.10 Grenzfrequenz

Maßgebend für das Hochfrequenzverhalten von FET sind Eingangskapazität und Steilheit (3/14) und (3/19). Laufzeiterscheinungen im Transistor sind im Vergleich dazu meist vernachlässigbar.

Als Grenzfrequenz kann man diejenige Frequenz definieren, bei welcher der vom Transistor gelieferte Strom $g_m u_1$ gerade gleich dem (kapazitiven) Steuerstrom $u_1 \cdot 2\pi f C_1$ ist (C_1 ist die gesamte Eingangskapazität, C_G der für die Steuerung wirksame Anteil):

$$f_g = \frac{1}{2\pi}\,\frac{g_m}{C_1} = \frac{1}{2\pi}\,\frac{\mu U_G}{L^2}\,\frac{C_G}{C_1}. \qquad (3/24)$$

Man erkennt, daß für hohe Grenzfrequenz die Beweglichkeit möglichst groß und die Kanallänge möglichst klein sein soll. Durch Streuungen an Oberflächenstörungen usw. liegt die Ladungsträgerbeweglichkeit an Grenzflächen meist weit unter den Werten für Einkristalle. Kanallängen der Größenordnung von Mikrometern können realisiert werden. Die Spannung U_G ist wegen der Durchschlagfestigkeit des Dielektrikums begrenzt. Durch spezielle selbstjustierende Technologien (z. B. Ionenimplantation) reduziert man die Streukapazitäten. Die Grenzfrequenz von FET liegt in der

Größenordnung GHz; mit GaAs-Transistoren wurden Werte weit über 10 GHz erreicht (z. B. [99, 209]).

Das Schaltverhalten von FET ist, ebenso wie die Grenzfrequenz durch die RC-Zeitkonstante der Gatekapazität und der reziproken Steilheit $1/g_m$ bestimmt. Die Zeitkonstante des Schaltvorganges ist daher in der Größenordnung von $1/f_{grenz}$. Als einzige Besonderheit kommt hinzu, daß sich die Steilheit während des Schaltvorganges gemäß der Arbeitspunktänderung ändert, so daß die Ausgleichsvorgänge nicht reine Exponentialkurven sind. Im übrigen ist das Schaltverhalten sehr von der Beschaltung des Transistors abhängig (z. B. [93, 185, 194]).

3.11 Rauschen

Die wichtigste Rauschursache des FET ist das thermische Rauschen des Kanals. Wenn ΔR der Widerstand des Kanalstückes zwischen x_1 und $x_1 + x\Delta x$ ist, dann ist die für diesen Kanalabschnitt zu berücksichtigende Rausch-Elektromotorische-Kraft Δu (Bild 3/35).

$$\sqrt{\Delta u^2} = \sqrt{4kT\Delta f\Delta R}\,.$$

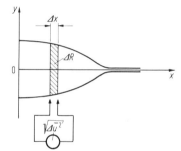

Bild 3/35. Rauschgenerator für das Kanalelement Δx.

Da der Gesamtstrom im Kanal unabhängig von x sein muß (quasistationäre Näherung), entsteht als Folge eine Schwankung der Kanalbreite bei $x_1 + \Delta x$ und folglich für $x > x_1 + \Delta x$. Mit Hilfe einer Störrechnung kann daraus der Rauschstrom an der Drainelektrode als Folge dieses Rauschgenerators ermittelt werden. Den gesamten Rauschstrom erhält man durch Integration über die ganze Kanallänge [100, 144]:

$$\sqrt{\overline{i_D^2}} = \sqrt{4kT(g_m + g_D)\,\Delta f k_R}\,. \tag{3/25}$$

Der Koeffizient k_R ist ein von den Potentialverhältnissen im Kanal abhängiger Faktor mit dem ungefähren Wert 1. Der Rauschgenerator ist am Ausgang des FET anzubringen (Bild 3/36). Für $k_R = 1$ ist i^2 das thermische Rauschen des Leitwertes $g_m + g_D = g_{max}$. Für $U_{DS} \to 0$ wird k_R gleich 1, und

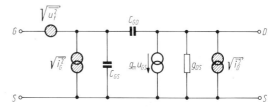

Bild 3/36. Rauschersatzschaltbild für den FET. Die Rauschgeneratoren sind schraffiert und können näherungsweise unkorreliert angenommen werden.

der FET rauscht, wie zu erwarten, als passives Element wie ein normaler Leitwert (mit der Größe g_D). Im Sättigungsbereich wird $g_{max} = g_m (g_D \rightarrow 0)$ und $k_R \approx 0{,}6$ bis $0{,}7$.

Das thermische Rauschen des Kanals führt zu Schwankungen der Kanalladung und über die Gate-Kanalkapazität C_G zu einem kapazitiven Rauschstrom i_G am Eingang (induziertes Gaterauschen [144]). Für Sättigungsbetrieb ist

$$\sqrt{\overline{i_G^2}} \approx kT\Delta f g_m \left(\frac{\omega C_g}{g_m}\right)^2.$$

Je nach Herstellungsbedingungen können auch andere Rauschquellen nennenswerte Beiträge liefern (z. B. [91]). Im Sperrschicht-FET ist das Schrotrauschen des Sperrsättigungsstromes zu berücksichtigen. In MOS-Transistoren kann das Generations-Rekombinations-Rauschen eine Rolle spielen, welches durch Rekombinationszentren und Fangstellen insbesondere an der Grenzfläche Halbleiter-Isolator verursacht wird. Da die Zeitkonstanten dieser Vorgänge ein breites Spektrum überdecken, entsteht dadurch das $1/f$-Rauschen $\left(\text{Rauschgenerator } \sqrt{\overline{u_f^2}}\,\right)$.

3.12 Vergleich mit bipolaren Transistoren

Die Entwicklung der letzten Jahre hat gezeigt, daß Feldeffekttransistoren hinsichtlich ihrer Hochfrequenz-Rauscheigenschaften bipolare Transistoren übertreffen. Dies gilt insbesondere dann, wenn die im Abschn. 3.6 beschriebenen GaAs-Transistoren und die HEMT miteinbezogen werden. Bild 3/37 zeigt mit dem Stand von 1975 Gewinn und Rauschzahl als Funktion der Frequenz für bipolare Siliziumtransistoren und GaAs-Feldeffekttransistoren.

Die extrem hohe Eingangsimpedanz von MOS-Transistoren ermöglicht spezielle Anwendungen (Analogie zur Elektrometerröhre), z. B. in der Meßtechnik. Außerdem bringt die kleinere Temperaturabhängigkeit der FET-Kennlinien Vorteile.

Interessant ist es zu vermerken, daß eine Kühlung des Feldeffekttransistors eine Verbesserung seiner Daten bewirkt. Dies ist verständlich, da die reduzierte Ladungsträgerstreuung eine höhere Beweglichkeit und damit eine höhere Steilheit ergibt, während gleichzeitig das thermische Rauschen

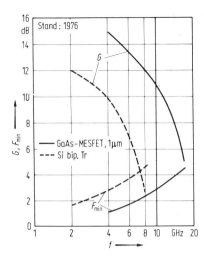

Bild 3/37. Realisierte Werte für Leistungs-verstärkung G und Rauschzahl F für bipo-lare Si-Transistoren und GaAs-Feldeffekt-transistoren als Funktion der Frequenz nach [146].

des Kanals reduziert wird [143, 144]. Für beispielsweise einen 12 GHz Transistor ergibt sich bei einer Kühlung auf 100 K eine Rauschtemperatur von nur etwa 60 K [145].

Im Hinblick auf die Verwendung in integrierten Schaltungen (s. Kap 5) ist zu sagen, daß MOS-Transistoren im Vergleich zu bipolaren Transisto-ren eine höhere Packungsdichte ermöglichen und bei gleicher Logikfunk-tion meist eine kleinere Verlustleistung aufweisen. Außerdem ist die Ein-satzspannung technologisch einstellbar. Eine Ausnahme bietet die J^2L-Technik der integrierten bipolaren Schaltungen [147, 148]. Die Treibereigenschaften der bipolaren Schaltungen sind insbesondere bei ho-

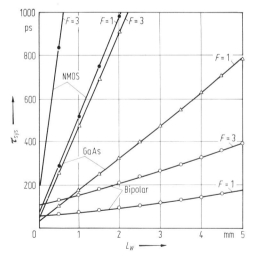

Bild 3/38. Schaltverzögerungszeit als Funktion der Verdrahtungs-länge L_W nach [185, 194]. F = fan out.

hen kapazitiven Belastungen besser. Bild 3/38 zeigt einen Vergleich der Schaltverzögerungszeiten für Si-MOS-Transistoren, GaAs-Transistoren und Bipolartransistoren für verschiedene Verdrahtungslängen.

Sowohl Bipolartransistor als auch Feldeffekttransistor können als ladungsgesteuerte Bauelemente betrachtet werden [196]. Während beim FET die Steuerladung (am Gate) von der gesteuerten Ladung (im Kanal) räumlich getrennt ist, sind beim Bipolartransistor beide Ladungsarten im gleichen Bereich (Basis). Deshalb kann beim FET durch einen Isolator zwischen den Ladungen eine „stromlose" Spannungssteuerung erzielt werden, während beim Bipolartransistor die Steuerladung mit der gesteuerten Ladung rekombiniert, so daß immer ein Steuerstrom erforderlich ist. Dafür ist die Wirksamkeit der Steuerladung (Steilheit) am größtmöglichen Wert, wenn die beiden Ladungen räumlich nicht getrennt sind.

Beim Bipolartransistor ist der Hauptstrom durch Diffusion in der Basis begrenzt, beim FET durch den Spannungsabfall im Kanal. In beiden Fällen steigt der Strom bei Verkleinerung der charakteristischen Größe, der Basisweite beim Bipolartransistor und der Kanallänge beim FET. Außerdem steigt beim FET die Steilheit mit kleiner werdender Kanallänge. In beiden Fällen steigen jedoch die Kenngrößen (Strom, Steilheit) nicht beliebig an, sondern sind dann durch einen anderen Effekt begrenzt. Dieser Effekt ist im Prinzip für beide Transistorarten derselbe, nämlich die Emission von Ladungsträgern über eine Potentialbarriere.

Wie bereits am Ende von Abschn. 2.2 erwähnt, ist beim Bipolartransistor der Strom bei abnehmender Basisweite durch das Angebot der Ladungsträger am Beginn der neutralen Basis begrenzt; die Ladungsträger, welche die Potentialbarriere zwischen Emitter und Basis überwinden konnten (Dichte n_1) können sich (auch bei beliebig großem Gradienten der Ladungsträgerdichte) nur maximal mit thermischer Geschwindigkeit v_{th} bewegen, so daß der „Diffusionsstrom" durch den Wert $n_1 v_{th}$ begrenzt ist. Dieser Effekt

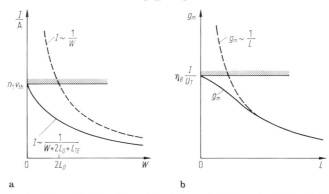

Bild 3/39. Begrenzung charakteristischer Transistordaten als Folge der Potentialbarriere zwischen Emitter und Basis bzw. zwischen Source und Kanal.
a Stromdichte des Bipolartransistors als Funktion der neutralen Basisweite; **b** Steilheit des FET als Funktion der Kanallänge.

kann formal durch die Hinzunahme einer effektiven Breite einer Potentialbarriere berücksichtigt werden, die etwa gleich der doppelten Debye-Länge L_D plus $L_{TE} = D/v_{th}$ ist [180]. Bild 3/39a zeigt diese Strombegrenzung, Bild 3/39b die noch zu besprechende Begrenzung der Steilheit beim FET.

Bild 3/40 zeigt jeweils oben die angesprochene Struktur und darunter den Potentialverlauf entlang der Ladungsträgerströmung. Der Fall 1 entspricht dem normalen Bipolartransistor; hier ist in der neutralen Basis das Potential konstant gleich dem Steuerpotential V_B. Der Fall 2 entspricht einem Bipolartransistor mit verschwindender neutraler Basis ($W < 2L_D$); wegen der reinen Barrierensteuerung kann man diesen Transistor bulkbarrieretransistor nennen (BBT, Bipolartransistor im punch through).

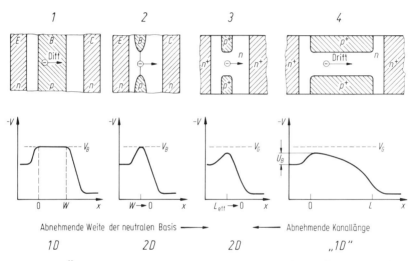

Bild 3/40. Übergang vom Bipolartransistor zum FET. Oben: Strukturen; die neutralen Zonen sind schraffiert; Mitte: Potentialverlauf entlang des Weges der Ladungsträger. *1* Bipolartransistor; *2* Bipolartransistor im punch through (Bulk barrier transistor) ($W \to 0$); *3* FET mit sehr kurzem Kanal ($L_{eff} \to 0$) (SIT, permeable base transistor); *4* FET.

Beim FET begrenzt bei extrem kurzen Kanal (punch through [210]) die Potentialbarriere zwischen Source und (entgegengesetzt dotierten) Bulkmaterial im Kanalbereich den Strom. Dies ist in Bild 3/40 in den Fällen 3 und 4 skizziert. Während beim normalen Feldeffekttransistor (Fall 4) der Strom durch die dem Kanalpotential entsprechende Ladung bestimmt ist (s. Abschn. 3.7), ist für den Strom des extremen Kurzkanaltransistors die Anzahl der Ladungsträger maßgebend, welche die Potentialbarriere zwischen Source und Kanal überwinden können (Fall 3). In diesem Fall ist wegen der räumlichen Trennung von steuernder und gesteuerter Ladung das Steuerpotential nicht gleich dem Potential am Ort der gesteuerten Ladungsträger; zwischen Steuerelektrode und Kanal besteht ein „Potentialschlupf". Deshalb ist hier die Steuerwirkung (die Steilheit) immer kleiner als beim Bipolartransistor. Die Steilheit aller FET's ist also durch $\eta_B \cdot I/U_T$ begrenzt wie in Bild 3/39b gezeigt, wobei der Faktor $\eta_B < 1$ den „Potentialschlupf" berücksichtigt.

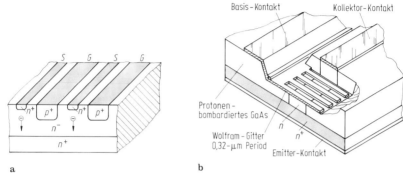

Bild 3/41. Barrierengesteuerte Transistoren. **a** Static Induction Transistor nach [192]; **b** Permeable Base Transistor nach [205].

Der Fall 3 in Bild 3/40 entspricht dem extremen Kurzkanal FET. Als Ausführungsformen und damit als Bindeglied zwischen Bipolar- und Feldeffekttransistor existieren der SIT (*static induction transistor* [192, 193, 204, 211]) und der permeable base transistor [205]. Diese beiden Strukturen sind in Bild 3/41 skizziert. Trotz der unterschiedlichen Ausführungen ist die Grundfunktion, nämlich die Steuerung eines Stroms durch Steuerung der zu überwindenden Potentialbarriere, gleich der des extremen Kurzkanal-FET's. Dies gilt allerdings nur solange eine „makroskopische" Betrachtungsweise erlaubt ist; insbesondere beim permeable base transistor können wegen der extrem kleinen Abstände ballistische Effekte (Grenze der Gültigkeit der Begriffe wie Beweglichkeit usw.) maßgeblich sein.

Der Unterschied zwischen Bulk-Barriertransistor und Kurzkanaltransistor ist gering; mit $W \rightarrow 0$ zieht sich die Steuerladung in die Basisanschlußbereiche zurück, d. h. es entsteht eine räumliche Trennung der steuernden und der gesteuerten Ladung. Dies entspricht dem static induction transistor. Andererseits ist der SIT nichts anderes als ein Kurzkanal Sperrschicht-FET.

Solange Steuerladung und gesteuerte Ladung räumlich getrennt sind, kann an Stelle des sperrenden *pn*-Überganges auch eine Trennung durch einen Isolator benutzt werden, d. h. die Fälle 3 und 4 sind im Prinzip in MIS- bzw. MOS-Technik realisierbar.

Sowohl der Bipolartransistor als auch der Feldeffekttransistor kann durch (quasi-) eindimensionale Theorien beschrieben werden, wie dies in Bild 3/40 ganz unten angedeutet ist. Kurzkanal FET, SIT und auch im Einzeldetail der permeable base transistor können nur zweidimensional beschrieben werden. Bild 3/42 zeigt schematisch das einfachste dafür benützbare Modell; zwischen den beiden Elektroden Source und Drain bestehen (hier symmetrisch angebrachte) Gateelektroden. Der Potentialverlauf von Source zu Drain ist so wie in Bild 3/40 Fall 3 gezeichnet; zwischen den Gateelektroden besteht ein Sattel, der für die Ladungsträger die zu überwindende Potentialbarriere bildet; einige Äquipotentiallinien mit relativer „Höhenangabe" sind angegeben. Für eine grobe Abschätzung der Wirkungsweise genügt es, sich zwischen dem Sattelpunkt und den Elektroden Kapazitäten vorzustellen, deren Werte durch die in Bild 3/42 eingetragenen Abstände bestimmt sind. Die Potentialbarriere der Höhe U_B kann durch die Gate- und durch die Drainspannung gesteuert werden. Deshalb ist der Strom exponentiell von beiden Spannungen abhängig.

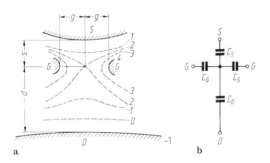

Bild 3/42. a Schematische Darstellung von Source, Gate und Drain einer symmetrischen Kurzkanal-FET-Struktur (SIT, permeable base transistor) mit einigen Äquipotentiallinien; **b** Zugehöriges Ersatzschaltbild der Kapazitäten

$$I \sim \exp\frac{U_B}{U_T} \sim \exp\frac{m_G U_{GS}}{U_T} \cdot \exp\frac{m_D U_{DS}}{U_T}.$$

Die Faktoren m_G und m_D berücksichtigen die nicht voll wirksame Steuerung durch die Klemmenspannungen als Folge der kapazitiven Spannungsteilung. Mit den Kapazitäten des Bildes 3/42 ergibt sich:

$$m_G = \frac{2C_G}{2C_G + C_S + C_D} \approx \frac{1}{1 + \dfrac{g}{2s} + \dfrac{g}{2d}},$$

$$m_D = \frac{C_D}{C_D + C_r + 2C_G} \approx \frac{1}{1 + \dfrac{d}{s} + \dfrac{2d}{g}}.$$

Je größer der Abstand d, umso besser die „Sättigung" der Ausgangskennlinie. Die größtmögliche Spannungsverstärkung ist durch den Durchgriff

$$D = \frac{C_D}{2C_G} \approx \frac{g}{2d}$$

bestimmt.

Fast ideale Verhältnisse bekommt man wenn $g \ll s$ und vor allem $g \ll d$ gemacht wird. Dies ist der Fall beim permeable base transistor.

In Bild 3/43 ist der Verlauf einiger Kenndaten beim Übergang vom Bipolartransistor zum Feldeffekttransistor (qualitativ) angegeben. Die Steilheit nimmt beim Übergang vom Bipolartransistor zum Langkanal FET monoton ab. Die maximale Spannungsverstärkung ist durch die Rückwirkung (Durchgriff $\approx 2C_G/C_D$) bestimmt; sie hat beim Kurzkanal FET, bzw. beim SIT ihr Minimum, welches allerdings beim permeable base transistor wegen der extremen geometrischen Verhältnisse weniger ausgeprägt ist. Die „Sättigung" der Kennlinie (große Early-Spannung, bzw. kleiner Leitwert g_{DS}) ist in den Extremfällen (W bzw. L groß) am besten ausgeprägt; beim

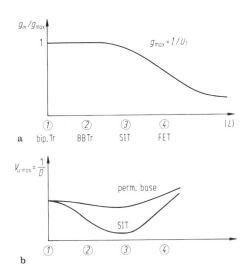

Bild 3/43. Übergang von Bipolartransistor zum FET. **a** Steilheit; **b** qualitativer Übergang der maximalen Spannungsverstärkung.

SIT (sofern nicht Tetrodenstrukturen Verwendung finden) überhaupt nicht.

Die Steuerkapazität hat bei gleichem Ort von steuernder und gesteuerter Ladung (Bipolartransistor) den größten Wert (Diffusionskapazität). Allerdings bestimmen meist „sekundäre" Effekte die wahre Eingangskapazität. Der Realteil des Eingangsleitwertes ist im Bipolartransistor am größten beim Sperrschicht-FET noch endlich und beim MOSFET abgesehen von Isolationsleitwerten gleich Null.

3.13 Ladungsverschiebungselemente (CTD, CCD) [149, 150]

Ladungsverschiebungselemente bestehen aus einer Reihe von MOS-Kondensatoren, in welcher die Ladung von Kapazität zu Kapazität weitergeschoben wird (Schieberegister, CTD: Charge Transfer Device, CCD: Charge Coupled Device).

Bild 3/44 zeigt schematisch ein Ladungsverschiebungselement. Hier findet ein p Grundmaterial Verwendung, über welchem durch einen Isolator (SiO$_2$) getrennt, eine Reihe von Elektroden liegen. An diese Elektroden werden unterschiedliche Potentiale gelegt, so daß — wie in der Abbildung gestrichelt gezeichnet — unterschiedliche Weiten der Raumladungszone entstehen. An der Grenze Halbleiter-Isolator existiert daher ein unterschiedliches Potential. Wenn die Spannung an den Elektroden genügend positiv ist, so kann sich gemäß Bild 3/12 an dieser Grenzfläche eine Inversionsladung halten. Je positiver in diesem Fall das Potential an dieser Elektrode ist, um so tiefer ist für Elektronen an der Grenzfläche die potentielle Energie, so daß die gestrichelte Kurve in Bild 3/44 auch als Kurve der potentiellen Energie der Ladungsträger an der Grenzfläche aufgefaßt werden kann.

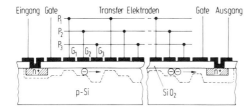

Bild 3/44. Schnitt durch ein Ladungsverschiebungselement.

Im Betrieb wird das Potential an den Steuerelektroden so geändert, daß Potentialtöpfe unterschiedlicher Tiefe in einer vorgegebenen Richtung wandern. Bild 3/44 entspricht einer Situation, in welcher gerade die potentielle Energie unter der Elektrode G$_3$ so abgesenkt wurde, daß eine evtl. unter der Elektrode G$_2$ vorhandene Ladung in die Potentialmulde unter der Elektrode G$_3$ fließt. Um eine eindeutige Bewegungsrichtung der Ladung zu gewährleisten, sind mindestens drei Elektroden erforderlich, wenn diese vollständig symmetrisch ausgebildet sind. In Bild 3/44 sind daher jeweils drei Elektroden zu einem Element zusammengefaßt. Wenn die Elektroden unsymmetrisch ausgebildet werden (geneigte Potentialmulde), so genügen ein oder zwei Elektroden je CCD-Element zur eindeutigen Transportrichtung der Ladung [151].

Der Transport der Ladung erfolgt durch Drift als Folge des eigenen Raumladungsfeldes, durch Diffusion und durch Drift als Folge von Streufeldern zwischen den Elektroden (Neigungen der Potentialmulden bzw. der Zwischenbereiche). Insbesondere bei großen Signalladungen wird der

Hauptanteil der Ladung durch das eigene Raumladungsfeld transportiert.

Die zu transportierende Ladung wird in Bild 3/44 von einer Eingangs-elektrode (gesteuert über ein Gate) unter die erste CCD-Elektrode G_1 injiziert. Analog wird die Ladung am Ausgang ausgelesen. Diese Funktion entspricht einem Analog-Schieberegister und es ist verständlich, daß dabei die Taktfrequenz, mit welcher die CCD-Elektroden gesteuert werden, so groß sein muß, daß innerhalb der Speicherzeit unter einer Elektrode die durch thermische Generation erzeugte Inversionsladung vernachlässigbar gegen die Signalladung ist. Das CCD ist also ein Bauelement mit einem dynamischen Funktionsprinzip, d. h. es muß schneller arbeiten als es dem zugehörigen Relaxationsvorgang entspricht.

Oberflächenzustände, welche einen vorübergehenden Einfang der Signalladung bewirken, sind hier äußerst schädlich und bewirken eine Reduzierung des Transportwirkungsgrades. Ein Weg, den Einfluß der Oberflächenzustände zu reduzieren, bietet eine inhomogene Dotierung des Halbleiters unter der Elektrode, welche zur Folge haben kann, daß die Potentialmulden nicht unmittelbar an der Grenzfläche Halbleiter-Isolator, sondern etwas darunter liegen (buried channel CCD) [152]. Ist beispielsweise 10 % Ladungsverlust für das ganze CCD gerade noch zulässig, so erfordert dies für ein 330 Element — 3 Takt CCD einen relativen Ladungsverlust kleiner als 10^{-4} je Einzelschritt.

Um ein seitliches Abfließen der Signalladungen (senkrecht zur Bildebene in Bild 3/44) zu vermeiden, werden Potentialbarrieren durch dotierte Zonen oder Elektroden benutzt.

Die Anwendungen sind sehr vielfältig und unterschiedlich und außerdem häufig in integrierter Form. Deshalb sei hier nur kurz darauf eingegangen und im übrigen auf die Literatur [149, 150] und den Band „Integrierte MOS-Schaltungen" dieser Reihe verwiesen. Es bestehen 3 Gruppen von Anwendungen. Die beschriebene Funktion des CCD als Analog-Verzögerungsleitung bzw. -Schieberegister läßt eine Analog-Signalspeicherung zu. Wegen der thermisch erzeugten Ladungen ist jedoch diese Speicherzeit sehr begrenzt, so daß praktischer Nutzen nur in besonderen Fällen gezogen werden kann.

Bildabtastung

Bild 3/45 zeigt eine Photodiodenzeile, in welcher nach einer begrenzten Belichtungszeit ein dem optischen Bild entsprechendes Ladungsbild existiert. Diese Ladungen können über Feldeffekttransistoranordnungen mit gemeinsamer Steuerelektrode (Übertragungs-Gate) in die CCD-Anordnung eingelesen werden. Dabei entspricht jeder Photodiode ein CCD-Element mit mehreren (hier drei) Elektroden. Dieses Ladungsbild wird dann zum Ausgang geschoben, so daß dort, bereits zeitlich aufgelöst, das Bildsignal entsteht.

Diese Anordnung hat, ebenso wie die heute noch üblichen Bildaufnahmeröhren [153] den Vorteil, daß in den lichtempfindlichen Elementen sich

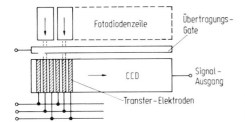

Bild 3/45. Zeilenförmige Bildabtastung mittels CCD.

die Ladung über die ganze Dauer der Abtastperiode ansammeln kann und in einer dazu vergleichsweise sehr kurzen Zeit abgerufen wird.

Will man zweidimensionale Bilder abtasten, so kann man entweder das Bild über die Photodiodenzeile bewegen (teilweise Verlust des eben erwähnten Vorteils) oder man benutzt viele CCD-Zeilen, die über ein weiteres CCD abgetastet werden [154, 216].

Signalverarbeitung

Das Transversalfilter ist ein Beispiel für den technischen Einsatz der Analog-Signalverarbeitung unter Verwendung von Ladungsverschiebungselementen.

Ein Filter kann man nicht nur durch seine Frequenzcharakteristik beschreiben, sondern auch durch seine Impulsantwort [156]. Bild 3/47 zeigt beispielsweise den zeitlichen Verlauf des Ausgangssignales eines Tiefpasses, an dessen Eingang ein sehr kurzer Impuls gelegt wurde. Man erhält eine solche Impulsantwort, wenn man den Eingangsimpuls in viele zeitlich verschobene Impulse zerlegt, und diese entsprechend gewichtet wieder addiert. Dieses Prinzip des Transversalfilters [155] läßt sich sehr einfach unter Verwendung eines CCD realisieren, wie in Bild 3/46 schematisch gezeigt. Das Signal wird in das CCD eingegeben, jeweils um die Taktperiode

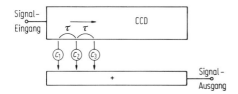

Bild 3/46. Prinzip des Transversalfilters mit CCD.

τ zeitverschoben, an den Elektroden 1 bis m ausgegeben und entsprechend gewichtet summiert. Die Impulsantwort dieses Transversalfilters lautet:

$$s(t) = \sum_{n=1}^{m} c_n \delta(t - n\tau). \tag{3/26}$$

Bild 3/47a zeigt die Verwendung von geschlitzten Elektroden zur Gewichtung der Signalanteile (ausgewertet wird die Differenz der Ladungen an

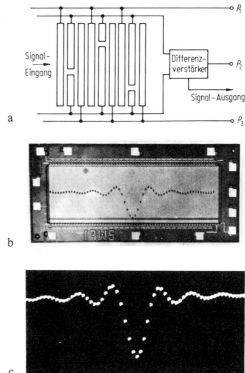

Bild 3/47. CCD-Transversalfilter
mit geschlitzten Elektroden [161].
a schematisch; **b** Ausführungsform;
c Impulsantwort.

den Elektroden). Bild 3/47b zeigt das Photo eines realisierten Transversalfilters. Die deutlich sichtbaren Schlitze weisen dieselbe Kurvenform auf,
wie die Impulsantwort des Filters (Bild 3/47c).

Die Verwendung von CCD ermöglicht den Aufbau sehr kleiner kompak-
ter und alterungsbeständiger Filter. Im Vergleich mit konventionellen Fil-
tern aus passiven Elementen ist der Dynamikbereich kleiner (z. B. 76 dB),
da der nutzbare Signalbereich auf der einen Seite durch das Rauschen und
auf der anderen Seite durch das nichtlineare Verhalten des CCD begrenzt
wird.

Digitalspeicher

Die Verwendung als Analogspeicher ist wie erwähnt in der Speicherzeit
sehr begrenzt. In Kombination mit Regenerationsstufen kann jedoch ein
CCD sehr gut als Digitalspeicher Verwendung finden [157].

Übungen

3.1

Bei einem Sperrschicht-FET sind Drain- und Source-Elektrode p^+ dotiert.

a) Welche Dotierung müssen Kanal und Steuerelektrode haben?
b) Welcher Ladungsträgertyp ist für den Kanalstrom verantwortlich und welcher Transportmechanismus ist wirksam?

Antwort:
a) Kanal: p-Dotierung, Gate: n^+-Dotierung.
b) Löcher; Driftstrom.

3.2

Ein n-Kanal-MOS-FET besitzt eine wirksame Gate-Kapazität $C_G = 1,0$ pF, die Länge des Kanals ist $L = 2$ µm, die Elektronenbeweglichkeit $\mu_n = 500$ cm²/Vs. Der Transistor wird an der Sättigungsgrenze $|U_{DS}| = |U_{GS} - U_E| = 6$ V betrieben.

a) Berechne den Strom I, der durch den Transistor fließt.
b) Berechne die Laufzeit der Ladungsträger im Kanal unter der Annahme, diese würden sich mit der Sättigungsgeschwindigkeit $v_s = 10^7$ cm/s bewegen.

Antwort:
a) Nach (3/6) ist $I = I_{max} = 225$ mA.
b) $\tau = \dfrac{L}{v_s} = 2 \cdot 10^{-11}$ s.

3.3

Gegeben ist der Transistor aus Aufgabe 3.2 unter denselben Betriebsbedingungen.

a) Ermittle und skizziere das Kanalpotential als Funktion des Ortes.
b) Ermittle die Ladungsträgergeschwindigkeit längs des Kanals als Funktion des Ortes unter der Annahme, daß die Beweglichkeit μ konstant ist. Skizziere die reale Ladungsträgergeschwindigkeit (beachte $v_{max} = v_s = 10^7$ cm/s).
c) Berechne die Laufzeit der Ladungsträger im Kanal und vergleiche das Ergebnis mit 3.2b).

Lösung:

a) Gleichung (3/4), von 0 bis x integriert, ergibt $Ix = \dfrac{C_G \mu_n}{L}\left[U_G V(x) - \dfrac{1}{2} V^2(x) \right]$.

Damit wird $V(x) = U_G\left(1 - \sqrt{1 - \dfrac{2LIx}{C_G \mu_n U_G^2}}\right)$.

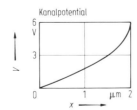

Kanalpotential

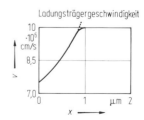

Ladungsträgergeschwindigkeit

b) $V(x)$ in (3/3) eingesetzt, ergibt

$$v(x) = \frac{IL}{C_G U_G \sqrt{1 - \dfrac{2LIx}{C_G \mu_n U_G^2}}}$$

$v(0) = 7{,}5 \cdot 10^6 \, \text{cm/s}$, $v(L) \to \infty$ (gestrichelter Verlauf), jedoch wegen Sättigung $v(L) = v_s$.

c) $\displaystyle \tau \approx \int_0^{L/2} \frac{1}{v(x)} \, dx + \frac{L}{2 v_s} = \frac{4 - \sqrt{2}}{12} \left(\frac{C_G U_G}{IL} \right)^2 \mu_n U_G + \frac{L}{2 v_s}$

$= 1{,}15 \cdot 10^{-11}\,\text{s} + 1 \cdot 10^{-11}\,\text{s} = 2{,}15 \cdot 10^{-11}\,\text{s}.$

3.4

Bei einem n-Kanal-Verarmungstyp-MOS-FET wird die durch die Eingangskapazität bestimmte Grenzfrequenz f_g beim Betrieb in Sourceschaltung mit zwei verschiedenen Lastwiderständen R_L gemessen:

    1. $R_{L1} = 1{,}1\,\text{k}\Omega$, $\quad f_{g1} = 1\,\text{GHz}$;   2. $R_{L2} = 5{,}9\,\text{k}\Omega$, $\quad f_{g2} = 400\,\text{MHz}$.

Die Steilheit des Transistors ist in beiden Fällen $g_m = 10\,\text{mS}$.

a) Berechne für beide Fälle die jeweils wirksame Eingangskapazität C_1 des Transistors.

b) Berechne die Gate-Drain- sowie die Gate-Source-Kapazität C_{GD} bzw. C_{GS}.

c) Wie groß ist für beide Fälle jeweils die Stromverstärkung der Schaltung bei $f = 100\,\text{MHz}$?

Lösung:

a) Aus (3/24) folgt $C_1 = \dfrac{g_m}{2\pi f_g}$, also 1. $C_1 = 1{,}6\,\text{pF}$, 2. $C_1 = 4\,\text{pF}$.

b) Nach (3/19) und (3/17) ist $C_1 = C_{GS} + C_{GD}(1 + g_m R_L)$. Daraus folgt $C_{GS} = 1\,\text{pF}$ und $C_{GD} = 0{,}05\,\text{pF}$.

c) Aus (3/18) folgt $V_i = g_m / j\omega C_1$, also 1. $V_i = 10$, 2. $V_i = 4$.

3.5

Die Steuerelektroden eines symmetrischen n-Kanals Si-Sperrschicht-FET sind p^+ ($N_A = 10^{18}\,\text{cm}^{-3}$), der Kanalbereich ist n-dotiert ($N_D = 10^{16}\,\text{cm}^{-3}$). Die Intrinsicdichte ist $n_i = 1{,}5 \cdot 10^{10}\,\text{cm}^{-3}$, Elektronenbeweglichkeit $\mu_n = 10^3\,\text{cm}^2/\text{Vs}$, Dielektrizitätskonstante $\varepsilon_0 \varepsilon_r = 1{,}07\,\text{pF/cm}$, Temperaturspannung $U_T = 25\,\text{mV}$. Bei einer Steuerspannung $U_{GS} = -6\,\text{V}$ soll der Transistor gesperrt sein.

a) Welche Weite w_0 muß der n-Bereich haben?

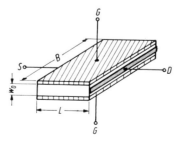

197

b) Ermittle und skizziere den Widerstand zwischen Drain- und Sourceelektrode des FET, dessen Kanalbreite $B = 400\ \mu m$ und dessen Kanallänge $L = 16\ \mu m$ beträgt, als Funktion der Steuerspannung U_{GS} für $|U_{DS}| \ll |U_{GS}|$.

Lösung:

a) Die Weite der RL-Zone muß wegen des symmetrischen Aufbaus gerade gleich der halben Kanalweite sein, also $w_0 = 2\sqrt{\dfrac{2\varepsilon}{e\,N_D}(U_D - U_{GS})}$.

Mit $U_D = U_T \ln \dfrac{N_A\,N_D}{n_i^2} = 0{,}79\ \text{V}$ und $U_{GS} = -6\ \text{V}$ ist $w_0 = 1{,}9\ \mu m$.

b) $R = \dfrac{L}{\sigma B w}$. Mit $\sigma = e n \mu_n$ und der wirksamen, von der Steuerspannung abhängigen Kanalweite $w = w_0 - 2\sqrt{\dfrac{2\varepsilon}{e\,N_D}(U_D - U_{GS})}$ ist.

$$R = \frac{L}{e n \mu_n B\left(w_0 - 2\sqrt{\dfrac{2\varepsilon}{e\,N_D}(U_D - U_{GS})}\right)}.$$

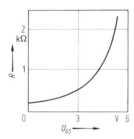

3.6

Der Isolator eines MIS-FET habe die Dicke d_i und die Dielektrizitätskonstante $\varepsilon_i = \varepsilon_0\,\varepsilon_{ri}$. Der Halbleiter ist mit N_D Donatoren dotiert und besitzt die Dielektrizitätskonstante $\varepsilon_h = \varepsilon_0\,\varepsilon_{rh}$. Im Isolator und an der Grenzfläche Isolator-Halbleiter seien keine Ladungen wirksam.

Berechne die Feldstärken E_i und E_h im Isolator und Halbleiter an der Grenzfläche Isolator-Halbleiter als Funktion der angegebenen Größen und des sich an der Halbleiteroberfläche einstellenden Potentials V_h.

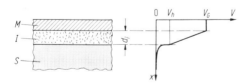

Lösung:

$$E_i = \frac{V_G - V_h}{d_i}.$$

198

Da an der Grenzfläche keine Ladungen wirksam, gilt $\varepsilon_i E_i = \varepsilon_h E_h$ und damit

$$E_h = \frac{\varepsilon_i}{\varepsilon_h} E_i.$$

3.7

In der in Aufgabe 3.6 gegebenen Struktur wird im Halbleiter an dessen Oberfläche für $U_G > 0$ eine Anreicherung von freien Ladungsträgern stattfinden. Berechne durch Integration der Poisson-Gleichung die daraus resultierende Feldstärke E_h im Halbleiter an dessen Oberfläche.

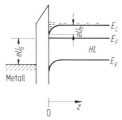

Lösung:

Für die Raumladung gilt $\varrho = e(n - N_D)$.

Die Anzahl n der freien Ladungsträger ist gegeben durch die Boltzmann-Statistik mit

$$n = N_C \exp\left(-\frac{E_c - E_F - eV}{kT}\right) = N_D \exp\left(\frac{V}{U_T}\right),$$

wobei V das elektrische Potential im Halbleiter darstellt. Damit lautet die Poisson-Gleichung

$$\frac{d^2 V}{dz^2} = \frac{e}{\varepsilon_h} N_D \left[\exp\left(\frac{V}{U_T}\right) - 1\right].$$

Die Koordinate z zählt dabei von der Grenzschicht Isolator-Halbleiter ($z = 0$) in den Halbleiter.

Die Integration liefert

$$\frac{1}{2}\left(\frac{dV}{dz}\right)^2 = \frac{e}{\varepsilon_h} N_D \left[U_T \exp\left(\frac{V}{U_T}\right) - V\right] + K.$$

Mit den Randbedingungen 1. $V = 0$ und $\frac{dV}{dz} = 0$ für $z \to \infty$ und 2. $V = U_h$ und $\frac{dV}{dz} = E_h$ für $z = 0$ ist $K = -\frac{N_D kT}{\varepsilon_h}$ und damit

$$\left.\frac{dV}{dz}\right|_{z=0} = E_h = \sqrt{\frac{2 N_D kT}{\varepsilon_h}\left[\exp\left(\frac{U_h}{U_T}\right) - \frac{U_h}{U_T} - 1\right]}.$$

3.8

Berechne aus den Ergebnissen der Übungen 3.6 und 3.7 für Zimmertemperatur ($U_T = 25$ mV) und $d_i = 0,2\ \mu$m, $\varepsilon_i = 0,5$ pF/cm, $\varepsilon_h = 1$ pF/cm, $N_D = 10^{14}$ cm^{-3}, und

$U_G = 4\,\text{V}$ die Werte von U_h, E_h und E_i; ferner die effektive Dicke l_h der sich im Halbleiter ausbildenden Anreicherungsrandschicht.

Lösung:

Aus Übung (3.7) und (3.6) folgt durch Gleichsetzung von E_h

$$\exp\left(\frac{e\,U_h}{kT}\right) - \frac{e\,U_h}{kT} - 1 = (U_G - U_h)^2 \frac{\varepsilon_i^2}{2\varepsilon_h\,d_i^2\,N_D\,kT}$$

daraus $U_h = 0{,}233\,\text{V}$, $E_h = 9{,}42 \cdot 10^4\,\text{V/cm}$ und $E_i = 1{,}88 \cdot 10^5\,\text{V/cm}$.

Für eine mittlere Raumladungsdichte $\bar{\varrho}$ gilt:

$$\frac{\bar{\varrho}}{\varepsilon_h} l_h = \frac{1}{l_h} \int\limits_{z=0}^{z=\infty} E\,dz.$$

Dabei ist $\displaystyle \bar{\varrho}\,l_h = \int\limits_{z=0}^{z=\infty} \varrho\,dz$ und damit $\displaystyle l_h = \frac{\varepsilon_h \int\limits_{z=0}^{z=\infty} E\,dz}{\int\limits_{z=0}^{z=\infty} \varrho\,dz}$. Mit $\displaystyle \int\limits_{z=0}^{z=\infty} E\,dz = U_h$ und

$\displaystyle \int\limits_{z=0}^{z=\infty} \varrho\,dz = \varepsilon_h\,E_h$ wird $\displaystyle l_h = \frac{U_h}{E_h} = 24{,}8\,\text{nm}$.

3.9

Bestimme für einen n-Kanal-MOS-FET im leitenden Zustand den Kanalwiderstand R_{on} in Abhängigkeit der wirksamen Steuerspannung U_G (Annahme: $U_{DS} \ll U_G$).

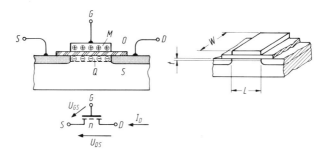

Lösung:

Wegen $U_{DS} \ll U_G$ gilt:
1) $Q = C U_G$ mit $Q = e n W L t$.

2) $G_{DS} = \dfrac{I_D}{U_{DS}} \sim Q$,

$$G_{DS} = \sigma \frac{Wt}{L} = e n \mu \frac{Wt}{L} = \mu \frac{Q}{L^2}.$$

aus 1) folgt: $G_{DS} = \dfrac{\mu C}{L^2} U_G$,

$$R_{on} \equiv \frac{1}{G_{DS}} = \frac{L^2}{\mu C} \frac{1}{U_G} \quad \text{mit} \quad C = \frac{\varepsilon_0 \varepsilon_r WL}{d}$$

$$R_{on} = \frac{d}{\mu \varepsilon_0 \varepsilon_r} \frac{L}{W} \frac{1}{U_G}.$$

Dies ist identisch mit (3/10).

3.10

Ein n-Kanal (p-Kanal) MOS-Feldeffekttransistor (Anreicherungstyp) habe eine Substratdotierung von $N_B = 10^{16}\,\text{cm}^{-3}$. Source and Drain sind mit $N_S = 3{,}0 \cdot 10^{18}\,\text{cm}^{-3}$ dotiert. Die Anzahl der festen positiven Ladungen an der Grenzfläche SiO_2/Si betrage $Q_{SS}/e = 1{,}25 \cdot 10^{11}\,\text{cm}^{-2}$ (100-Orientierung).

a) Welche Einsatzspannung hat der n-Kanal (p-Kanal-) Transistor mit einem Poly-Si-Gate (gleiche Dotierung wie Source), wenn als Gateoxiddicke d_{ox} ein typischer Wert von 100 nm (= $100 \cdot 10^{-7}$ cm) angenommen wird?
b) Welche Einsatzspannungen ergeben sich, wenn an Stelle eines Poly-Si-Gates ein Al-Gate verwendet wird?
c) Wie groß wäre die Einsatzspannung in den verschiedenen Fällen (n-Kanal, p-Kanal, Poly-Si-Gate, Al-Gate) bei einer Feldoxiddicke von typisch $d_{ox,\,Feld} = 1\,500$ nm?

Lösung:

Allgemein:

$$\boxed{U_E = U_B - U_{KGS} - \frac{Q_B + Q_{SS}}{C_{ox}}}$$

$$|U_B| = U_T \ln \frac{N_S}{N_B} = 26{,}0\,\text{mV} \cdot \ln \frac{3{,}0 \cdot 10^{18}}{10^{16}} = 0{,}15\,\text{V}$$

U_{KGS} Kontaktspannung zwischen Gate und Source
Poly-Si-Gate: $U_{KGS} = 0\,\text{V}$
Al-Gate: $U_{KGS} = -0{,}1\,\text{V}$ (n-Kanal)
  $U_{KGS} = +0{,}9\,\text{V}$ (p-Kanal)
Q_B Kanalladung je Flächeneinheit

$$|Q_B| = e N_B l_0$$

$$l_0 = \sqrt{\frac{2\varepsilon_r \varepsilon_0}{e N_B}(|U_{DSB}| - |U_B|)} \quad \text{Länge der RLZ (einseitig abrupt!)}$$

$$|U_{DSB}| = U_T \ln \frac{N_S N_B}{n_i^2} = 0{,}85\,\text{V} \quad \begin{array}{l}\text{Diffusionsspannung zwischen Source und} \\ \text{Bulk}\end{array}$$

$$|U_{DSB}| - |U_B| = 0{,}7\,\text{V} \quad \text{Diffusionsspannung zwischen Kanal und Bulk}$$

$$|Q_B| = \sqrt{2\varepsilon_0 \varepsilon_r e N_B (U_{DSB} - |U_B|)}$$

$$|Q_B| = \sqrt{2 \cdot 8{,}85 \cdot 10^{-14} \cdot 11{,}7 \cdot 1{,}6 \cdot 10^{-19} \cdot 1{,}0 \cdot 10^{16} \cdot 0{,}70}\,\text{C/cm}^2$$

$$|Q_B| = 4{,}8 \cdot 10^{-8}\,\text{C/cm}^2$$

C_{ox} Oxidkapazität je Flächeneinheit

$$C_{ox} = \frac{\varepsilon_r \varepsilon_0}{d_{ox}}; \qquad \varepsilon_r(SiO_2) = 3,9$$

$$C_{ox,\,Gate} = \frac{3,9 \cdot 8,85 \cdot 10^{-14}}{100 \cdot 10^{-7}} \, F/cm^2 = 3,45 \cdot 10^{-8} \, F/cm^2$$

$$C_{ox,\,Feld} = \frac{3,9 \cdot 8,85 \cdot 10^{-14}}{1\,500 \cdot 10^{-7}} \, F/cm^2 = 2,3 \cdot 10^{-9} \, F/cm^2 \,.$$

Im Kanalbereich (Gateoxid):

$$\frac{|Q_B|}{C_{ox}} = \frac{4,8 \cdot 10^{-8} \, C/cm^2}{3,45 \cdot 10^{-8} \, F/cm^2} = 1,39 \, V$$

$$\frac{Q_{SS}}{C_{ox}} = \frac{1,25 \cdot 10^{11} \cdot 1,6 \cdot 10^{19} \, C/cm^2}{3,45 \cdot 10^{-8} \, F/cm^2} = 0,58 \, V \,.$$

Im Bereich der Leiterbahnen (Feldoxid):

$$\frac{Q_B}{C_{ox}} = \frac{4,8 \cdot 10^{-8} \, C/cm^2}{2,3 \cdot 10^{-9} \, F/cm^2} = 20,87 \, V$$

$$\frac{Q_{SS}}{C_{ox}} = \frac{1,25 \cdot 10^{11} \cdot 1,6 \cdot 10^{-19} \, C/cm^2}{2,3 \cdot 10^{-8} \, F/cm^2} = 8,70 \, V \,.$$

Damit ergeben sich folgende Einsatzspannungen:

a) Poly-Si-Gate: $d_{ox} = 100 \, nm$, $U_{KGS} = 0 \, V$

$$U_E = U_B - \frac{Q_B}{C_{ox}} - \frac{Q_{SS}}{C_{ox}} - U_{KGS}$$

n-Kanal: $U_E = -0,15 \, V - (-1,39 \, V) - 0,58 \, V$
$U_E = +0,66 \, V$ (selbstsperrend)

p-Kanal: $U_E = +0,15 \, V - 1,39 \, V - 0,58 \, V$
$U_E = -1,82 \, V$ (selbstsperrend).

b) Al-Gate: $d_{ox} = 100 \, nm$

$$U_E = U_B - \frac{Q_B}{C_{ox}} - \frac{Q_{SS}}{C_{ox}} - U_{KGS}$$

n-Kanal: $U_E = 0,66 \, V - (-0,1 \, V)$
$U_E = 0,76 \, V$ (selbstsperrend)

p-Kanal: $U_E = -1,82 \, V - 0,9 \, V$
$U_E = -2,72 \, V$ (selbstsperrend)

c) Poly-Si-Leiterbahn

n-Kanal: $U_E = -0,15 \, V - (-20,87 \, V) - 8,70 \, V$
$U_B = +12,02 \, V$ (selbstsperrend)

p-Kanal: $U_E = +0,15 \, V - (20,87 \, V) - 8,70 \, V$
$U_E = -29,42$ (selbstsperrend)

Al-Leiterbahn

n-Kanal: $U_E = +12,02\ \text{V} - (-0,1\ \text{V})$
      $U_E = 12,12\ \text{V}$ (selbstsperrend)

p-Kanal: $U_E = -29,42\ \text{V} - 0,9\ \text{V}$
      $U_E = -30,32\ \text{V}$ (selbstsperrend)

Anmerkung:
Im Falle des Gateoxids liegen die Einsatzspannungen jeweils innerhalb des Spannungsbereiches von beispielsweise 5 V („gewollte Transistoren"), während im Falle des Feldoxids die Einsatzspannungen von parasitären Transistoren, die durch Leiterbahnen auf dem Feldoxid entstehen, weit außerhalb des Betriebsspannungsbereiches liegen, so daß diese nicht leitend werden können!

3.11
Bestimme die Kennlinien des FET als Lastwiderstand für die beiden in Bild 3/28 gezeichneten Fälle.

Lösung:

Für den Fall a) gilt die normale FET-Kennlinie mit $U_G = -U_E$ nach Bild 3/25.
Für den Fall b) ist in (3/8) $U_{GS} = U_{DS}$ zu setzen und man erhält die Parabel

$$I = \frac{\mu C_G}{L^2} \frac{1}{2} (U_{DS} - U_E)^2.$$

3.12
Vergleiche das Schaltverhalten eines Inverters a) mit einem selbstleitenden FET als Last mit dem eines Inverters b) mit selbstsperrendem FET als Last (Bild 3/28).

Lösung:

Nachstehend sind die Schaltzustände im I-U-Kennlinienfeld des Schalttransistors angegeben. Die beiden Lastkennlinien sind mit a und b gekennzeichnet.
Wird die Eingangsklemme von 0 auf 1 geschaltet, so muß der Schalttransistor die

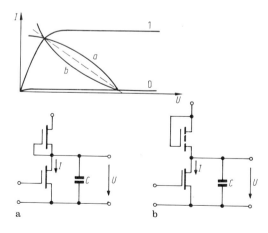

a   b

Kapazität C entladen. Da R_{on} klein gegen den mittleren Lastwiderstand sein muß, unterscheiden sich die beiden Fälle beim Einschaltvorgang kaum.

Wird die Eingangsklemme von 1 auf 0 geschaltet, so muß der Lasttransistor die Kapazität C aufladen. Im Fall b) nimmt dieser Ladestrom sehr schnell mit steigender Ausgangsspannung U ab und die Ladung erfolgt langsamer als mit einem ohmschen Widerstand (gestrichelte Gerade). Im Fall a) fließt trotz steigender Ausgangsspannung U ein großer Strom bis die Endspannung fast erreicht ist und der Ladevorgang ist kürzer.

Der Fall a) ist also zu bevorzugen.

4 Thyristoren

4.1 Kennlinienäste

Der Thyristor [101–106, 202] ist ein steuerbarer Leistungsgleichrichter, dessen Einführung die Starkstromtechnik entscheidend beeinflußt hat, da er in sehr wirtschaftlicher Weise die Umformung von Energie und die Regelung von Verbrauchern (z. B. der Thyristor als Stellglied für Fahrzeugmotoren) ermöglicht [107]. Es sind Schaltleistungen bis in die Größenordnung MW je Einzelelement erreichbar. Aus Gründen der guten Sperreigenschaften und der hohen Belastbarkeit wird der Thyristor aus Silizium hergestellt, weshalb er im englischen Sprachgebrauch „silicon controlled rectifier" (SCR) genannt wird.

Vom Aufbau her gesehen, ist der Thyristor ein Vierschichtelement (*pnpn*), wobei die beiden inneren Zonen schwach dotiert sind (Bild 4/1). Man nennt die äußere *p*-Zone Anode und die äußere *n*-Zone Kathode oder Emitter (dies entsprechend der Beziehung beim Thyratron). Es existieren somit drei abwechselnd entgegengesetzt gerichtete *pn*-Übergänge. Wenn man also, beginnend von Null, Spannung an die *pnpn*-Struktur legt, so wird das Element für beide Polungsrichtungen der Spannung sperren. Es entstehen jeweils die in Bild 4/1 und 4/2 eingezeichneten Raumladungszonen. Bei negativer Spannung U_{AK} entstehen zwei Raumladungszonen, wie in Bild 4/2 gezeigt. In beiden Fällen erhält man Sperrkennlinien.

Für positive Anoden-Kathoden-Spannung U_{AK} existiert aber noch ein zweiter Betriebszustand, der besonders durch einen Vergleich mit dem

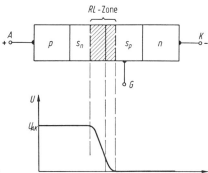

Bild 4/1. Thyristor im blockierten Zustand.

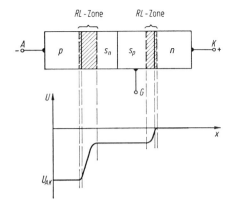

Bild 4/2. Thyristor im gesperrten Zustand.

psn-Gleichrichter verständlich wird. Bild 4/3 zeigt schematisch den Dotierungsverlauf für die *psn*-Diode und für den *pnpn*-Thyristor. Bei Polung in „Flußrichtung" (äußere *p*-Zone positiv) wird beim *psn*-Gleichrichter die mittlere, schwach dotierte Zone durch Ladungsträger aus den stark dotierten Zonen überschwemmt. Die Grunddotierung dieser Zone (in der Größenordnung von 10^{14} cm^{-3}) ist dabei ohne Bedeutung. Es wirkt sich daher bei starkem Flußstrom auch nicht aus, wenn anstelle der schwach dotierten *s*-Zone des *psn*-Gleichrichters zwei schwach dotierte Zonen s_p und s_n des Thyristors existieren. In beiden Fällen erhält man eine Flußkennlinie.

Man erhält daher für das *pnpn*-Element Kennlinien, wie in Bild 4/4 gezeigt: Für negative Spannung U_{AK} erhält man eine Sperrkennlinie mit Durchbruchspannung von einigen 1 000 V, für positive Spannung U_{AK} (äußere *p*-Zone positiv) entweder eine Sperrkennlinie (die man hier Blockierkennlinie nennt) oder eine Flußkennlinie mit typischen Stromwerten von 1 000 A bei ca. 2 V Flußspannung. Das Thyristorsymbol ist neben der Kennlinie angegeben.

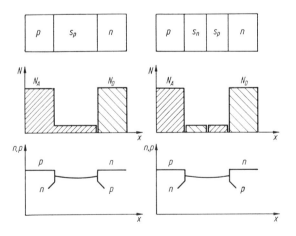

Bild 4/3. Vergleich zwischen *psn* Diode und Thyristor im gezündeten Zustand.

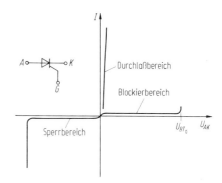

Bild 4/4. Symbol und Kennlinien des Thyristors.

Der Übergang von der Blockierkennlinie zur Flußkennlinie erfolgt entweder bei Erreichen einer bestimmten Spannung U_{BT0}, der „Nullkippspannung", oder durch einen speziellen „Zündmechanismus", der in Abschn. 4.2 besprochen wird. Der Übergang von der Flußkennlinie auf die Blockkennlinie ist beim normalen Thyristor nur über $U_{AK} \simeq 0$ möglich, da die Ladungsträgerüberschwemmung der schwach dotierten Zonen abgebaut werden muß.

Der Thyristor ist daher ein Element, welches entweder für Spannungspolung in beiden Richtungen sperrt oder in gezündetem Zustand eine Gleichrichterkennlinie aufweist.

4.2 Zündvorgang (Löschvorgang)

Wie Bild 4/1 zeigt, ist durch die äußere Spannung U_{AK} die Bereitschaft zur Flußpolung der äußeren Dioden gegeben, nur ist wegen der Sperrschicht zwischen der s_p- und der s_n-Zonen der Thyristorstrom auf den Sperrstrom der $s_p s_n$-Diode begrenzt. Der Übergang von der Blockierkennlinie zur Flußkennlinie des Thyristors wird durch einen Steuerstrom zwischen Kathode und angrenzender p-Zone erzielt (Bild 4/5). Der Zündstrom muß diesen pn-Übergang in Flußrichtung polen, so daß Ladungsträger in die schwach dotierten Zonen injiziert werden. Durch den Steuerstrom I_{st} fließen Löcher von der Zone II in die Zone I und Elektronen von I nach II. Diese Elektronen rekombinieren nur zum Teil in der Zone II, ein Großteil gelangt in die RL-Zone zwischen Zone II und III und in den Bereich III, wodurch die

Bild 4/5. Last- und Steuerkreis des Thyristors.

207

Überschwemmung mit Ladungsträgern eingeleitet wird. Ähnlich wie beim Transistor genügt hier ein kleiner Zündstrom (Basisstrom), um einen großen Thyristorstrom (Emitterstrom) hervorzurufen.

Besonders deutlich wird der Zündvorgang, wenn man sich den Thyristor in zwei Transistoren zerlegt denkt (Bild 4/6): Betrachten wir zunächst den Transistor I, II, III. Wie aus Bild 4/1 zu ersehen ist, bewirkt das Anlegen der Blockierspannung die Bildung einer weiten RL-Zone zwischen II und III. Es entspricht also die Zone III dem Kollektor, die Zone II der Basis und die Zone I dem Emitter.

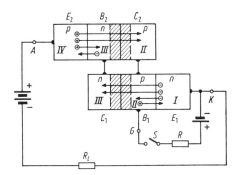

Bild 4/6. Darstellung des Thyristors durch zwei gekoppelte Transistoren zur Erklärung des Zündvorganges.

Schließt man den Schalter S, so fließt ein „Basisstrom" I_{st}, der den „Transistor" in den aktiven Bereich bringt; es entsteht ein um den Stromverstärkungsfaktor β größerer „Emitterstrom" I_E (primärer Elektronenstrom), der zum Großteil ($\alpha I_E = I_C$) zum „Kollektor" fließt. Die Zone III hat keinen äußeren Abschluß, so daß sich diese negativ auflädt. Dadurch wird der Transistor IV, III, II (Emitter, Basis, Kollektor) in den aktiven Bereich gebracht. Anders ausgedrückt: Der Kollektorstrom des npn-Transistors I, II, III wirkt als Steuerstrom des pnp-Transistors IV, III, II, und zwar so, daß ein Emitterstrom (primär, Löcherstrom) in den zugehörigen Kollektor (Zone II) fließt. Dieser Kollektorstrom wirkt wiederum als Basisstrom des npn-Transistors, wodurch der Einschaltvorgang rückkopplungartig weitergetrieben wird, bis schließlich die schwach dotierten Zonen II und III durch Ladungsträger überschwemmt sind und der Thyristor gezündet ist. Man erkennt aus dieser Darstellung, daß ein kleiner Steuerstrom (Basisstrom) einen großen Thyristorstrom hervorrufen kann.

Maßgebend für den Zündvorgang ist die Strombilanz der Zone III, die ohne äußeren Anschluß ist; man kann daraus die Zündbedingung (4/1) ermitteln [108]. Bild 4/7 zeigt die in die s_n-Zone III fließenden Ströme: I_{sp} ist der Sperrstrom der Diode II, III, wobei angenommen ist, daß von den stark dotierten Zonen nichts injiziert wird (also der Thyristor noch nicht gezündet sei). Wenn I der Anodenstrom des Thyristors ist, dann fließt in den Bereich II (Kollektor des pnp-Transistors) der Strom $\alpha_{pnp} I$. Dieser

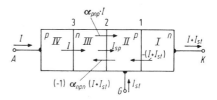

Bild 4/7. Strombilanz im Thyristor beim Zündvorgang.

Strom fließt über den *pn*-Übergang 2. Wenn ein Steuerstrom I_{st} über die Zündelektrode G fließt, so fließt über den Kathodenanschluß der Strom $I + I_{st}$, d. h. vom Emitter des *npn*-Transistors wird der Strom $-(I + I_{st})$ in die Zone II injiziert. Es wird daher der Strom $-\alpha_{npn}(I + I_{st})$ in den Kollektor des *npn*-Transistors injiziert. Die Zone III hat keinen äußeren Anschluß; wenn die algebraische Summe der zu ihr fließenden Ströme negativ ist, so wird die Zone III gemäß der Kontinuitätsgleichung negativ aufgeladen. Die Bedingung für den stationären Zustand ($dQ/dt = 0$) lautet

$$I + \alpha_{npn}(-1)(I + I_{st}) - I_{sp} - \alpha_{pnp}I = 0,$$

$$I = \frac{1}{1 - (\alpha_{npn} + \alpha_{pnp})}(I_{sp} + \alpha_{npn}I_{st}). \tag{4/1}$$

Maßgebend für die Wirkung des Sperrstroms der Diode (2) und des Steuerstroms ist die Summe der Stromverstärkungsfaktoren der beiden Transistoren. Bild 4/8 zeigt für typische Verhältnisse die Stromverstärkungsfaktoren

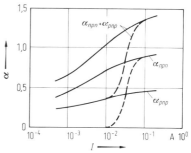

Bild 4/8. Abhängigkeit der Stromverstärkung vom Thyristorstrom für typische Thyristorquerschnitte. Die gestrichelten Linien entsprechen einer Struktur mit Kurzschlußemitter [200] (s. Bild 4/28).

als Funktion des Stroms. Man erkennt, daß die Stromverstärkung mit dem Thyristorstrom zunimmt. Dieser Effekt (Abschn. 2.6.8) wird folgendermaßen erklärt: Bei sehr kleinen Strömen werden Ladungen in der jeweiligen Basis durch Traps eingefangen und mit der diesen entsprechenden charakteristischen Zeitkonstante durch Rekombination neutralisiert. Mit zunehmendem Strom werden schließlich diese Traps gesättigt, und der durch diese Rekombination verursachte Strom erreicht den durch die Rekombinationszeitkonstante bestimmten Grenzwert. Eine weitere Erhöhung der Injektion von Ladungsträgern bewirkt daher eine Vergrößerung des Stromverstärkungsfaktors, da der prozentuale Anteil der durch Rekombination verlorenen Ladungsträger sinkt. Als Folge dieser Stromabhängigkeit der Transistorverstärkungsfaktoren wird der Nenner des Bruches in (4/1) für einen bestimmten Stromwert gleich Null.

Zündung durch hohe Blockierspannung

Betrachten wir zunächst den Zündvorgang für $I_{st} = 0$ („über Kopf zünden"). Wird die Thyristorspannung in Blockierrichtung beginnend von Null erhöht, so ist zunächst der Thyristorstrom etwa gleich dem Sperrstrom I_{sp}. Mit steigender Thyristorspannung kommt I (in der Nähe des Diodendurchbruchs) in die Größenordnung einiger Milliampère, und damit wird, wie Bild 4/8 und Gl. (4/1) zeigen, die Summe der Ströme in den Bereich III negativ und der Thyristor zündet.

Zündvorgang durch einen Steuerstrom

Es ist in diesem Fall der Sperrstrom I_{sp} durch die Summe aus Sperrstrom und Steuerstrom $I_{sp} + \alpha_{npn} I_{st}$ zu ersetzen. Man erkennt damit, daß die durch die Stromabhängigkeit von α gegebene Zündbedingung bei beliebig kleinen Sperrströmen erreicht werden kann, wenn der Steuerstrom in die Größenordnung einiger Milliampère kommt.

Wenn der Thyristor gezündet ist, bleibt er gezündet, auch wenn der Zündstrom wieder abgeschaltet wird. Es genügt daher ein Zünd*impuls* zur Zündung des Thyristors. Im gezündeten Zustand sind alle drei *pn*-Übergänge in Flußrichtung gepolt.

Löschen des Thyristors

Der Übergang von der Flußkennlinie auf die Blockierkennlinie ist normalerweise nur möglich, wenn die Spannung am Thyristor ungefähr Null wird, so daß die überschwemmten Mittelzonen wieder frei von Ladungsträgern werden. Wie aus der Strombilanz ersichtlich, muß der Strom nicht genau auf den Wert Null gesenkt werden, sondern nur unter den Wert des *Haltestromes*, der in der Größenordnung einiger Milliampère für die üblichen Thyristorflächen liegt. Die freien Ladungsträger in den schwach dotierten Zonen verschwinden dabei entweder durch Rekombination oder durch Absaugen als Folge einer angelegten Sperrspannung (Abschn. 4.6).

4.3 Statische Eigenschaften des Hauptstromkreises

Der Hauptstromkreis wird primär durch die Kennlinienäste in Bild 4/4 gekennzeichnet. Der Thyristor wird häufig so dimensioniert, daß die Nullkippspannung etwa gleich der Durchbruchspannung in Sperrichtung ist. Da bereits ein kurzzeitiges Überschreiten der Nullkippspannung ein Zünden des Thyristors bewirkt, hat man im praktischen Einsatz darauf zu achten, daß die am Thyristor liegende Spannung auch bei Auftreten von eventuellen Schaltspannungsstößen nicht überschritten wird. Im allgemeinen bleibt man mit der größten auftretenden Nennspannung (380 V in 220-V-Netz) bei etwa 30 bis 50 % der Nullkippspannung, so daß z. B. für Netzbetrieb Thyristoren mit Nullkippspannung und Durchbruchspannungen von ca. 1 000 V eingesetzt werden.

Im allgemeinen wird der Flußkennlinienast des Thyristors zur einfacheren Berechnung durch eine Ersatzgerade Bild 1/1 angenähert. Bezüglich der Temperaturabhängigkeit der Flußkennlinie wird auf Datenblätter bzw. die Literatur (z. B. [102, S. 34]) verwiesen.

Die Sperrkennlinie hängt wie eine Diodensperrkennlinie sehr stark von der Temperatur ab, d. h. der Sperrsättigungsstrom nimmt mit der Temperatur zu. Außerdem hängt der Sperrstrom wie Bild 4/9 zeigt, vom Zündstrom ab, da dadurch Träger in die s-Zonen injiziert werden.

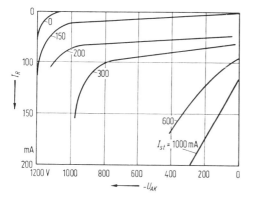

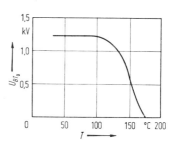

Bild 4/9. Thyristorsperrkennlinien für verschiedene Steuerstromwerte [102].

Bild 4/10. Typische Temperaturabhängigkeit der Nullkippspannung [102].

Die Nullkippspannung U_{BT0} hängt, wie Bild 4/10 zeigt, über 100 °C sehr stark von der Temperatur ab. Diese Abhängigkeit entsteht durch die Temperaturabhängigkeit des Sperrstroms I_{sp}, der über den in Abschn. 4.2 beschriebenen Mechanismus den Thyristor zündet. Man erkennt daraus, daß eine thermische Überlastung des Thyristors auf jeden Fall vermieden werden muß, da sonst die Blockiereigenschaften verlorengehen.

4.4 Zündstromkreis

Die zwischen den Klemmen G und K meßbare Kennlinie ist eine Diodenkennlinie mit nicht sehr ausgeprägten Sperreigenschaften (Bild 4/11). Mit Hilfe dieser Kennlinie kann der Steuergenerator dimensioniert werden,

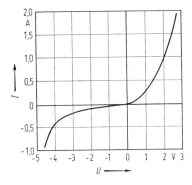

Bild 4/11. Kennlinie der Steuerkreisdiode (Thyristor B St L 02).

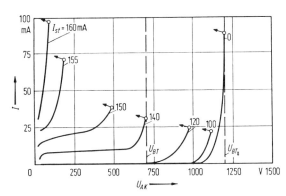

Bild 4/12. Blockierkennlinien für verschiedene Steuerstromwerte.

wenn die erforderlichen Steuerströme bekannt sind. Bild 4/12 zeigt eine typische Abhängigkeit der Blockierkennlinie vom Steuerstrom. Man erkennt, daß für diesen Thyristortyp die Kippspannung durch Zündströme der Größenordnung 100 bis 200 mA drastisch reduziert werden kann.

In Bild 4/13 ist diese Abhängigkeit für zwei Temperaturwerte eingezeichnet. Man erkennt, daß es nicht sinnvoll wäre, einen bestimmten stati-

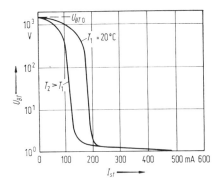

Bild 4/13. Abhängigkeit der Kippspannung vom Steuerstrom (Zündkennlinien) nach [102], (Thyristor B St L).

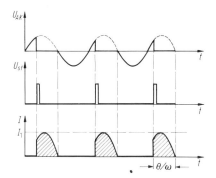

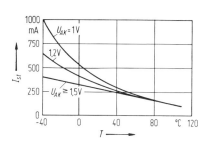

Bild 4/14. Einstellung des Stromfluß-winkels θ durch die Phasenlage des Zündimpulses.

Bild 4/15. Temperaturabhängigkeit des erforderlichen Zündstromwertes; Thyristorspannung als Parameter nach [102].

schen Zündstrom einzustellen um damit die Kippspannung und folglich den Stromflußwinkel des Thyristors zu steuern. Es ist daher üblich, den Thyristor durch kurze Steuerstromimpulse, wie in Bild 4/14 gezeigt, zu zünden. Damit kann der Stromflußwinkel θ zwischen 0 und 180° geändert werden. Der Zündimpuls muß dabei so groß sein, daß er unter allen in Frage kommenden Betriebsbedingungen eine Zündung gewährleistet. Ty-pische Werte von Zündimpulsen liegen bei einigen Ampere und Volt.

Bild 4/15 zeigt den Einfluß der Temperatur und der Anodenspannung auf den erforderlichen Zündstrom. Man erkennt, daß erst bei sehr kleinen Anoden-Kathoden-Spannungen der erforderliche Zündstrom ansteigt. Diese Tatsache ist bei der Parallelschaltung von Thyristoren zu beachten, da der erste gezündete Thyristor die Spannung an allen Thyristoren auf den Wert der Durchlaßspannung reduziert.

Der Zündimpuls muß eine bestimmte Mindestdauer haben, um die er-forderliche Überschwemmung der schwach dotierten Zonen zu ermögli-chen; es ist also eine bestimmte Zündladung erforderlich.

Bisher wurden im wesentlichen die statischen Eigenschaften beschrie-ben. Die dynamischen Eigenschaften [108, 109, 110] werden getrennt nach Ein- und Ausschaltverhalten in den folgenden beiden Abschnitten behan-delt.

4.5 Einschaltverhalten

4.5.1 Zündverzug

Ein Thyristor ist gezündet, wenn die schwach dotierten Mittelzonen mit freien Ladungsträgern überschwemmt sind. Zum Einbringen dieser La-dung ist eine endliche Zeit erforderlich. Bild 4/16 zeigt links einen Zünd-

213

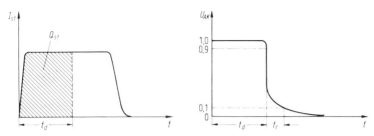

Bild 4/16. Einschaltverhalten des Thyristors, schematisch.

stromimpuls und rechts den zeitlichen Verlauf der Spannung am Thyristor (Blockierspannung) nach Anlegen eines Zündimpulses. Man erkennt, daß die Einschaltverzugszeit t_d vergeht, bis das Durchzünden des Thyristors beginnt. Diese Einschaltverzugszeit ist in der Größenordnung von 100 µs. Anschließend erfolgt der eigentliche Zündvorgang, in welchem die Thyristorspannung auf den Wert der Durchlaßspannung zusammenbricht. Die Zeit, die vergeht, bis die Thyristorspannung auf 1/10 der vorher angelegten Blockierspannung zusammengebrochen ist, nennt man Durchschaltzeit t_r. Da während dieser Zeit bereits ein großer Thyristorstrom fließt, ist die Durchschaltzeit, die in der Größenordnung von 1 µs liegt, entscheidend für die Einschaltverluste.

Die Einschaltverzugszeit hängt, wie Bild 4/17 zeigt, sehr stark von der Amplitude des Zündstromimpulses ab. Mit Zündimpulsen, die etwa um den Faktor 10 über dem statischen Zündstrom liegen, erhält man Einschaltverzugszeiten der Größenordnung 1 µs. Da im wesentlichen die durch den Steuerstrom aufgebrachte *Ladung* entscheidend ist (s. Q_{st} in Bild 4/16) hängt die Einschaltverzugszeit auch von der Anstiegssteilheit des Steuerimpulses ab. Typische Steuerimpulse weisen eine Stromanstiegssteilheit von 3 bis 5 A/µs und einen Scheitelstrom von 3 bis 5 A auf.

Ursache für die endliche Durchschaltzeit ist die endliche Ausbreitungs-

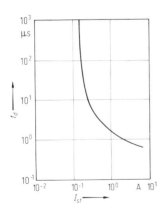

Bild 4/17. Typische Einschaltverzugszeit als Funktion des Steuerstromwertes in A nach [102].

214

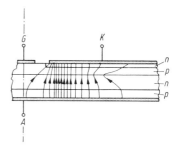

Bild 4/18. Stromfäden im Thyristor unmittelbar
nach Anlegen des Zündimpulses nach [110].

geschwindigkeit des gezündeten Zustands im Thyristor in transversaler
Richtung. Diese Ausbreitungsgeschwindigkeit liegt (ermittelt durch Beob-
achtung der mit der Ausbreitung verbundenen Infrarot-Emission [200]) in
der Größenordnung von 10^{-3} bis 10^{-2} cm/µs. Bild 4/18 zeigt die Stromfäden in einem Thyristor unmittelbar nach Beginn der Zündung als Folge
der inhomogenen Verteilung des Steuerstromes. Da die Einschaltverluste
primär in der Umgebung der Steuerelektrode entstehen, führen sie besonders leicht zu einer Zerstörung des Thyristors. Bild 4/19 zeigt die Ein-

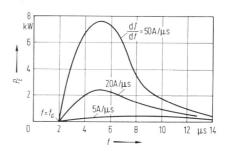

Bild 4/19. Einschaltverluste für verschiedene Laststromsteilheiten nach
[102].

schaltverluste für verschiedene Stromanstiegssteilheiten. Man erkennt das
rasche Ansteigen der Schaltverluste mit der Stromsteilheit. Tabelle 4/1
zeigt die mittleren Verlustleistungen die durch die Einschaltverluste entstehen. Besonders bei hohen Arbeitsfrequenzen ist die mittlere Verlustleistung groß.

Tabelle 4/1. Mittlere Einschaltverluste für Thyristoren

f	di/dt			
	5 A/µs	10 A/µs	20 A/µs	50 A/µs
50 Hz	0,1 W	0,2 W	0,75 W	2,5 W
400 Hz	0,8 W	1,6 W	6,0 W	20,0 W

Die zulässige Einschaltbelastbarkeit (dI/dt) liegt für normale Thyristoren in der Größenordnung einiger zig A/μs. Es gibt jedoch besondere Maßnahmen zur Erhöhung dieser Belastbarkeit:

Maßnahmen zur Erhöhung der zulässigen Einschaltbelastbarkeit (dI/dt)

1. Es hat sich herausgestellt, daß die Zündausbreitungsgeschwindigkeit umgekehrt proportional zur Dicke d der schwach dotierten n-Zone (n-Basis) ist [201]. Eine Reduzierung dieser Dicke wirkt sich also auf das Einschaltverhalten günstig aus. Damit verknüpft ist eine geringere Spannungsbelastbarkeit, da nur eine kleinere Raumladungszone aufgenommen werden kann (siehe auch asymmetrische Thyristoren).
2. Bei gegebener Ausbreitungsgeschwindigkeit ist das Halbleitervolumen schneller mit dem gezündeten Plasma gefüllt, wenn die Steuerelektrode (Gate) streifenförmig angeordnet ist. Infrage kommt eine interdigitale Struktur für Emitter und Gate oder ein sog. Evolventengate, für welches großflächig etwa konstante Ausbreitungszonen realisiert werden können (Bild 4/20).

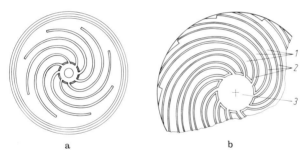

a   b

Bild 4/20. Thyristor mit Evolventengate. Die dazwischenliegende Emitterstruktur ist in **a** nicht gezeichnet. **b** Vergrößerter Ausschnitt: *1* Emitterstreifen; *2* Gatestreifen; *3* Gateanschluß.

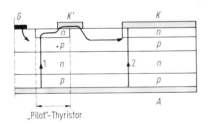

Bild 4/21. Thyristor mit Folgezündung (Amplifying gate).

3. Eine weitere sehr wirksame Maßnahme zur Verbesserung des Einschaltverhaltens ist die „Folgezündung" oder die Anordnung mit „Amplifying Gate". Bild 4/21 zeigt einen „Pilotthyristor" in unmittelbarer Nähe des Gatekontaktes.

Dieser Pilotthyristor wird wegen seiner Kleinheit schnell gezündet. Der Hauptstrom dieses Thyristors, der wesentlich größer als der ursprüngliche (dem Gate zugeführte) Steuerstrom ist, wirkt nun wegen der gemeinsamen Kontaktierung K von Pilotthyristor und p-Zone als Steuerstrom des Hauptthyristors. Dadurch erhält dieser einen großen Steuerstromimpuls, der rasches Zünden bewirkt.

Die in diesem Abschnitt beschriebenen Verluste durch die endliche Ausbreitungsgeschwindigkeit und die Maßnahmen zur Reduzierung dieser Verluste um „schnelle Thyristoren" zu realisieren, betrafen alle ein *gewünschtes* Zünden durch Anlegen eines Zündimpulses. Befindet sich der Thyristor in einer Schaltung in der die Blockierspannung sehr schnell ansteigt, so entsteht ein *ungewolltes* Zünden des Thyristors. Dies wird in Abschn. 4.5.2 behandelt.

4.5.2 Zündung durch raschen Lastspannungsanstieg; du/dt-Verhalten

In Abschn. 4.2 wurde beschrieben, daß der Thyristor entweder durch Überschreiten einer gewissen Anoden-Kathoden-Spannung oder durch einen Zündstrom zündet. Hier soll gezeigt werden, daß eine Zündung des Thyristors auch auftritt, wenn die Blockierspannung sehr rasch ansteigt (hoher du/dt Wert); diese Zündung erfolgt dann bei Werten der Blockierspannung, die weit unter der Nullkippspannung liegen.

Der experimentelle Befund ist schematisch in Bild 4/22 dargestellt. Für einen Anstieg der Blockierspannung unter einem gewissen Wert von du/dt (Kurve 1) zündet der Thyristor bei der Nullkippspannung. (Der Steuer-

Bild 4/22. Reduzierung der Kippspannung durch hohe Spannungsanstiegswerte dU/dT.

strom ist dabei Null). Das Zünden ist durch ein schlagartiges Absinken der Anoden-Kathoden-Spannung gekennzeichnet. Bei einer größeren Spannungssteilheit (Kurve 2) zündet der Thyristor bei einer kleineren Blockierspannung. In beiden Fällen wurde von der Blockierspannung 0 ausgegangen. Beginnt der Spannungsanstieg bei einem endlichen Wert, so zündet der Thyristor für gleiche Spannungssteilheit du/dt bei einer höheren Blockierspannung (Kurve 3 und 4). Es ist interessant festzustellen, daß sowohl eine positive als auch eine negative Anfangsspannung den Wert der Kippspannung in etwa gleichem Maße erhöhen.

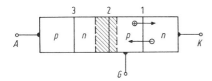

Bild 4/23. Ladungsverschiebung während eines Spannungsanstieges, schematisch.

Dieses Verhalten soll im folgenden erklärt werden. Dazu wird zunächst das unterschiedliche Verhalten der Kurve 1 und 2 beschrieben. Bild 4/23 zeigt die RL-Zonen im Thyristor bei Polung in Blockierrichtung. Eine Erhöhung der Blockierspannung bewirkt eine Verbreiterung der RL-Zone. Dazu muß Ladung aus den schwach dotierten Zonen abfließen (kapazitiver Strom). Man erkennt, daß dieser Strom über den pn-Übergang 1 gleiche Polung hat wie ein Zündstrom. Er wird daher auch den gleichen Effekt haben, d. h. zu einer Zündung des Thyristors führen. Dieser kapazitive Strom I_C ist proportional der Spannungssteilheit du/dt, so daß ein bestimmter du/dt Wert die gleiche Wirkung hat wie ein bestimmter Zündstromwert. Bild 4/24 zeigt die Thyristorkippspannung als Funktion der Spannungssteilheit für zwei Temperaturwerte. Man erkennt, daß (ziemlich unabhän-

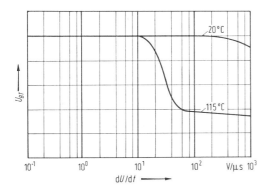

Bild 4/24. Typische Abhängigkeit der Kippspannung (in beliebigen Einheiten) als Funktion der Spannungssteilheit dU/dt nach [102].

gig von der Fläche des Thyristors) die Kippspannung bei Spannungssteilheiten über 10 V/µs reduziert wird. Außerdem ist die Ähnlichkeit mit der Charakteristik des Bildes 4/13 feststellbar und insbesondere auch die starke Temperaturabhängigkeit dieser Kennlinie.

Für eine gegebene Temperatur und den Steuerstrom 0 erhält man also gemäß Bild 4/24 einen eindeutigen Zusammenhang zwischen der Kippspannung und der Spannungssteilheit. Dieser Zusammenhang ist in Bild 4/25 für den Wert $U_{AK0} = 0$, d. h. von der Ordinatenachse abzulesen.

Nun soll der Einfluß einer endlichen Vorspannung U_{AK0} erklärt werden. Es wurde in Abschn. 4.2 erklärt, daß der Zündimpuls eine gewisse Zeitdauer wirken muß, damit die für die Überschwemmung der schwach do-

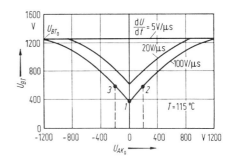

Bild 4/25. Abhängigkeit der Kippspannung von der Vorspannung U_{AK0} für verschiedene Werte der Spannungssteilheit dU/dt nach [102].

tierten Zonen erforderliche Ladung aufgebracht wird. Daher ist auch hier bei Zündung durch einen kapazitiven Strom nicht nur die Höhe des Zündstroms, sondern auch seine Zeitdauer maßgebend. Wären keine Rekombinationsprozesse vorhanden, so käme es nur auf das Zeitintegral des Zündstromes (die aufgebrachte Ladung) an. Wegen der unvermeidlichen Ladungsverluste gilt dieser Gesichtspunkt nur angenähert. Man erkennt aus Bild 4/23, daß die durch den kapazitiven Strom transportierte Ladung in erster Näherung nur durch die Differenz des Anfangs- und Endwertes der Blockierspannung gegeben ist (Annahme einer spannungsunabhängigen Sperrschichtkapazität).

Dieses Modell erklärt das Auftreten einer höheren Kippspannung, wenn der Spannungsanstieg bei einer endlichen Blockierspannung beginnt. Nach Bild 4/25 zündet dieser spezielle Thyristor bei einer Spannung von 400 V, wenn der Spannungsanstieg 100 V/µs beträgt und bei einer Blockierspannung von 0 V beginnt (Punkt 1 in Bild 4/25). Beginnt der Spannungsanstieg z. B. bei einer Blockierspannung von 200 V, so zündet der Thyristor bei einer Spannung von 600 V (Punkt 2 in Bild 4/25), d. h. es wird hier ebenfalls eine Spannungsdifferenz von 400 V mit der gleichen Anstiegsgeschwindigkeit durchlaufen.

Der Einfluß einer negativen Vorspannung kann mit Hilfe von Bild 4/26 verstanden werden. Bei Polung in Sperrichtung sind die großen RL-Zonen bei den pn-Übergängen 1 und 3. Der Übergang zu einer Blockierspannung bewirkt den Abbau dieser RL-Zonen und den Aufbau der RL-Zone am

Bild 4/26. Ladungsverteilung im Thyristor für negative und positive Vorspannungen, schematisch.

pn-Übergang 2. Wenn z. B. die Thyristorspannungen in den beiden Arbeitspunkten dem Betrage nach etwa gleich sind und der Hauptspannungsabfall am *pn*-Übergang 1 liegt, fließt über den *pn*-Übergang 1 in erster Näherung kein Strom. Der Übergang von einer Sperrspannung auf eine Blockierspannung etwa gleicher Größe erfolgt daher weitgehend durch Verschiebung der Ladung *innerhalb* der schwach dotierten Zonen, und ein kapazitiver Strom über die Sperrschicht 1 oder 3, der zum Zünden des Thyristors führen würde, entsteht in erster Näherung nicht. Lediglich die weitere Erhöhung der Blockierspannung führt zu einem die Zündung bewirkenden kapazitiven Strom über die *pn*-Zone 1 bzw. 3. Damit kann der Einfluß einer negativen Vorspannung (Bild 4/25) erklärt werden: Beginnt der Spannungsanstieg mit einer Steilheit von beispielsweise 100 V/µs bei einer Vorspannung von −200 V, so erhält man ähnlich wie im Fall des Punktes 2 eine Kippspannung von ca. 600 V (Punkt 3).

Man erkennt weiter aus Bild 4/25, daß bei sehr langsamem Spannungsanstieg (z. B. <5 V/µm) unabhängig von der Vorspannung der Thyristor bei der Nullkippspannung zündet. Die kapazitiven Ströme sind dann vernachlässigbar klein; die Zündung erfolgt durch „Gleichstrom".

Maßnahmen zur Verbesserung der du/dt-Festigkeit

Die Wirkung des kapazitiven Ladestroms kann reduziert werden, wenn über den Steuerkreis ein entsprechender entgegengesetzt gerichteter negativer Zündstrom geführt wird. Bild 4/27 zeigt den Einfluß dieses Steuerstroms in Sperrichtung der Diode (1). Eine vollständige Kompensation ist allerdings nicht möglich, da die geometrische Verteilung der Stromfäden für den kapazitiven Strom nicht der für den Zündstrom gleicht. Außerdem muß eine Überlastung des Steuerkreises vermieden werden.

Technisch günstiger (ohne zusätzlichen Schaltungsaufwand) ist eine herstellungstechnische Maßnahme, der Lochemitter [200, 202, 214] (shorted emitter). Wie aus Bild 4/28 zu ersehen, wird hier an einigen Stellen die schwach dotierte *p*-Zone bis zum Emitterkontakt geführt. Wegen des hohen spezifischen Widerstandes der *p*-Zone entsprechen damit die oberen

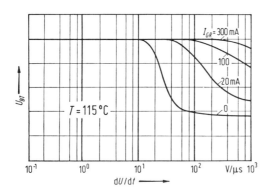

Bild 4/27. Einfluß eines Steuerkreissperrstromes I_{GR} auf die Kennlinie des Bildes 4/24 nach [102].

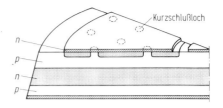

Bild 4/28. Thyristorstruktur mit Loch-emitter (Emitterkurzschluß).

beiden Zonen (n^+ und p) einer Parallelschaltung aus Diode und Wider-stand (p-Basis als lateraler Widerstand) [200]. Bei schwacher Flußpolung der Emitter-p-Basis Diode (unter der Schleusenspannung) ist der Neben-schluß (Widerstand) bestimmend, bei stärkerer Flußpolung steigt der Dio-denstrom so stark an, daß der Nebenschluß unwesentlich wird. Dies ist bei-spielsweise auch aus Bild 4/8 zu erkennen, in der α_{npn} auch für einen Kurzschlußemitter eingetragen ist.

Bei einem raschen Anstieg der Blockierspannung können die Ladungs-träger über den Nebenschluß abwandern ohne eine starke Flußpolung der Diode und damit eine Zündung zu bewirken. Andererseits erkennt man aus Bild 4/8, daß dadurch eine Erhöhung des erforderlichen Zündstromes notwendig sein kann. Der Nebenschluß muß also so dimensioniert werden, daß der kapazitive Strom für die geforderte Anstiegssteilheit du/dt gerade noch nicht zur Zündung führt.

Als Folge des Kurzschlußemitters kann bei Sperrpolung die Emitter-p-Basis-Diode keine Raumladungszone aufnehmen. Da aber die n-Basis am schwächsten dotiert ist (Bild 4/32b) wird dadurch nur eine geringe Ver-kleinerung der zulässigen Sperrspannung entstehen.

4.6 Ausschaltverhalten

Der normale Thyristor bleibt gezündet bis als Folge der Lastspannungsän-derung der Anodenstrom zu Null wird (Kommutierung). Bild 4/29 zeigt Strom- und Spannungsverlauf beim Ausschaltvorgang. Es ist zwischen drei dynamischen Effekten zu unterscheiden:

1. Es vergeht nach der Kommutierung eine endliche Zeit, die sog. Sperr-verzögerung t_{rr} bis der Transistor seine Sperrfähigkeit (bei Polung in

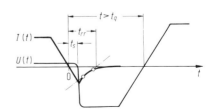

Bild 4/29. Ausschaltverhalten des Thyri-stors, schematisch.

Sperrichtung!) erreicht, d. h. bis der Strom sehr klein ist und die Spannung sehr groß (s. Abschn. 4.6.1).

2. Vor Erreichen dieser vollen Sperrfähigkeit steigt bereits die Spannung (Sperrspannung) am Thyristor an. Man nennt die Zeitdifferenz zwischen diesem Spannungsanstieg und der Kommutierung Spannungsnachlaufzeit t_s. Es ist dies auch die Zeit, die nach der Kommutierung vergeht bis der Rückstrom sein Maximum erreicht hat. Diese Spannungsnachlaufzeit liegt typisch bei 1 μs.

3. Der Thyristor muß eine bestimmte Mindestzeit in Sperrichtung gepolt bleiben, damit er bei erneuter Polung in Flußrichtung seine Blockierfähigkeit erlangt (Freiwerdezeit t_q, Abschn. 4.6.2).

4.6.1 Sperrverzögerungszeit

Die Spannung am Thyristor wird nach Nulldurchgang des Stroms der (Durchlaßkennlinie entsprechend) mit abnehmendem Strom sinken. Anschließend steigt die Spannung in Sperrichtung auf den durch den Außenkreis gegebenen Wert an. Da sich in den schwach dotierten Zonen freie Ladungsträger befinden, wird durch das Absaugen dieser Ladungsträger ein Strom in Sperrichtung (Rückstrom) fließen. Dieser Rückstrom I_R ist um so größer, je höher die durch den Laststromkreis gegebene Stromsteilheit bei der Kommutierung ist.

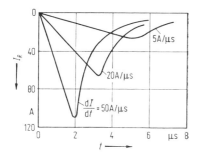

Bild 4/30. Rückstromverlauf für verschiedene Stromsteilheiten nach [102].

Bild 4/30 zeigt den Rückstrom als Funktion der Zeit für verschiedene Stromanstiegssteilheiten. Der Rückstrom bewirkt Schaltverluste, die jedoch im Vergleich zu den Einschaltverlusten meist vernachlässigt werden können. Je größer die Laststromsteilheit ist, um so höher ist der Spitzenwert des Rückstromes und die durch den Rückstrom abgeführte Ladung. Je kleiner die Stromsteilheit ist, um so kleiner ist die durch den Rückstrom abtransportierte Ladung. Die in den schwach dotierten Zonen vorhandene Ladung wird dann vorwiegend durch Rekombination verschwinden. Wie Bild 4/30 zeigt, fließt nach einer gewissen Zeit (die in der Größenordnung der Lebensdauer der Ladungsträger liegt) kein Rückstrom mehr.

4.6.2 Freiwerdezeit

Der Rückstrom verschwindet (er geht auf den Wert des Sperrsättigungsstroms zurück), wenn die äußeren pn-Übergänge frei von freien Ladungsträgern sind. In den schwach dotierten Zonen können sich dann noch Ladungsträger befinden. Der Thyristor kann also noch nicht blockieren. Es muß eine bestimmte Mindestzeit vom Augenblick der Kommutierung an vergehen, bevor der Thyristor wieder in Blockierrichtung gepolt werden darf. Diese Freiwerdezeit ist für normale Thyristoren in der Größenordnung von 100 bis 300 µs und für spezielle schnelle Thyristoren (Lebensdauer vermindernde Zusätze in den s-Zonen) in der Größenordnung von 15 bis 60 µs. Die Freiwerdezeit hängt, wie Bild 4/31 zeigt, von der am Thyristor liegenden Sperrspannung ab. Man erkennt, daß bei sehr kleinen

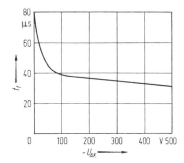

Bild 4/31. Typische Abhängigkeit der Freiwerdezeit von der Sperrspannung.

Sperrspannungen die Ladungsträger nicht abgesaugt werden, sondern nur durch Rekombination verschwinden; von einer gewissen Sperrspannung ab ist der Absaugeffekt gesättigt und die Freiwerdezeit ist dann im wesentlichen unabhängig von der Sperrspannung.

Maßnahmen zur Reduzierung der Freiwerdezeit

Wie erwähnt bringt eine Reduzierung der Trägerlebensdauer einen schnellen Abbau der in den s-Zonen vorhandenen Ladung und damit eine Verkürzung der Freiwerdezeit. Die Lebensdauer wird durch Zusätze (Gold, Platin) oder Elektronenbeschuß verringert. Dadurch wird allerdings im Durchlaßbereich bei sonst gleichbleibenden Bedingungen (gleicher Strom, gleiche Dicke der s-Zonen) die Trägerdichte in den s-Zonen geringer (die Kurven für $p(x)$ und $n(x)$ hängen stärker durch, s. Bild 4/3), so daß der On-Widerstand höher wird.

Während also ein rascher Anstieg der Thyristor*spannung* eine vorzeitige Zündung des Thyristors und damit eine Störung des Betriebs ergibt, bewirkt ein rascher *Stromanstieg* im Lastkreis infolge der hohen Einschaltverluste eine *Zerstörung* des Thyristors. Die Beachtung der Freiwerdezeit ist erforderlich, um eine Störung des Betriebs durch noch nicht erlangte Blockierfähigkeit zu vermeiden.

4.7 Aufbau des Thyristors

Bild 4/32a zeigt den Aufbau einer Thyristortablette. Als Halbleitermaterial wird wegen seiner guten Sperreigenschaften (Bandabstand) und seiner hohen thermischen Belastbarkeit durchweg Silizium benutzt. Man geht z. B. von einer n-dotierten Scheibe aus. Da an die Dotierungshomogenität dieser großflächigen Scheibe wegen der Durchbruchfestigkeit hohe Anforde-

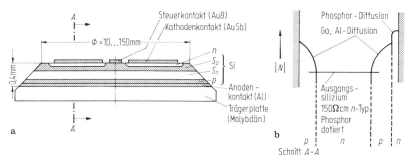

Bild 4/32. Thyristortablette. **a** Aufbau im Schnitt; **b** Dotierungsprofil im Schnitt A-A.

rungen gestellt werden müssen, wird dieses Material häufig durch Neutronenbeschuß aus „undotiertem" Reinstsilizium gewonnen. Dadurch wird zunächst ein Si-Isotop erzeugt, welches in einem anschließenden radioaktiven Zerfall Phosphor ergibt [203]. Da die Eindringtiefe von Neutronen in Si sehr groß ist (ca. 100 cm) entsteht eine sehr homogene Dotierung. In dieses n-Material (mit beispielsweise $\varrho = 100\ \Omega$cm) werden die p-Zonen beispielsweise durch Eindiffusion von Ga oder Al eingebaut. Die Emitterzone wird entweder ebenfalls eindiffundiert (z. B. Phosphor) oder wie nachstehend beschrieben hergestellt. An der Oberseite dieser Scheibe wird in der Mitte ein Steuerkontakt und ringförmig ein großflächiger Kathodenkontakt aufgedampft. Als Kontaktmaterial findet dabei Gold Verwendung, welchem beim Steuerkontakt Bor und beim Kathodenkontakt Antimon zugesetzt ist. Bei der nachfolgenden Erhitzung entsteht dadurch unter dem Kathodenkontakt eine n-dotierte Zone, die Kathodenzone oder der Emitter, aus der dann im Betrieb Elektronen injiziert werden. In der Mitte entsteht zwischen Steuerkontakt und p-Silizium ein Ohmscher Kontakt. Bild 4/32b zeigt den Dotierungsverlauf unter dem Emitterkontakt. Die Anodenseite des Thyristors wird meist durch einen Aluminiumkontakt mit einer Wärmesenke (z. B. Molybdän) verbunden.

Da an die Sperreigenschaften der pn-Übergänge sehr hohe Anforderungen gestellt werden, müssen schädliche Oberflächeneffekte an den Stellen, an denen der pn-Übergang nach außen tritt, vermieden werden. Aus diesem Grunde wird die in Bild 4/32a gezeichnete „Konturierung" vorgenom-

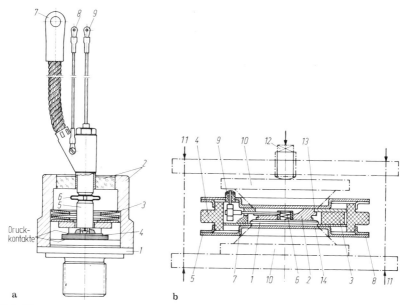

Bild 4/33. Thyristorkonstruktionen.

a Aufbau eines druckkontaktierten Thyristors. *1* Kupferboden (Anode); *2* Druck-glasdurchführung; *3* Druckfedern; *4* Thyristortablette; *5* Kathodenstempel (Molyb-dän mit Silberauflage); *6* Ausgleichsglied; *7* Kathodenanschluß; *8* Hilfskathoden-anschluß; *9* Steueranschluß.

b Scheibenthyristor. *1* Thyristortablette; *2* obere Kontaktscheibe; *3* Halte- und Zentrierhilfskörper; *4* keramischer Isolierring; *5* Flansche; *6* Steuerelektrodenan-schluß; *7* untere Verschlußkappe; *8* vakuumdichte Schweißnaht; *9* isolierte Steuer-elektrodendurchführung; *10* beidseitige Elektroden, bereits Teil des Kühlkörpers; *11* Spannkörper; *12* zentraler Druckkontakt; *13* obere Kontaktfläche (Kathode); *14* untere Kontaktfläche (Anode).

men [111]. Dadurch kann die Randfeldstärke reduziert werden, so daß trotz der (kaum vermeidbaren) Oberflächeneffekte die vom Kristallinneren bestimmte Durchbruchspannung erreicht wird.

Der Scheibendurchmesser hängt von der Nennstromstärke ab. Typische Stromdichten liegen bei 1 A/mm², so daß sich für 1 000 A ein Durchmesser von ca. 40 mm ergibt. Die Scheibenstärke ist z. B. 0,4 mm für etwa 1 000 V Durchbruchspannung.

Bild 4/33 zeigt fertig montierte Thyristoren. Die in Bild 4/32 gezeigte Thyristorpille wird hier mit Hilfe von Druckverbindungen kontaktiert. Be-merkenswert ist der Hilfskathodenanschluß, an welchem der Zündstrom-kreis angeschlossen wird. Dieser separate Anschluß ist erforderlich, um eine Beeinflussung des Zündstromkreises durch einen (z. B. induktiven) Spannungsabfall am Laststromkreis zu vermeiden. Bild 4/33b zeigt einen Scheibenthyristor, der von beiden Seiten gekühlt werden kann.

4.8 Sonderformen von Thyristoren

Folgende Eigenschaften des Thyristors sind gewünscht:

a) Hohe Blockier- und Sperrspannungen.
b) Hohe Durchlaßströme bei kleiner Flußspannung.
c) Hoher zulässiger dI/dt-Wert.
d) Hoher zulässiger dU/dt-Wert.
e) Kurze Freiwerdezeit, hohe Betriebsfrequenz.
f) Geringe Steuerleistung.

Eine Reihe von Maßnahmen zur Verbesserung von einzelnen dieser Eigenschaften wurden bereits in Abschn. 4.6 angegeben. Im allgemeinen verschlechtern sich dadurch andere Eigenschaften. Je nach Kompromiß wurden daher Spezialtypen entwickelt, die besonderes Augenmerk auf eine der gewünschten Eigenschaften legen (s. z. B. [201]). Die im Folgenden in den Abschn. 4.8.1 bis 4.8.4 behandelten Thyristoren stellen solche Bauformen dar.

Der normale Thyristor kann nur durch Kommutation abgeschaltet werden. Damit scheiden Anwendungen in Gleichstromkreisen aus (wenn nicht durch Speicher eine kurzzeitige Kommutierung erzwungen wird). Das ideale Leistungsschalterbauelement würde jedoch über einen Steuerkreis abschaltbar sein. Dementsprechend werden Anstrengungen unternommen, Thyristoren abschaltbar zu machen, auch wenn dadurch die übrigen Daten wesentlich schlechter werden. Spezialtypen dieser Art sind in den Abschn. 4.8.5 bis 4.8.7 beschrieben.

4.8.1 Standardthyristor (phase control thyristor)

Der Standardthyristor ist für Netzfrequenzbetrieb ausgelegt. Er kann typische Ströme bis zu 3 000 A bei 600 V Sperrspannung und 1 500 A bei 4 000 V Sperrspannung schalten. Bei Polung in Flußrichtung beträgt der Spannungsabfall typischerweise 1,5 V bei Niederspannungstypen (600 V) und 2,5 V bei Hochspannungstypen (4 000 V). Die zulässige Spannungssteilheit dU/dt beträgt bis zu 100 V/μs, wobei meist Emittershorts benutzt werden. Der Steuerstrom liegt bei Verwendung von amplifying gates bei 1-2 A bei Scheiben mit beispielsweise 50 mm ∅.

4.8.2 Frequenzthyristor (Inverter Thyristor)

In Gleichstromnetzen ist (wenn nicht ein abschaltbarer Thyristor Verwendung findet) ein Hilfsspeicher zur Kommutierung erforderlich. Um die Speicherkapazität erträglich zu halten, ist eine kurze Ausschaltzeit (Freiwerdezeit) erforderlich. Durch Dotierung mit Gold bzw. Platin oder durch Elektronenbeschuß kann diese Freiwerdezeit auf einige μs reduziert werden. Als Nachteil ergibt sich hier der höhere On-Widerstand, d. h. ein höherer Spannungsabfall im Flußbetrieb. Solche Thyristoren können auch im Wechselstrombetrieb bei höheren Frequenzen (z. B. Antrieb von Synchrommaschinen mit regelbarer Drehzahl) Anwendung finden.

4.8.3 Asymmetrische Thyristoren (ASCR = Asymmetric Silicon Controled Rectifier)

Die Thyristoreigenschaften in Blockier- bzw. Durchlaßrichtung können durch verschiedene Maßnahmen auf Kosten der Sperrfähigkeit in Rückwärtsrichtung verbessert werden. Gewünscht wird eine kleinere Ein- und Ausschaltzeit und ein kleinerer On-Widerstand. Dafür begnügt man sich mit Sperrspannungen von 400 bis 2 000 V. Zum Schutz müssen hier eventuell Gleichrichter antiparallel geschaltet werden.

Man erreicht diese Änderung der Daten durch eine starkdotierte n^+-Schicht, die als „Feldstopper" zwischen n-Basis und p^+-Anode gebracht wird. Bild 4/34 zeigt einen ASCR im Schnitt. Da der On-Widerstand proportional seiner „Länge", d. h. der Dicke d der Basiszone ist, ergibt sich für den Spannungsabfall in Flußrichtung $U_{on} \sim d/\tau$. Dabei ist τ die Lebensdauer der Ladungsträger in dieser Basiszone, welche die Trägerdichte im „Plasma" und damit die Leitfähigkeit bestimmt. Wie aus Bild 4/34 rechts

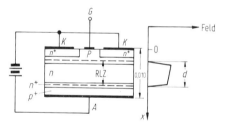

Bild 4/34. Querschnitt durch einen ASCR und Verlauf des elektrischen Feldes.

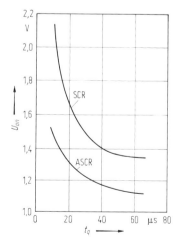

Bild 4/35. Spannungsabfall U_{On} bei Flußpolung als Funktion der Freiwerdezeit t_q für einen symmetrischen und einen asymmetrischen Thyristor.

zu erkennen ist, ist bei Blockierpolung der Feldstärkeverlauf trapezförmig, d. h. für eine gegebene Fläche, also für eine gegebene Blockierspannung kann hier die Dicke d geringer gewählt werden als beim normalen Thyristor, der eine dreieckige Feldverteilung hat. Dadurch wird der Spannungsabfall in Flußrichtung kleiner oder man kann (z. B. durch zusätzliche Golddotierung) die Ausschaltzeit verkürzen. Gleichzeitig wird wegen der geringeren Dicke der Basiszone das dI/dt Verhalten besser. Bild 4/35 zeigt die typische Abhängigkeit des Spannungsabfalls in Flußrichtung als Funktion von der Freiwerdezeit für einen normalen und einen asymmetrischen Thyristor.

4.8.4 Rückwärts leitende Thyristoren (RCT = Reverse Conducting Thyristor)

Ein rückwärts leitender Thyristor ist die monolithische Integration eines asymmetrischen Thyristors, mit einem antiparallelen Gleichrichter. Bild 4/36 zeigt einen RCT im Schnitt. Durch die Integration mit der Diode

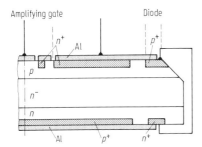

Bild 4/36. Querschnitt durch einen rückwärts leitenden Thyristor.

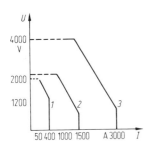

Bild 4/37. Stromspannungsbereiche heute verfügbarer Thyristoren. *1* Asymmetrische und rückwärts leitende Thyristoren; *2* Frequenzthyristoren (Inverterthyristoren); *3* Standardthyristor.

ist die Benutzung einfacher, auch fällt eine eventuell störende induktive Schleife zwischen ASCR und Diode weg. Als Nachteil ist das feste Strombelastungsverhältnis zwischen Thyristor und Diode zu nennen. Bild 4/37 zeigt typische Bereiche für die drei besprochenen Thyristortypen.

4.8.5 Abschaltunterstützter Thyristor (GATT = Gate Assisted Turnoff Thyristor)

Zum Abschalten des Thyristors muß die in den schwach dotierten Zonen vorhandene Ladung entfernt werden oder durch Rekombination verschwinden. Beim GATT erfolgt das Ausschalten durch Kommutierung wie bei einem normalen Thyristor. Durch einen negativen Steuerimpuls wird jedoch die Freiwerdezeit verkürzt, so daß hohe Betriebsfrequenzen möglich sind. Diese schaltungstechnische Maßnahmen wird besonders wirksam, wenn der negative Steuerstrom möglichst gut über die gesamte Thyristorfläche verteilt ist, d. h. man verwendet für das Gate Interdigital- oder Evolventenstrukturen (Bild 4.20). Bild 4/38 zeigt eine typische Abhängigkeit

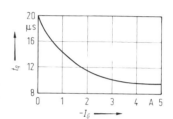

Bild 4/38. Typische Abhängigkeit der Freiwerdezeit t_q von der Amplitude des negativen Steuerstroms $-I_G$.

der Freiwerdezeit von der Amplitude des negativen Steuerstromes. Typische Blockierspannungen liegen bei 1 200 V und typische Ströme bei 160 A; Betriebsfrequenzen sind bis ca. 20 kHz möglich.

4.8.6 Abschaltbarer Thyristor (GTO = Gate Turnoff Thyristor)

Diese konsequente Weiterentwicklung des abschaltunterstützten Thyristors ermöglicht die Entfernung der Überschußladungsträger in der p-Basis durch einen negativen Steuerimpuls *ohne*-Kommutation.

Diese Thyristoren können ohne Hilfsspeicher in Gleichstromkreisen betrieben werden. Das Bauelement muß so ausgelegt sein, daß ein möglichst großer negativer Gatestrom zulässig ist. Bezeichnet man mit B die Abschaltstromverstärkung, so ist diese gemäß der Strombilanz nach (4/1):

$$B = \frac{I_A}{I_G} = \frac{\alpha_{npn}}{\alpha_{npn} + \alpha_{pnp} - 1}. \tag{4/2}$$

Bezeichnet man mit R_B den Basisbahnwiderstand von einer Gatestruktur zur anderen, so ergibt sich (bei entsprechender geometrischer Gewichtung der Strompfade) und einer maximal zulässigen (Durchbruch-)Spannung U_{GK} zwischen Kathode und p-Basis (Gate) ein maximal abschaltbarer Strom von:

$$I_{ATO} = \frac{4 B U_{GK}}{R_B}. \tag{4/3}$$

229

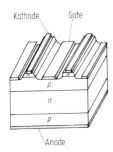

Kathode Gate

p
n
p

Anode

Bild 4/39. Mesa-Emitterstruktur eines abschaltbaren Thyristors (GTO)

Beim GTO muß die Streifenstruktur des Gates besonders ausgeprägt sein [212, 215]. Bild 4/39 zeigt einen GTO mit Mesa-Emitterstruktur, wodurch eine besonders wirksame Kontaktierung des Emitters möglich ist.

Abschaltbare Thyristoren sind bis zu Blockierspannungen von über 2 000 V und Strömen bis zu 1 000 A herstellbar. Nachstehend einige typische Daten:

Blockierspannung	1 400 V
Mittlerer Durchlaßstrom	300 A
Spannungsabfall im ON-Zustand	2 V
($I = 600$ A)	
Abschaltbarer Strom	500 A
Abschaltzeit	11 µs
Gate-Kathoden-Durchbruchspannung	24 V
Abschaltstrom	60 A
(nur kurzzeitig zulässig)	

4.8.7 FET-gesteuerter Thyristor (COMFET)

In den beiden vorhergehenden Abschnitten wurden echte Thyristorstrukturen beschrieben, die insbesondere dadurch gekennzeichnet sind, daß im eingeschalteten Zustand ohne Gatespannung bzw. -strom die Ladung in den schwachdotierten Zonen aufrechterhalten wird. In diesem Abschnitt werden Bauelemente beschrieben, bei welchen ein Leistungs-FET im aktiven Bereich notwendig ist, um die Ladungsbilanz für den On-Zustand aufrecht zu erhalten. Solche Strukturen sind einwandfrei abschaltbar, allerdings auf Kosten der Eigenschaften im On-Zustand. Bild 4/40 zeigt einen sog. COMFET im Schnitt. Man erkennt eine Struktur, die einen Leistungsfeldeffekttransistor entspricht (siehe z. B. HexFet oder Sipmos). Im Falle des Bildes 4/40 handelt es sich um einen p-Kanal FET. Demgemäß ist im Anschluß an den n-Bereich (in welchem sich der p-Kanal ausbildet) eine schwachdotierte p-Zone zur Aufnahme der Raumladungszone im gesperrten Fall und eine starkdotierte p^+-Zone. Diese starkdotierte p^+-Zone wäre

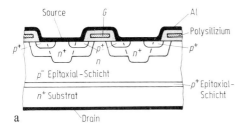

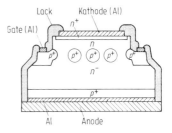

Bild 4/41. Static Induction Thyristor nach [204].

Bild 4/40. FET-gesteuerter Thyristor (COMFET). **a** Struktur im Schnitt; **b** Äquivalente Schaltung.

beim FET die Drainelektrode. Hier ist sie sehr dünn und von einer entgegengesetzten n^+-Zone gefolgt. Die p^+-Zone wird also über den FET-Strom positiv aufgeladen, so daß die großflächige p^+n^+-Diode in Flußrichtung gepolt wird und in der schwach dotierten p-Zone ein gut leitendes Plasma entsteht. Dadurch kann der On-Widerstand kleiner sein als bei einem sonst gleichwertigen FET.

In Bild 4/40 ist auch die equivalente Schaltung dieser Struktur angegeben. Man erkennt, daß ein FET parallel zu einer Doppeltransistorstruktur (also Thyristorstruktur) geschaltet ist.

Der FET hat nur die Funktion, möglichst wirksam Ladungen in die hochdotierte p-Zone zu bringen. Auf Kennlinieneigenschaften wie beispielsweise gute Sättigungscharakteristik kommt es dabei nicht an. Da ein SIT unter den FET die größte Steilheit hat, aber keine Sättigungscharakteristik, scheint die Kombination von SIT und Thyristorstruktur ein Optimum darzustellen. Bild 4/41 [204] zeigt diese Kombination schematisch im Schnitt. Dieser Thyristor läßt Blockierspannungen bis 2 300 V zu und kann Ströme von 1 000 A mittels Steuerstrom von 95 A abschalten.

4.8.8 Lichtgezündeter Thyristor

Ein Thyristor wird dadurch gezündet, daß die schwachdotierten Zonen mit Ladungsträgern überschwemmt werden. Die erforderliche Zündladung kann außer durch Flußpolung der Kathodenbasisstrecke auch durch optische Generation eingebracht werden [202, 213]. Die Lichtwellenlänge muß etwa zwischen 0,8 und 1 μm liegen, um in Silizium mit gutem Wirkungsgrad Trägerpaare zu erzeugen (siehe Fotodiode). Bild 4/42 zeigt das Prin-

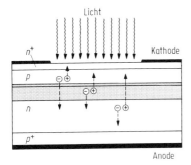

Bild 4/42. Prinzip der Lichtzündung eines Thyristors.

zip der Lichtzündung. Der Vorteil bei Lichtzündung liegt in der galvanischen Trennung von Steuer- und Lastkreis. Als Lichtquellen kommen Edelgasblitzlampen und Halbleiterlaser infrage. Die erforderlichen Zündleistungen liegen in der Größenordnung von 10-100 mW/cm² Thyristorfläche [202]. Sehr vorteilhaft ist hier ein Amplifying Gate.

4.9 Triac (Zweiwegthyristor) [106, 112]

Der Thyristor wirkt als gesteuerter Gleichrichter; er kann also nur in einer Richtung leitend werden und bleibt für *eine* Halbwelle ständig gesperrt. Eine bessere Regelung von Wechselstromverbrauchern läßt sich erzielen, wenn beide Halbwellen gesteuert werden können.

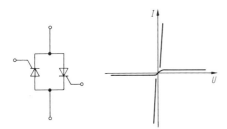

Bild 4/43. Antiparallelschaltung von Thyristoren.

Dies läßt sich erzielen, wenn zwei Thyristoren „antiparallel" geschaltet werden (Bild 4/43). Man erhält dann für diese Parallelschaltung die gezeigten Kennlinienäste. Von dieser Möglichkeit wird häufig Gebrauch gemacht. Eine Schwierigkeit bereitet hier die Zündung der Thyristoren, da die Zündkreise bei den Thyristoren auf ihre jeweiligen Kathoden zu beziehen sind, also auf verschiedene Punkte im Lastkreis. Durch entsprechende Entkoppelung des Zündkreises kann diese Schwierigkeit bewältigt werden. Auch lichtgezündete Thyristoren können hier gut eingesetzt werden. Es besteht jedoch auch die Möglichkeit ein einzelnes Bauelement, den sog. Zweiwegthyristor oder oder Triac zu verwenden, der in *einem* Bauelement,

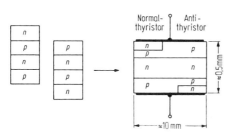 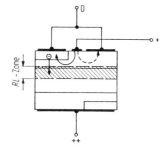

Bild 4/44. Zweiwegdiode (Diac).

Bild 4/45. Zündung „Normal plus" des Normalthyristors.

zwei antiparallel geschaltete Thyristoren vereinigt und insbesondere so entwickelt ist, daß der Zündkreis nur auf *eine* Elektrode bezogen werden muß.

Bild 4/44 zeigt links zwei Thyristorstrukturen, die gemäß dem rechten Teilbild zu einem einzigen Bauelement vereint wurden. Dieses Bauelement, die Zweiwegschaltdiode (Diac), entspricht der Antiparallelschaltung von zwei Thyristoren ohne Zündanschlüsse. Dieses Bauelement sperrt in jeder Richtung bis zu einer bestimmten Spannung (der Nullkippspannung) und ist dann leitend, bis schließlich der Strom durch diese Diode durch äußere Maßnahmen Null (bzw. kleiner als der Haltestrom) wird.

Bild 4/45 zeigt die Weiterentwicklung durch Anbringung einer Zündelektrode, durch welche ein Thyristor gezündet werden kann. Benennen wir zur Unterscheidung den linken Thyristor Normalthyristor und den rechten Antithyristor, so bewirkt eine positive Spannung am unteren Ende eine Blockierung des Normalthyristors (und damit die Bereitschaft zu seiner Zündung) und eine negative Spannung an der unteren Elektrode eine Blockierung des Antithyristors.

Legt man an die Zündelektrode einen positiven Zündimpuls, so zündet der Normalthyristor, und zwar in genau gleicher Weise wie der Einzelthyristor. Es ist lediglich wegen des Nebenschlusses von der Zündelektrode zur Anode des Antithyristors (gestrichelt gezeichneter Strompfad) der Zündstrom entsprechend größer als im Einzelthyristor. Man bezeichnet diese Zündung als *Normal-Plus,* da der *Normal*thyristor durch einen *positiven* Zündimpuls gezündet wird.

Eine Zündung des Antithyristors wäre möglich durch eine Zündelektrode an der unteren p-Zone. Diese würde jedoch, bezogen auf die Beschaltung, genau der Antiparallelschaltung von zwei Einzelthyristoren entsprechen. Eine Zündung des Antithyristors über einen auf die obere Lastelektrode bezogenen Zündimpuls ist möglich in einer Anordnung nach Bild 4/46. Damit eine Zündung des Antithyristors möglich ist, muß dieser in Blockierrichtung gepolt sein, d. h. an der unteren Elektrode muß eine negative Spannung liegen. Zur Zündung ist es notwendig, daß die im Bild eingezeichnete RL-Zone (im wesentlichen im mittleren n-Bereich)

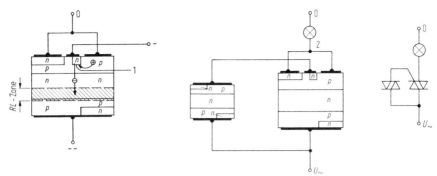

Bild 4/46. Zündung „Anti minus" des Antithyristors.

Bild 4/47. Schaltung eines Triacs durch einen Diac. Rechts Darstellung durch die entsprechenden Schaltsymbole.

durch freie Ladungsträger überschwemmt wird. Die unter der Zündelektrode befindliche n-Zone wirkt als Emitter, da durch den negativen Zündimpuls der pn-Übergang 1 in Flußrichtung gepolt wird. Dadurch gelangen Elektronen in die RL-Zone, bewirken eine Erhöhung des „Sperrstroms" des Antithyristors und damit eine Zündung des Antithyristors. Man nennt diese Zündung *Anti-Minus*, da der *Anti*thyristor durch einen *negativen* Zündimpuls gezündet wird.

Die Funktion dieses *Triacs* für einen typischen Betriebsfall wird mit Hilfe der Bilder 4/47 bis 4/49 beschrieben. Bild 4/47 zeigt einen Zweiweg-Thyristor, der über eine Zweiwegschaltdiode gezündet wird. Bild 4/48 zeigt als Funktion der Zeit die Netzspannung U_0. Solange weder Diac noch Triac gezündet haben, liegt am Punkt 2 der Schaltung die Spannung 0,

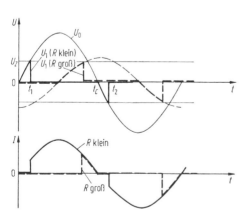

Bild 4/48. Spannungs- und Stromverlauf für die Schaltung nach Bild 4/47 bzw. 4/49.

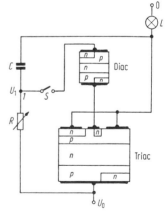

Bild 4/49. Regelschaltung mit Triac und Diac.

d. h. sowohl am Triac als auch am Diac liegt die Netzspannung U_0, die in der ersten hier gezeichneten Halbperiode für den Normalthyristor eine Blockierspannung darstellt. Wenn U_z die Kippspannung des Diacs ist, so wird zum Zeitwert t_1 der Diac zünden und dadurch ein positiver Zündimpuls an die Zündelektrode des Triacs gelangen. Da der Normalthyristor blockiert ist, entsteht eine Zündung Normal-Plus. Der Normalthyristor bleibt gezündet, d. h. durch die Last fließt der volle Strom, bis durch Kommutierung (Strom = Null) zur Zeit t_c der Thyristor löscht. In der darauf folgenden negativen Halbwelle ist der Antithyristor blockiert; zum Zeitwert t_2 wird die Kippspannung des Diacs erreicht, der durch seine Zündung den Antithyristor zündet (Anti-Minus). Der Stromfluß ist in Bild 4/48 unten eingetragen.

Eine Regelung des Stromflußwinkels kann durch eine Erweiterung der Schaltung nach Bild 4/49 erreicht werden. Für einen kleinen Wert des Regelwiderstandes R entspricht diese Schaltung der Schaltung von Bild 4/47. Für einen mittleren Wert des Widerstandes R erhält man bei geöffnetem Schalter S die Spannung U_1 am Knoten 1. Solange der Thyristor nicht gezündet ist, liegt diese Spannung bei Schließen des Schalters S am Diac. Die Spannung U_1 hat eine kleinere Amplitude als U_0 und ist wegen der Kapazität phasenverschoben. Erreicht die Spannung U_1 den Wert der Zündspannung des Diacs, so erfolgt die Zündung Normal-Plus bei positiver Halbwelle und die Zündung Anti-Minus bei negativer Halbwelle (Bild 4/48). Auf diese Weise ist durch Regelung des Widerstands R eine Regelung des Stromflußwinkels und damit des mittleren Laststromes möglich.

Bild 4/50 zeigt einen Triac, der bezüglich seiner dotierten Zonen symmetrisch aufgebaut ist. Er unterscheidet sich gegenüber der Anordnung

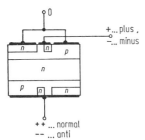

Bild 4/50. Schematische Darstellung eines Triacs.

Bild 4/51. Vergleich der vier Zündmöglichkeiten im Triac.

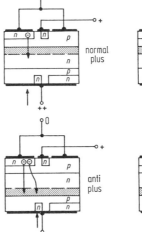

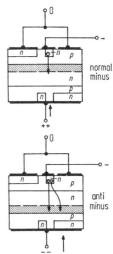

nach Bild 4/46 durch den zusätzlichen Emitter in der unteren *p*-Zone. Wie Bild 4/50 zeigt, sind in dieser Struktur vier Thyristoren vorhanden, zwei Normalthyristoren mit Kathoden am oberen Ende und zwei Antithyristoren mit Kathoden am unteren Ende. Die beiden Lastthyristoren sind großflächig, die Hilfsthyristoren kleinflächig und am oberen Ende durch die Zündelektrode kontaktiert. Eine Zündung der Normalthyristoren ist möglich bei positiver Spannung an der unteren Elektrode (Normal), eine Zündung der Antithyristoren ist möglich bei einer negativen Spannung an der unteren Elektrode (Anti). Die Zündung selbst wird durch positive bzw. negative Zündimpulse an der Zündelektrode hervorgerufen.

Mit diesem Bauelement sind die in Bild 4/51 angegebenen vier Zündfälle möglich. Die mit Normal-Plus und Anti-Minus gekennzeichneten Fälle wurden bereits behandelt. Damit wird entweder der Normalthyristor (Pfeil) oder der Antithyristor (Pfeil) gezündet. In den beiden anderen Fällen erfolgt in analoger Weise die Zündung der jeweiligen *Hilfsthyristoren*. Das Symbol „Normal" bedeutet, daß die Spannung so ist, daß nur Normalthyristoren zünden können; eine Vertauschung von „Plus" und „Minus" vertauscht jeweils Last- und Hilfsthyristor.

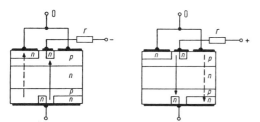

Bild 4/52. Übergang der Zündung vom Hilfsthyristor auf den jeweiligen Lastthyristor.

In den Fällen Normal-Minus und Anti-Plus sind jeweils die Hilfsthyristoren gezündet. Wie Bild 4/52 zeigt, kann durch einen Widerstand *r* in der Zündleitung ein Übergang der Zündung vom Hilfsthyristor auf den jeweiligen Lastthyristor erfolgen (in allen Fällen muß angenommen werden, daß die Lastspannungen groß gegen die Zündspannungen sind). Es wird nämlich durch Zündung des Hilfsthyristors ein Spannungsabfall am Widerstand *r* entstehen, der dazu führt, daß jeweils Plus und Minus vertauscht werden. Für beispielsweise positive Polung an der unteren Elektrode kommt von den Lastthyristoren zur Zündung nur der Normalthyristor in Frage. Bei positiver Zündspannung wird nach dem Mechanismus Normal-Plus gezündet. Bei negativem Zündimpuls erfolgt die Zündung zunächst durch den Hilfsthyristor nach Normal-Minus und danach geht die Zündung wegen des Spannungsabfalls im Widerstand *r* auf den Lastthyristor über. Analog verhält sich der Triac in der negativen Halbwelle der Lastspannung. Der Triac zündet daher bei beliebiger Polung der Lastspannung und durch beliebig gepolte Zündimpulse.

Die Schaltleistung eines Triacs ist wegen des komplizierten Aufbaus wesentlich kleiner als die eine Thyristors. Typische Daten sind 500 V Schaltspannung und 10 A Flußstrom. Der Triac findet daher als Wechselstromregler für mittlere Leistung Anwendung, bei hohen Leistungen muß der höhere Aufwand des Zündstromkreises für antiparallel geschaltete Thyristoren in Kauf genommen werden.

4.10 Vergleich Transistor, Thyristor, Triac

In Bild 4/53 werden Transistor, Thyristor und Triac als Stellglieder miteinander verglichen. Im Transistor fließt ein Laststrom nur dann, wenn ein Basisstrom fließt. Analog fließt beim FET dann ein Laststrom, wenn am

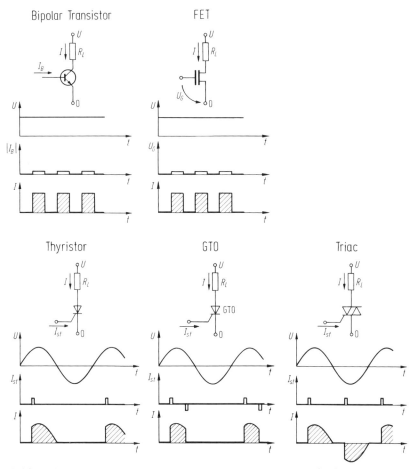

Bild 4/53. Vergleich zwischen Transistor, FET, Thyristor, GTO und Triac.

Gate eine Spannung liegt. Mit diesen Bauelementen kann daher eine Gleichstromregelung vorgenommen werden. Beim Thyristor erfolgt durch einen Zündimpuls eine Zündung, die aufrechterhalten bleibt, bis der Laststrom durch äußere Maßnahmen zu Null wird. Diese Zündung ist nur innerhalb *einer* Halbwelle möglich. Beim GTO kann der Laststrom ohne Kommutierung durch einen negativen Steuerimpuls abgeschaltet werden. Im Triac ist eine Zündung innerhalb beider Halbwellen möglich. Thyristor und Triac werden daher zur Regelung in Wechselstromkreisen herangezogen, Triacs zur Regelung mittlerer Leistung und Thyristoren bzw. antiparallel geschaltete Thyristoren zur Regelung großer Leistungen.

Übungen

4.1

Gib die Polung der Elektroden für die drei Betriebsfälle des Thyristors an: Sperrbereich, Blockierbereich, Durchlaßbereich. Welche *pn*-Übergänge sind jeweils in Sperrichtung gepolt?

Lösung:

Sperrbereich: Anode negativ gegen Kathode; gesperrt sind die beiden äußeren *pn*-Übergänge (Bild 4/2).

Blockierbereich: Anode positiv gegen Kathode, Steuerelektrode negativ gegen Kathode oder Potential 0; mittlerer *pn*-Übergang gesperrt (Bild 4/1).

Durchlaßbereich: Anode positiv gegen Kathode, Potential der Zündelektrode *nach* Zündung beliebig; alle *pn*-Übergänge in Durchlaßrichtung gepolt.

4.2

Wodurch zündet ein Thyristor?

Lösung:

Durch Überschreiten einer bestimmten Blockierspannung (Nullkippspannung) oder durch Anlegen einer positiven Spannung an die Zündelektrode (Zündimpuls) oder durch raschen Anstieg der Blockierspannung (der kapazitive Ladestrom wirkt als Zündstrom; Abschn. 4.5.2).

4.3

Wodurch löscht ein Thyristor?

Lösung:

Die Ladungsträgerüberschwemmung der schwach dotierten Mittelzonen muß aufgehoben werden. Dies erfolgt dadurch, daß durch *äußere* Maßnahmen der Thyristorstrom Null wird bzw. unter den Haltewert sinkt (Kommutation).

4.4

Kann ein Thyristor durch Lichtimpulse gezündet werden?

Lösung:

Die Trägererzeugung durch Lichtstrahlung kann den Sperrstrom des mittleren *pn*-Übergangs so stark erhöhen, daß dadurch der Zündvorgang eingeleitet wird (4/1).

4.5

Welche Konsequenz hat eine Temperaturerhöhung des Thyristors a) bei Polung in Sperrichtung, b) bei Polung in Blockierrichtung?

Lösung:

a) Eine Temperaturerhöhung bewirkt eine Erhöhung des Sperrstromes und damit gegebenenfalls eine Überlastung.
b) Eine genügend große Temperaturerhöhung bewirkt unerwünschte Zündung des Thyristors.

4.6

Sperrt ein Thyristor sofort nach dem Anlegen einer negativen Anodenspannung?

Lösung:

Der Thyristor erhält seine Sperrfähigkeit erst nach dem Absaugen der Ladungsträger aus den beiden äußeren RL-Zonen; es fließt unmittelbar nach der Kommutierung ein Rückstrom.

4.7

Ist ein Thyristor blockierfähig, nachdem der Rückstrom nach der Kommutierung bereits wieder abgesunken ist?

Lösung:

Nein; es muß die Ladungsträgerüberschwemmung der beiden inneren Zonen verschwinden. Da dies z. T. durch Rekombination erfolgt, ist die Freiwerdezeit größer als die Sperrverzögerungszeit.

4.8

Wodurch entstehen Einschaltverluste?

Lösung:

Während des Durchschaltvorganges des Thyristors steigt der Laststrom bereits an, bevor die Spannung auf den kleinen Wert der Durchlaßspannung gesunken ist. Dies wirkt sich insbesondere bei raschen Laststromanstiegen aus und kann zu einer Zerstörung des Thyristors führen (Abschn. 4.5.1).

4.9

Wodurch entstehen Ausschaltverluste?

Lösung:

Der Rückstrom fließt als Folge der in der schwach dotierten Zonen gespeicherten Ladungsträger, während die Spannung bereits in Sperrichtung stark ansteigt.

4.10

Beschreibe den Zündvorgang „Anti-Minus" im Triac.

Lösung:

Der mittlere *pn*-Übergang des Antithyristors muß durch Ladungsträger überschwemmt werden, was durch einen negativen Zündimpuls an der Zündelektrode erzielt wird. Dadurch werden Elektronen aus der als Emitter wirkenden *n*-dotierten Zone unter der Zündelektrode in die RL-Zone injiziert.

5 Integrierte Schaltungen

5.1 Einleitung

Unter einer integrierten Schaltung versteht man die Realisierung einer vollständigen funktionsfähigen elektronischen Schaltung in einem einzigen Halbleiterkristall. Als Material wird meist Si genommen, für Sonderzwecke auch GaAs.

Im Jahr 1980 hatten die Integrierten Schaltungen einen Anteil von 6% am Weltmarkt für elektronische Geräte; für 1990 wird vorausgesagt, daß dieser Anteil auf 11% steigt und damit der Hauptanteil der elektronischen Bauelemente mit einem Finanzvolumen von etwa $3 \cdot 10^{11}$ DM wird [218]. Die Bände 13 und 14 dieser Reihe behandeln integrierte Schaltungen ausführlich. Hier sollen lediglich einige der Grundgedanken beispielhaft behandelt werden.

Die technologische Voraussetzung für integrierte Schaltungen wurde 1960 mit der Planartechnik geschaffen. Während man anfangs nur die Vorteile sah, Schaltungen besonders *klein* und *leicht* zu realisieren, zeigte sich bald, daß diese integrierten Schaltungen besonders *zuverlässig* und bei großen Stückzahlen besonders *billig* sind; während Schaltungen mit Einzelelementen eine Menge unnötiger Löt- und Schweißstellen aufweisen, ist dies bei IC's (*integrated* circuits) auf ein Minimum reduziert, so daß zahlreiche Fehlerquellen wegfallen.

Typische IC's haben 10^4 bis 10^6 Einzelelemente; die Spitze halten (wegen ihrer regelmäßigen Schaltungsstruktur) die Speicher wie z.B. ein 256 k-Speicher mit mehr als $2 \times 256 \cdot 10^3$ Bauelementen. Zur Zeit sind weltweit die 1 M-bit-Speicher in Entwicklung.

Bild 5/1 zeigt eine integrierte Schaltung und jeweils Ausschnitte bis herunter zum Einzeltransistor.

Der Nachteil einer *integrierten* Schaltung liegt darin, daß sie nur in großen Stückzahlen preiswert zu fertigen ist und daß von der Konzeption bis zur Fertigstellung Monate bis Jahre erforderlich sind. Ein Großteil der derzeitigen Anstrengungen zielt auf die Reduzierung dieser Schwierigkeiten, sei es dadurch daß teilweise vorgefertigte IC's benutzt werden, die nach Kundenwunsch verschaltet werden (gate arrays) oder dadurch, daß der Prozeß des detaillierten Schaltungsentwurfes bis zur Herstellung automatisiert wird (CAD = computer aided design, s. z.B. [219]).

Die Entstehung der heutigen integrierten Schaltung vollzog sich in folgenden drei Stufen:

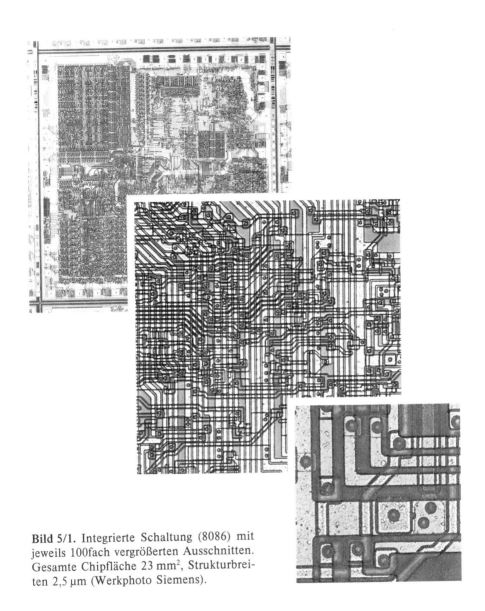

Bild 5/1. Integrierte Schaltung (8086) mit jeweils 100fach vergrößerten Ausschnitten. Gesamte Chipfläche 23 mm², Strukturbreiten 2,5 μm (Werkphoto Siemens).

1. Herstellung konventioneller Schaltungen in IC-Technik

Es mußten zunächst die passiven Bauelemente wie Widerstände und Kondensatoren in integrierbarer Form vorliegen. Induktivitäten können nur mit kleinen Werten (geeignet für die UHF und Mikrowellentechnik) integrierbar hergestellt werden. Weiter mußte man elektrische Isoliertechniken für die integrierten Bauelemente entwickeln um ihre Funktionen möglichst voneinander unabhängig zu machen. Da dies (zumindest bei den heute preiswerten Technologien) nicht vollständig möglich ist, spricht man von parasitären Elementen, welche diese unerwünschte Wechselwirkung beschreiben. Die Abschn. 5.2 bis 5.4 behandeln diese Techniken.

2. Anpassung der Schaltungstechnik an die Gegebenheiten der IC-Technik

In integrierten Schaltungen ist es häufig günstiger, Transistoren an Stelle von ohmschen Widerständen zu benutzen. Dies wird in Abschn. 5.5 gezeigt. Für andere Anwendungen werden Transistoren und Kondensatoren als Ersatz für Widerstände verwendet (Schalter-Kapazitätsfilter [229]).

3. Funktionselemente

Vielfach kann man eine bestimmte Funktion (z. B. Gatter- oder Speicher-Funktion) in IC-Technik einfacher realisieren als wenn man aus diskreten Elementen eine Schaltung aufbaut. In Abschn. 5.6 bis 5.8 werden dazu Beispiele gebracht. Dieser Prozeß ist sicherlich noch nicht abgeschlossen.

5.2 Passive Bauelemente

Integrierbare Widerstände

Bild 5/2 zeigt in Schnitt und Draufbild einen Widerstand in einer integrierten Schaltung, wobei im Schnitt, entsprechende Ersatzschaltwiderstände eingetragen sind. Der Gesamtwiderstand $R = R_0 + 2R_K$ setzt sich zusammen aus dem eigentlichen Widerstand in der Halbleiterschicht und den beiden Kontaktwiderständen. Die Kontaktwiderstände hängen sehr stark von der Dotierung ab (s. z. B. Bild 1/37). Der Widerstand der Halbleiterschicht hängt von deren Dicke und Dotierung ab. In Bild 5/2 rechts ist ein typisches Dotierungsprofil für die Basisdotierung eines *npn*-Transistors

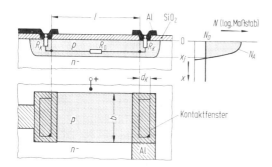

Bild 5/2. Integrierbarer Widerstand in Schnitt und Aufsicht sowie Dotierungsverlauf.

gezeigt. Man kann für die, durch einen *pn*-Übergang von der darunterliegenden *n*-Zone isolierten *p*-Schicht, einen sog. Schichtwiderstand r_s in Ohm pro Quadrat definieren, der sich durch Integration des Leitwertes über die Tiefe des Halbleiters ergibt;

$$r_S = \frac{1}{\int\limits_0^{xj} \sigma(x)\,dx}. \tag{5/1}$$

Dieser Schichtwiderstand kann entweder gemessen oder aus den für gegebene Technologieschritte bekannten Dotierprofilen, berechnet werden [170]. Der Widerstand der Halbleiterschicht R_0 hängt dann nurmehr vom geeigneten „Layout" (Längen- zu Breitenverhältnis) ab:

$$R_0 = \frac{l}{b}\,r_s. \tag{5/2}$$

Wird die Halbleiterschicht mit der Basisdiffusion hergestellt, so erhält man typische Schichtwiderstände r_s zwischen 100 bis 300 $\Omega/\square$. Wird die Zone gleichzeitig mit der Emitterdiffusion hergestellt, so erhält man typische Werte von 2 bis 10 $\Omega/\square$. Hohe Widerstandswerte können realisiert werden, wenn eine Basisdiffusion *und* eine Emitterdiffusion vorgenommen wird, so daß die verbleibende leitende Basiszone sehr dünn ist. Man erhält dann Werte von 3-10 k$\Omega/\square$ (s. z. B. [170]). Wenn hohe Widerstandswerte erforderlich sind, d. h. wenn große Längen- zu Breitenverhältnissen erforderlich sind, kann der Widerstand meanderförmig ausgelegt werden.

Derart realisierte Widerstände haben zwei große Nachteile: Die Herstellungstoleranzen liegen bei 10-50 % und die Widerstandswerte sind sehr temperaturabhängig. Man muß daher die Schaltung so auslegen, daß für die Funktion Widerstands*verhältnisse* (z. B. Festlegung der Spannungsverstärkung durch starke Gegenkopplung) maßgebend sind, deren Temperaturabhängigkeit wesentlich geringer sein kann und die mit Toleranzen von 1-5 % hergestellt werden können.

Integrierbare Kondensatoren

Bild 5/3 zeigt drei mögliche Ausführungsformen für integrierbare Kondensatoren. Die beiden oberen Bilder zeigen Sperrschichtkapazitäten, wobei typische Werte für die Sperrschichtkapazität zwischen Basis und Kollektor bei 10 nF/cm^2 liegen, während die im Bild 5/3b gezeigte Sperrschichtkapazität zwischen Basis und Emitterzone typische Werte von 50 nF/cm^2 annimmt [170]. Beide Kapazitätswerte sind jeweils von der angelegten Spannung abhängig, insbesondere muß der *pn*-Übergang jeweils in Sperrichtung gepolt sein, um Flußstrom zu vermeiden. Die Durchbruchspannung zwischen Basis und Kollektor ist groß, z. B. 20-100 V, die zwischen Emitter und Basis klein, z. B. 5-10 V. In beiden Fällen a) und b) ist

244

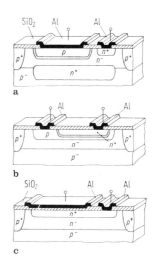

Bild 5/3. Integrierbare Kondensatoren. **a** und **b** Sperr-schichtkapazitäten; **c** MOS-Kapazität.

die Güte des Kondensators wegen der unvermeidlichen Serienwiderstände nicht sehr groß.

Bessere Eigenschaften haben im allgemeinen Kondensatoren, die zwischen einer stark dotierten Halbleiterzone (gleichzeitig mit der Emitterdiffusion hergestellt) und einer Metallschicht gebildet werden (Bild 5/3c). Für eine Dicke der als Dielektrikum wirkenden SiO_2-Schicht von beispielsweise 0,1 µm erhält man Kapazitätswerte von $35 \, nF/cm^2$. Diese Kondensatoren sind hochwertig, können jedoch je nach IC-Prozeß zusätzliche Herstellungsschritte, z. B. spezielle Oxidation erforderlich machen.

5.3 Isolationstechniken

Die klassische Trennung von Bauelementen in integrierten Schaltungen erfolgt durch in Sperrichtung gepolte *pn*-Zonen. Bild 5/4 zeigt den standard buried collector Prozeß mit seinen wesentlichen Herstellungsschritten. Das unterste Bild zeigt das Ziel der Herstellung, nämlich einen Planar-Bipolartransistor mit einer vergrabenen Kollektorschicht n^+, welche den Serienwiderstand zwischen innerer Kollektorzone und Kollektoranschluß reduzieren soll. Daraus sind die meisten hier gezeigten Schritte verständlich: In Bild 5/4b wird diese vergrabene Kollektorschicht durch Diffusion erzeugt; darauf wird eine hochwertige Epitaxieschicht abgeschieden, in welche später der Transistor eingebaut wird. Zur Isolation werden aus dieser Epitaxieschicht Inseln ausgewählt, die durch Rahmen vom *p*-dotierten Zonen voneinander getrennt sind. Dies ist im Bild 5/4d ersichtlich, wobei diese *p*-Diffusion bis zum darunterliegenden *p*-Grundmaterial dringen muß. Dadurch sind die *n*-Epitaxiezonen vollständig voneinander durch Sperrschichten getrennt, die weiteren Schritte entsprechen der normalen

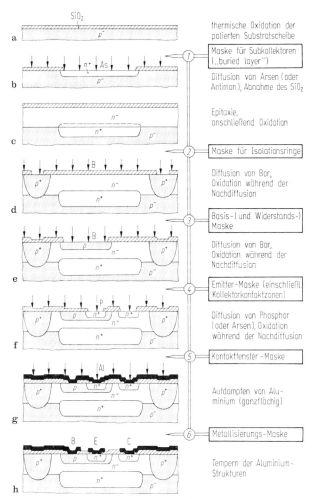

Bild 5/4. Herstellungsablauf eines Bipolartransistors in einer integrierten Schaltung. SBC-Prozeß (*s*tandard *b*uried *c*ollector) mit den Hauptschritten **a** bis **h**.

Si-Transistorplanartechnik. Es ist zu beachten, daß sämtliche Höhenmaße in Bild 5/4 sehr stark vergrößert sind.

Bessere Eigenschaften der Isolation und ein geringerer Platzbedarf bei allerdings höherem technologischen Aufwand, lassen sich durch Oxidisolationen erzielen. Bild 5/5 zeigt eine solche Oxidisolation im Schnitt und in der Draufsicht. Es wird hier zunächst wie in Bild 5/5a gezeigt, ein Rahmen aus dem Silizium herausgeätzt, so daß die spätere Oxidation einen bis zum *p*-Substrat durchgehenden isolierenden Rahmen bildet. Techniken dieser Art sind unter den Namen LOCOS, Isoplanar, OXIS, ISAC usw. bekannt [220, 221, 223, 231].

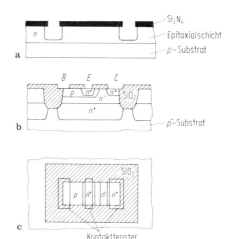

Bild 5/5. Integrierter Bipolartransistor mit Oxidisolation. **a** Ein Herstellungsschritt, **b** Schnitt, **c** Draufsicht.

5.4 Parasitäre Effekte

Bild 5/6 zeigt einen Schnitt durch einen Bipolartransistor und eine Diode in einer integrierten Schaltung. Der Arbeitstransistor und die Arbeitsdiode sind jeweils gekennzeichnet. Bild 5/7 zeigt das zugehörige Ersatzschaltbild. Die mit *1* und *2* in Bild 5/6 gekennzeichneten *pn*-Übergänge zur Isolation der Bauelemente sind in Bild 5/7 als parasitäre, also unerwünschte Dioden eingezeichnet. Außerdem erkennt man aus Bild 5/6, daß zusätzlich zum gewünschten *npn*-Transistor ein parasitärer *pnp*-Transistor existiert. Dieser Transistor kann, wie Bild 5/7 zeigt, äußerst störend sein. Man hat hier nur die Möglichkeit, seine Verstärkungsfähigkeit möglichst klein zu halten. Dies wird dadurch erreicht, daß die hier als Basis wirkende *n*-Zone sehr dick ist (*n*-Zone zur Aufnahme der Raumladungszone Basis-Kollektor im Arbeitstransistor) und daß die Diffusionslänge in der Basis klein wird (starke Rekombination in der sehr hoch dotierten vergrabenen n^+-Zone).

Ein besonderer parasitärer Effekt tritt auf in CMOS-Schaltungen, in welchen eine unerwünschte *npnp*-Struktur zustande kommt, die wie beim

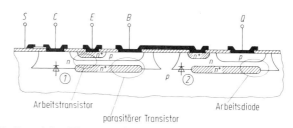

Bild 5/6. Parasitäre Elemente in einer integrierten Schaltung.

247

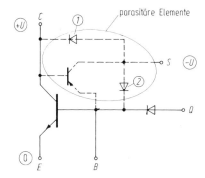

Bild 5/7. Ersatzschaltbild der Struktur nach Bild 5/6.

Thyristor in einen gezündeten Zustand gelangen kann. Dieser als „latch up" bezeichnete parasitäre Effekt wird in Abschn. 5.7.2 beschrieben.

5.5 Transistor als Last

In Abschn. 3.7.3 ist der Feldeffekttransistor als Last kurz beschrieben. Bild 5/8a zeigt Schaltbild und schematisches layout eines Nand-Gatters. Wie in [222] gezeigt, erhält man für die Schwellenspannung eines Nand-Gatters folgende Beziehung:

$$U_{schw} = \frac{U_{batt}}{\sqrt{\dfrac{(L/W)_{Last}}{n(L/W)_{schalt}}}} \,. \tag{5/3}$$

Dabei ist als Lasttransistor ein selbstleitender Transistor mit Gate auf Sourcepotential angenommen und L/W ist jeweils das Verhältnis von Kanallänge zu -weite für Last- und Schalttransistoren. Die Größe n ist die Anzahl der Eingänge also die Anzahl der Schalttransistoren . Will man beispielsweise eine Schwellenspannung bei der halben Batteriespannung U_{batt} haben, so ergibt sich für $n = 1$ (Inverter), für den Lasttransistor ein Längen- zu Weitenverhältnis etwa 4mal so groß wie das des Schalttransistors; bei zwei Eingängen 8mal groß usw. Bild 5/8a zeigt also etwa diese Situation. Analoges, jedoch mit entsprechend verkleinertem Längen- zu Weitenverhältnis des Schalttransistors ergibt sich für Nor-Gatter [222] (Bild 5/8b).

Beispiele für Funktionselemente

Im folgenden werden Beispiele für Bauelemente gebracht, die nicht nur „einfache" Funktionen wie z. B. eine Verstärkung erfüllen, sondern „höhere" wie z. B. eine Filterfunktion. Selbstverständlich ist diese Trennung zwischen „einfachem" Bauelement (z. B. Transistor) und „Funktionsele-

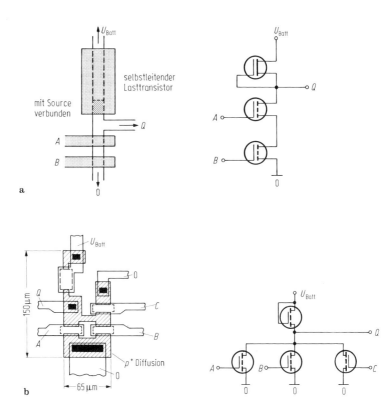

Bild 5/8. a Schaltbild und Anordnung eines MOS-NAND-Gatters; **b** Schaltbild und Anordnung eines MOS-NOR-Gatters.

ment" (z. B. CMOS-Gatter) etwas willkürlich. Das 1. Beispiel (Abschn. 5.6) beschreibt eine einfache Kombination von zwei Bauelementen, Abschn. 5.7 Logikbausteine, und Abschn. 5.8 Speicher. Das bereits in Abschn. 3.13 beschriebene Transversalfilter gehört auch zu dieser Gruppe.

5.6 Schottky-Transistor

Wie in Abschn. 2.7.3 gezeigt, hat ein Bipolartransistor, der sehr stark in Sättigung betrieben wird (Rückinjektion vom Kollektor), eine hohe gespeicherte Ladung in der Basis und damit ein verlangsamtes Schaltverhalten. Dies kann vermieden werden durch Parallelschalten einer Schottky-Diode zur Basis-Kollektorsperrschicht. Da Schottky-Dioden wesentlich geringere Schleusenspannungen haben als entsprechende *pn*-Dioden (s. Abschn. 1.1), wird bei einer Parallelschaltung einer Schottky- und einer *pn*-Diode der Strom praktisch nur durch die Schottky-Diode transportiert. Da Schottky-Dioden aber Majoritätsträgerbauelemente sind, führt bei ihnen

249

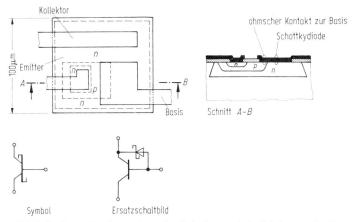

Bild 5/9. Schottky-Transistor in Schnitt und Aufsicht sowie (Ersatz)-Schaltbild.

die Flußpolung zu *keiner* zusätzlichen Ladungsspeicherung und die Parallelschaltung einer Schottky-Diode zur Basis-Kollektorsperrschicht verbessert trotz der vergrößerten Sperrschichtkapazität deutlich das Schaltverhalten.

Bild 5/9 zeigt im Schnitt und in Draufsicht einen Schottky-Transistor, d. h. die integrierte Version eines Transistors und einer Schottky-Diode. Man erkennt, daß der Basisanschluß nicht nur die p-Zone der Basis, sondern auch den n-Bereich des Kollektors überdeckt. Da dieser n-Bereich (Epi-Schicht) schwach dotiert ist, entsteht hier eine Schottky-Diode, während die Basis-p-Zone unmittelbar unter dem Kontakt stark dotiert ist und so einen Ohmschen Kontakt ergibt.

5.7 Logikbausteine (Gatter)

5.7.1 Integrated Injection Logic (I^2L)

Merged Transistor Logic (MTL)

I^2L-Inverter

Bild 5/10 zeigt in den linken drei Bildern einen I^2L-Inverter mit dem logischen 0-Zustand am Eingang, und in den drei rechten Bildern den Inverter mit einer logischen 1 am Eingang. In diesem Fall wird der Zustand 0 durch Ströme ≈ 0 und der Zustand 1 durch Stromfluß gekennzeichnet. In dem jeweils zweiten und dritten Bild von oben sind die entsprechenden Ersatzschaltbilder angegeben. Der Inverter besteht aus zwei Transistoren, einem *npn*-Schalttransistor der einen vertikalen Stromfluß (senkrecht zur Oberflä-

250

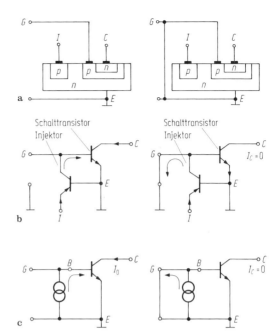

Bild 5/10. I²L-Inverter.
a Schnitt; **b** und **c** Ersatzschaltbild.

che) aufweist, jedoch im Gegensatz zum normalen Planartransistor Emitter und Kollektor vertauscht hat und einem transversalen *pnp*-Transistor, der Injektor genannt wird und einen Stromfluß parallel zur Oberfläche hat. Diese beiden Transistoren sind jeweils in den mittleren Bildern 5/10b eingezeichnet. Der Injektortransistor wirkt lediglich als Stromgenerator, wie in den untersten Bildern 5/10c angegeben. Mit einer logischen 0 am Eingang (Leerlauf) fließt der Strom des Injektors in den Schalttransistor, der dadurch leitend wird und am Ausgang eine logische 1 erzeugt (Stromfluß). Wenn am Eingang Kurzschluß herrscht, so fließt der Strom des Injektors über diesen Kurzschluß und der Schalttransistor ist nicht leitend, so daß am Ausgang eine logische 0 erscheint.

Das besondere an diesem I²L-Inverter ist das Zusammenfassen zweier Zonen der beiden Transistoren. Der Kollektor des Injektors ist gleichzeitig Basis des Schalttransistors. Dadurch ist dieser Inverter besonders platzsparend und außerdem entfällt eine Isolation zum Nachbarinverter, wenn eine Schaltung mit gleichem Emitterpotential benutzt wird.

I²-NOR-Gatter

Bild 5/11 zeigt ein I²L-Nor-Gatter mit den beiden Eingängen A und B und den Ausgang Q. Wie aus der Draufsicht zu entnehmen ist, kann der Injektortransistor als „Stromversorgungsstreifen" zentral für eine Reihe von NOR-Gattern angebracht werden.

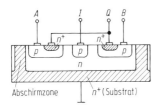

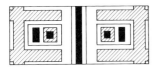

Bild 5/11. I²L-NOR-Gatter in Schnitt und Aufsicht.

I²L-Logik mit Mehrfachkollektor

Bild 5/12 zeigt einen logischen Baustein mit einer Aufspaltung am Ausgang, um eine Schaltung mit gleichem Emitterpotential zu ermöglichen [221].

I²L-Logikbausteine zeichnen sich außer dem geringen Platzbedarf durch einen sehr geringen Leistungsbedarf, z. B. 200 µW/Gatter bei etwa 1 V Versorgungsspannung und ein sehr kleines Leistungs-Schaltzeitprodukt (kleiner als 0,5 pJ) aus.

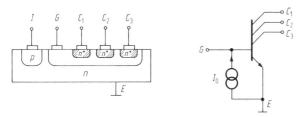

Bild 5/12. I²L-Logik mit Mehrfachkollektor. Schnitt und Ersatzschaltbild.

5.7.2 CMOS-Technik (Complementary-MOS)

In Abschn. 5.5 wurde ein MOS-Inverter mit einem Feldeffekttransistor als Last beschrieben. Bild 5/13 zeigt das Kennlinienfeld des Schalttransistors mit der gestrichelt eingezeichneten Arbeits„geraden", verursacht durch den Lasttransistor. Man erkennt, daß in diesem Kennlinienfeld für eine logische 0 am Eingang im Inverter nur ein vernachlässigbarer Strom fließt, für eine logische 1 am Eingang hingegen ist der Schalttransistor eingeschaltet und die logische 0 am Ausgang erfolgt nur über den Spannungsabfall am Lasttransistor. In Mittel (gleich häufig 0 wie 1) fließt also durch diese Inverterzelle ein Strom, der gleich dem halben Maximalstrom ist.

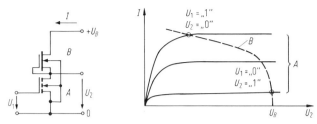

Bild 5/13. *n*-MOS-Inverter. Schaltbild und Kennlinienfelder.

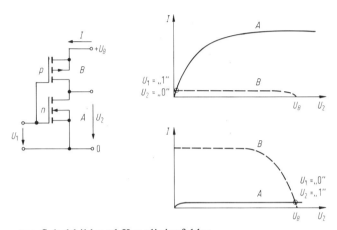

Bild 5/14. CMOS-Inverter. Schaltbild und Kennlinienfelder.

In Bild 5/14 ist ein Inverter gezeichnet, der aus einem *gesteuerten* Last-transistor besteht. Die beiden Transistoren haben unterschiedlichen Kanal-typ, so daß bei gleicher Ansteuerung der beiden Transistoren einer von ihnen immer gesperrt ist; es müssen hier jeweils selbstsperrende Transisto-ren genommen werden. Bild 5/14 zeigt rechts das entsprechende Kennli-nienfeld für die beiden logischen Zustände. In diesem Fall ist in jedem der logischen Zustände der Strom durch den Inverter sehr klein, da wie er-

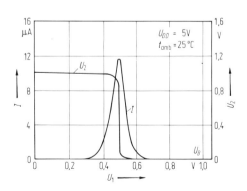

Bild 5/15. Übertragungskennlinie und Betriebsstrom eines CMOS-Inverters.

wähnt, einer der beiden in Serie geschalteten Transistoren sperrt. Bild 5/15 zeigt die Inverterkennlinie U_2 (U_1) und den Betriebsstrom als Funktion der Eingangsspannung. Nur während des Umschaltvorganges fließt ein nennenswerter Strom, wenn einer der Transistoren schon geringfügig leitend ist, bevor der andere sperrt. Zusätzlich zu diesem „statischen Strom" ist beim Umschaltvorgang ein kapazitiver Ladungsstrom erforderlich, um die Transistor- und Schaltungskapazität umzuladen. Beide Anteile führen zu einem proportional mit der Schaltfrequenz ansteigenden mittleren Betriebsstrom, wie in Bild 5/16 gezeigt. Die mittlere Schaltleistung ist also proportional der Frequenz und damit auch das Schaltzeitleistungsprodukt wie in Bild 5/17 im Vergleich zur I²L-Technik und der konventionellen TTL-Logik gezeigt.

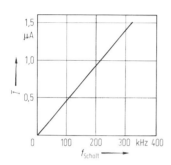

Bild 5/16. Mittlerer Betriebsstrom eines CMOS-Inverters als Funktion der Schaltfrequenz.

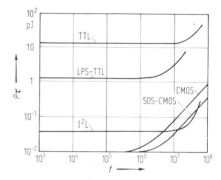

Bild 5/17. Typische Leistungs-Schaltzeit-Produkte: TTL (Transistor-Transistor-Logik); LPS-TTL (low power Schottky Transistor-Transistor-Logik); I²L (integrated injection logic); CMOS (Komplementär-MOS-Logik); SOS-CMOS (Silicon on Saphire CMOS).

Der Vorteil des MOS-Transistors in der integrierten Schaltung liegt darin, daß eine Isolation zwischen den Transistoren nicht erforderlich ist, wenn Transistoren mit Inversionskanal benutzt werden. So kann beispielsweise ein p-Kanal-Transistor in einem n-Material realisiert werden, wobei lediglich die Source und Drain p^+-Zonen erzeugt werden müssen. Ein solcher Transistor ist in Bild 5/18 links eingetragen. Um den für die CMOS-Technik erforderlichen komplementären n-Kanal-Transistor realisieren zu können, ist ein p „Substrat" erforderlich. Da dies nicht vorliegt, muß erst eine „p-Wanne" erzeugt werden. Bild 5/18 zeigt diese auf der rechten Seite (analog kann auch eine n-Wannen-Technik benutzt werden).

Aus Bild 5/18 ist ersichtlich, daß vertikale und laterale parasitäre Transistoren existieren. Der vertikale parasitäre Bipolartransistor besteht zwischen n^+-Zone (Source bzw. Drain des n-Kanal-Transistors), p-Wanne als

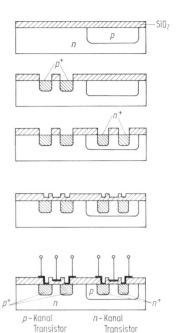

Bild 5/18. Herstellungsschritte eines CMOS-Inverters. In den realen CMOS-Strukturen sind Substrat und Wanne zusätzlich kontaktiert und mit den Sources-Anschlüssen der jeweiligen Transistoren verbunden.

Basis und n-Substrat. Der laterale parasitäre Bipolartransistor besteht zwischen p^+-Zone (Source bzw. Drain des p-Kanal-Transistors), dem als Basis wirkenden n-Substrat und der als Kollektor wirkenden p-Wanne. Diese beiden Transistoren sind so angeordnet, wie die beiden Ersatzschaltbildtransistoren des Thyristors und kennzeichnen die Wirkungsweise der 4-Schicht-Struktur p^+npn^+. Daraus ist ersichtlich, daß zwischen den Source-Drainzonen des n-Kanal-Transistors und den Source-Drainzonen des p-Kanal-Transistors eine Thyristorstruktur existiert die zünden kann und damit die Funktionsfähigkeit des Inverters lahm legt. Man nennt diesen unerwünschten Effekt „Latch-up-Effekt" [224]. Je höher der angestrebte Integrationsgrad ist, um so enger versucht man p-Kanal- und n-Kanalstruktur anzuordnen und umso wirksamer wird dieser störende Effekt. Man muß dann versuchen, die Stromverstärkung der parasitären Transistoren durch „kurzschließende", stark leitende Zonen zu verringern, um so zu hohen Packungsdichten zu gelangen.

Die CMOS-Technik ist prädestiniert für einen Vorstoß in den Bereich der „3-dimensionalen integrierten Schaltungen". Bild 5/19 zeigt schematisch einen CMOS-Inverter, der dadurch realisiert wird, daß ein p-Kanal-Transistor in einem einkristallinen Si-Material untergebracht wird und der zugehörige n-Kanal-Transistor sich in einer auf das Gate aufgebrachten polykristallinen Si-Schicht befindet (die durch Rekristallisieren nach lokalem Schmelzen mittels Laser- oder Elektronenstrahl einkristallin gemacht

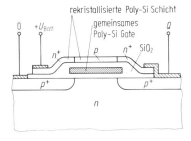

rekristallisierte Poly-Si Schicht
gemeinsames
Poly-Si Gate

Bild 5/19. „3 Dimensionaler" CMOS-Inverter nach [230]

wurde). Die Eleganz in diesem Fall liegt darin, daß die Gateelektroden für die beiden Transistoren, die ohnehin auf gleichem Potential liegen, durch eine einzige Elektrode realisiert werden. Einer auch nur begrenzten Nutzung der dritten Dimension in der integrierten Schaltungstechnik stehen jedoch noch große technologische Schwierigkeiten im Wege.

5.8 Speicher

5.8.1 Programmierbare Festwertspeicher

Für eine Reihe von Anwendungen werden Speicher benötigt, die im Betrieb als Festwertspeicher (ROM = read only memory) arbeiten, aber die Möglichkeit bieten sollen, die Speicherinformation zu ändern. Man bezeichnet solche Speicher als EPROM's (erasable programmable ROM). Bild 5/20 zeigt drei mögliche Ausführungen, die im wesentlichen nach dem gleichen Prinzip arbeiten:

Es existiert eine Speicherzone S, in der Ladungen gespeichert werden können, welche die Einsatzspannung des darunterliegenden Feldeffekttransistor verschieben. Im Fall a) wird die Ladung gespeichert an den Grenzflächenzuständen zwischen zwei unterschiedlichen Isolatoren, z. B. Si-Nitrid und Si-Oxid, weshalb diese Speicher MNOS-Speicher (Metall-Nitrid-Oxid-Silizium) genannt werden [225]. In den Fällen b) und c) wird eine nicht angeschlossene (Floating) Gateelektrode als Speicherzone benutzt.

Der Isolator SiO_2 zwischen Si und Speicherzone ist so dünn, daß Ladungsträger hindurchtreten können, wenn sie genügend kinetische Energie haben. Dies kann z. B. erzielt werden durch hohe Gate- oder Drainspannungen am Feldeffekttransistor in Verbindung mit dem Lawineneffekt. Daher die Abkürzungen FAMOS (floating gate avalanche injection type MOS) [226] bzw. SAMOS (stacket gate avalanche injection type MOS) [227]. Die Entleerung der Speicherzone von den Ladungsträgern erfolgt entweder durch UV-Bestrahlung im Fall b) oder durch elektrische Signale (oder auch UV-Bestrahlung) in den Fällen a) und c).

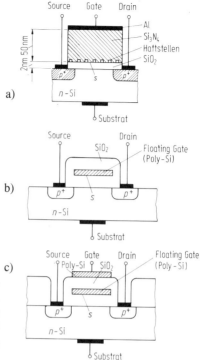

Bild 5/20. Verschiedene Versionen löschbarer, programmierbarer Permanentspeicher. Die Höhenabmessungen sind im Bild im Vergleich zu den lateralen Abmessungen sehr stark übertrieben. a) NMOS-Speicher, b) FAMOS-Speicher, c) SAMOS-Speicher

Bild 5/21 zeigt eine Abhängigkeit der Einsatzspannung von der Gate-spannung für den MNOS-Speicher (und ähnlich auch für den SAMOS).

Vorteile dieser Speicher liegen darin, daß ohne angelegte Spannung eine Speicherung über Jahre möglich ist, daß ohne Regeneration ausgelesen werden kann (bis zu 10^{12} Lesevorgänge) und daß der Flächenbedarf der Speicherzelle sehr gering ist. Als Nachteil muß die Notwendigkeit einer hohen Schreibspannung für MNOS- und SAMOS-Speicher und die Notwendigkeit der UV-Strahlung zum Löschen des FAMOS genannt werden.

Bild 5/21. Abhängigkeit der Einsatzspannung des FET eines MNOS-Speichers als Funktion der Gatespannung.

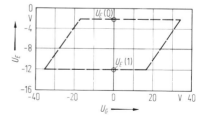

5.8.2 Ein-Transistor-Speicherzelle

Bild 5/22 zeigt die Ausführungsform und das Ersatzschaltbild einer Ein-Transistor-Speicherzelle. Als Speicherelement dient die Kapazität C, die zwischen einer Metallschicht und dem Halbleitermaterial gebildet wird. Die Ladung wird in der Halbleiterzone über einen Schalttransistor T von der „Bitleitung" eingebracht, wenn über die „Wortleitung" der Transistor leitend gemacht wird. Beim Auslesen wird die Ladung der Kapazität zu-

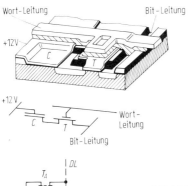

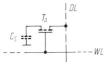

Bild 5/22. Aufbau und Ersatzschaltbild einer Ein-Transistor-Speicherzelle.

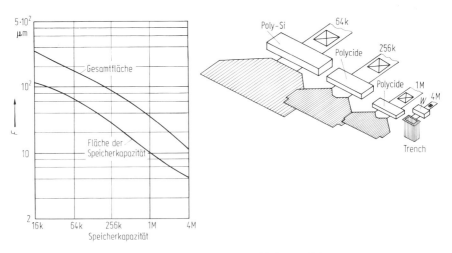

Bild 5/23. Technologische Entwicklung der Halbleiterspeicher.

nächst auf die Bitleitung gegeben, wodurch die Spannung in der Speicherzelle sehr stark reduziert wird. Es ist daher eine Regeneration erforderlich, die jedoch für mehrere Zellen gemeinsam vorgesehen werden kann. In dieser Speicherzelle sind der Schalttransistor und die Speicherkapazität so angeordnet, daß die Drainelektrode des Transistors gleichzeitig die Anschlußelektrode für den Kondensator darstellt.

Bild 5/23 zeigt schematisch die Entwicklung der Speicherzelle. Während bis zum 1 M-Speicher jeweils eine Verkleinerung der Zellenfläche mit einer Vergrößerung der gesamten Halbleiter-Schaltungsfläche zu der Erhöhung der Speicherkapazität führt, sieht man es für den 4 M-Speicher als erforderlich an, den Kondensator nicht mehr flächenhaft, sondern topfartig in die Tiefe auszubilden. Dies bringt nicht nur eine Verkleinerung der Zellenfläche, sondern gleichzeitig eine Verringerung der Wahrscheinlichkeit, daß Alphateilchen die Speicherzellen treffen; mit zunehmender Verkleinerung der Kapazität wird nämlich die gespeicherte Ladung zunehmend kleiner und die beim Beschuß energiereicher Teilchen entstehende Ladung ergibt eine Verfälschung der Speicherinformation. Derzeit wird dieser Effekt als eine der Grenzen in der weiteren Speicherentwicklung gesehen.

5.9 Entwurf, Herstellung und Prüfen

Wie eingangs erwähnt, bringen die integrierten Schaltungen wegen ihrer Komplexität besondere Schwierigkeiten beim Entwurf und beim Testen. Das Ziel, aus den Funktionsanforderungen eine integrierte Schaltung zu entwerfen und herzustellen, kann auf verschiedene Weise realisiert werden.

Eine Möglichkeit besteht darin, mehr oder weniger von Hand eine Schaltung und das Layout (d. h. die Anordung der Elemente auf dem Halbleiterchip) zu entwerfen. Dies ist, auch wenn für Wiederholungsfälle Rechner mitbenutzt werden, sehr zeitraubend. Die erzielten Ergebnisse sind jedoch hervorragend.

Eine zweite Möglichkeit besteht darin, einzelne Logikblöcke auf Vorrat herzustellen, ohne sie jedoch untereinander zu verdrahten. Diese so vorgefertigten integrierten Schaltungen (sog. gate arrays) werden den Kundenwünschen entsprechend verdrahtet, wozu eine wesentlich geringere Zeit als für die gesamte Herstellung erforderlich ist. Auf Kosten der elektrischen Eigenschaften ermöglicht dies eine sehr schnelle Auslieferung an den Kunden.

Einen (ausbaufähigen) Kompromiß stellt die Technik der „Standardzellen" dar, wobei die Herstellungsdaten bestimmter standardisierter Einzelzellen in einem Rechner gespeichert sind, der nach Festlegung der Funktion durch den Kunden das Layout und die Herstellung der Masken ermöglicht (s. z. B. [219, 223]).

Ein besonderes Problem stellt auch das Prüfen hergestellter integrierter Schaltungen dar. Wenn es auch im Prinzip möglich ist, sämtliche (externen) interessierenden Funktionen an den Klemmen zu prüfen, so ist doch dieses Verfahren bei hoch integrierten Schaltungen wegen des hohen Zeitaufwandes praktisch nicht möglich. Es werden daher entweder nur die wichtigsten Funktionen geprüft, oder auch Prüfschaltungen mit auf die Schaltung integriert, so daß sich die Anordnung selbst testen kann (s. z. B. [228]).

6 Spezielle Halbleiter-Bauelemente

Im Interesse der Vollständigkeit der Aufzählung der Halbleiter-Bauelemente und wegen ihrer Bedeutung in speziellen Bereichen der Technik werden in diesem Kapitel Bauelemente beschrieben, die sich nicht in das bisherige Schema der Beschreibung einordnen.

Tabelle 6/1 zeigt ihre Zusammenstellung. Die Feldplatte und der Hall-Generator sind Elemente, die ein vom magnetischen Feld abhängiges Ausgangssignal liefern [113, 114]. Im Fotowiderstand ändert sich als Folge einer Lichteinstrahlung der Widerstand. Im Dehnungsmeßstreifen bewirkt eine mechanische Deformation eine Widerstandsänderung. Die Temperaturabhängigkeit des Widerstands spezieller Stoffe wird im Kaltleiter bzw. Heißleiter ausgenutzt, wobei, wie der Name sagt, der Widerstand beim Kaltleiter mit steigender Temperatur steigt und beim Heißleiter sinkt.

Die eben genannten Elemente sind Fühlerelemente: sie erlauben die elektrische Messung nicht elektrischer Größen und finden z. B. in den verschiedenen Sparten der Automation Anwendung.

Zu diesen Sensoren, welche in Band 17 dieser Reihe [232] ausführlich beschrieben sind, zählen auch Nicht-Halbleiter wie piezoelektrische oder

Tabelle 6/1 Übersicht über spezielle Halbleiter-Bauelemente

Bauelemente	Effekt	
Hall-Generator	Magnetfeld bewirkt elektrische Spannung	$B \rightarrow U_H$
Feldplatte	Magnetfeld bewirkt Widerstandsänderung	$B \rightarrow \Delta R$
Fotowiderstand	Lichtstrahlung bewirkt Widerstandsänderung	$P_L \rightarrow \Delta R$
Dehnungsmeß-streifen	mechanische Deformation bewirkt Widerstandsänderung	$\Delta L \rightarrow \Delta R$
Heißleiter	Temperaturänderung bewirkt Widerstandsänderung	$\Delta T \rightarrow -\Delta R$
Kaltleiter	Temperaturänderung bewirkt Widerstandsänderung	$\Delta T \rightarrow +\Delta R$
Varistor	Spannungsabhängiger Widerstand	
Thermogenerator	Wärmefluß bewirkt elektrische Leistung	$Q_{th} \rightarrow P_{el}$
Peltier-Element	Elektrische Leistung bewirkt Wärmefluß	$P_{el} \rightarrow Q_{th}$
Chemosensoren	Einwirkung von Fremdsubstanzen (z. B. Gasen) bewirkt Widerstandsänderung oder Steuerung eines FET	

pyroelektrische Materialien (Polarisation als Folge von Druck- bzw. Temperatur-Änderung), die daher in Tabelle 6/1 fehlen.

Eine besondere Stellung nehmen Chemosensoren ein, bei welchen die Adsorption oder der Einbau von Fremdsubstanzen (Gase, Flüssigkeiten) die elektrischen Eigenschaften des Bauelementes ändern.

Der Thermogenerator und das Peltierelement sind Energiewandler, da in ihnen Wärmeenergie in elektrische Energie umgewandelt wird bzw. umgekehrt. Beim Thermogenerator entsteht als Folge eines Wärmeflusses eine elektrische Leistung, während beim Peltier-Element als Folge einer elektrischen Leistung ein Wärmefluß entsteht, der zur Kühlung herangezogen werden kann. Diese aus polykristallinem Halbleitermaterial hergestellten Bauelemente sind ebenso wie die bereits erwähnten Heißleiter und Kaltleiter in Band 18 dieser Reihe [233] beschrieben.

Der Varistor ist ein sehr stark spannungsabhängiger elektrischer Widerstand aus polykristallinem Halbleitermaterial [233], der vor allem zum Überspannungsschutz eingesetzt wird.

Die Eigenschaften von Heißleiter, Kaltleiter und Varistor sind durch Korngrenzeneffekte bestimmt. In klassischen Halbleiterbauelementen wie Dioden und Transistoren bestimmen die Eigenschaften des Halbleiter-Einkristalls die Funktion und Kristallstörungen wie Korngrenzen sind unerwünscht. Deshalb sind auch amorphe Halbleiter im allgemeinen für elektronische Bauelemente ungeeignet. Eine Ausnahme bildet seit langem das in der Xerographie (Elektrophotographie) als großflächiger Fotoleiter benützte amorphe Selen und in jüngerer Zeit das sog. H-α-Si, ein amorphes Silizium, bei welchem die freien Valenzen durch Wasserstoff abgebunden sind, um einigermaßen gute Halbleitereigenschaften zu erhalten [233]. Da dieses Material sehr wirtschaftlich großflächig hergestellt werden kann, untersucht man seine Eignung als Grundmaterial für Solarzellen.

6.1 Hall-Generator [232, 234]

Unter dem Hall-Effekt versteht man das Auftreten eines auf den Stromdichtevektor i senkrecht stehenden elektrischen Feldes als Folge der Einwirkung eines Magnetfeldes B (z. B. [3]). Diese Komponente $E_\perp$ des elektrischen Feldes hat die Größe

$$E_\perp = -R\,(i \times B).\qquad(6/1)$$

Die Größe R ist die Hall-Konstante. Für Störstellenhalbleiter gilt

$$R_n = \frac{r}{-en}; \qquad R_p = \frac{r}{ep}.\qquad(6/2)$$

Der Korrekturfaktor r liegt zwischen 1 und 1,93 (1,93 für nicht degenerierte Störstellenhalbleiter). Für eigenleitende Halbleiter ist die Hall-Konstante gegeben durch (z. B. [114, S. 64 mit $r = 1,18$])

$$R_i = r \frac{1}{en_i} \frac{\mu_p - \mu_n}{\mu_p + \mu_n}. \tag{6/3}$$

Man erkennt, daß im eigenleitenden Halbleiter eine Hall-Spannung nur wegen der unterschiedlichen Beweglichkeiten von Elektronen und Löchern auftritt.

Bild 6/1 zeigt die Temperaturabhängigkeit der Hall-Konstanten einiger Halbleiter. Die Hall-Konstante von eigenleitendem InSb ist wegen $n_i(T)$ stark temperaturabhängig. Die beiden anderen Kurven gelten für Störstellenhalbleiter mit ihrer ziemlich temperaturabhängigen Trägerkonzentration.

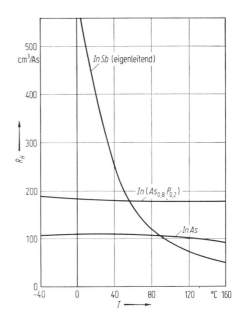

Bild 6/1. Hall-Konstanten als Funktion der Temperatur nach [114].

Das zu i parallele elektrische Feld $E_\parallel$ ist gegeben durch

$$E_\parallel = \frac{i}{\sigma}. \tag{6/4}$$

Der Hall-Winkel φ, definiert als der Winkel zwischen E und i, ist gegeben durch

$$\tan \varphi = \frac{E_\perp}{E_\parallel} = R\sigma B = \mu_H B. \tag{6/5}$$

Um einen möglichst großen Hall-Winkel, d. h. eine möglichst große Hall-Spannung bei gegebener Längsspannung zu erzielen, muß ein Halbleiter mit hoher Beweglichkeit benutzt werden. Als geeignete Materialien bieten sich insbesondere InSb (Eigenleitungsbeweglichkeit 77 000 cm²/Vs), InAs (24 000 cm²/Vs), $InAs_{0,8}P_{0,2}$ (10 000 cm²/Vs) und GaAs an ([114], S. 96).

Bild 6/2 zeigt vereinfacht den Aufbau eines Hall-Generators. Als Folge der transversalen Hall-Feldstärke $E_\perp$ entsteht an den Klemmen 3 und 4 die Hall-Spannung $U_H = E_\perp b$. Der über die Klemmen 1 und 2 fließende Steuerstrom ist $I = ibd$. Mit (6/1) erhält man damit für die Hall-Spannung

$$U_H = \frac{R}{d}\, IB. \tag{6/6}$$

Die Elektroden 1 und 2 für den Steuerstrom schließen die transversale Hall-Spannung in ihrer Umgebung kurz. Wenn das geometrische Verhältnis l/b groß ist, hat dies keinen Einfluß auf die an den Elektroden 3 und 4 abgegriffene Hall-Spannung. Für kleinere Werte l/b kann der Einfluß der Elektroden 1 und 2 durch einen Korrekturfaktor $f(l/b)$ berücksichtigt werden, der in Bild 6/3 als Funktion von l/b dargestellt ist:

$$U_H = \frac{R_H}{d}\, IBf(l/b) = k_{B0}\, IB. \tag{6/7}$$

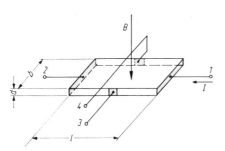

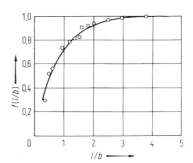

Bild 6/2. Prinzipieller Aufbau eines Hall-Generators.

Bild 6/3. Korrekturfunktion $f(l/b)$ für die Hall-Spannung [115].

Man nennt den Ausdruck $k_{b0} = (R_H/d)f(l/b)$ die Leerlaufempfindlichkeit des Hall-Generators. Für beispielsweise ein InSb-Plättchen mit $n \approx 5 \cdot 10^{16}\ cm^{-3}$ und einer Schichtdicke $d = 0,15$ mm erhält man eine Empfindlichkeit von $k_{B0} \approx 0,8$ V/AT. Besondere Vorteile bietet die Herstellung von Hall-Generatoren durch Ionenimplantation in semiisolierendes GaAs (chromdotiert), da hier die hohe Elektronenbeweglichkeit ausgenutzt und die Dicke d der aktiven Schicht sehr klein gehalten werden kann (z. B. 0,4 μm). Damit entsteht eine hohe Hallspannung (z. B. 100 V/AT, s. (6/6)) und außerdem können sehr kleine Sensoren (z. B. $0,4 \times 0,4$ mm² Chipgröße) realisiert werden [234].

Zwischen den Klemmen 1 und 2 besteht ein endlicher Widerstand, der im „Ersatzschaltbild" durch R_1 berücksichtigt wird (Bild 6/4). Dieser steuerseitige Innenwiderstand R_1 ist von der Stärke des Magnetfeldes abhängig (Abschn. 6.2), wie Bild 6/5 zeigt. Die Hall-Spannung nach (6/7) ist eine Leerlaufspannung. Der endliche Widerstand zwischen den Klemmen 3 und 4 kann im „Ersatzschaltbild" des Hall-Generators durch den Widerstand R_2 berücksichtigt werden.

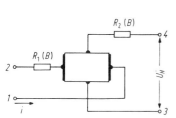

Bild 6/4. „Ersatzschaltbild" des Hall-Generators.

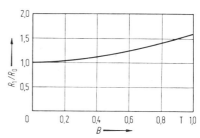

Bild 6/5. Steuerseitiger Innenwiderstand R_1 (normiert) eines Hall-Generators (Typ FA 22 Siemens) als Funktion des Magnetfeldes B.

Ändert sich der magnetische Fluß durch eine Leiterschleife, so wird eine elektrische Spannung induziert. Mit dem Hall-Generator hingegen wird das magnetische Feld und nicht dessen zeitliche Änderung gemessen. Um zu vermeiden, daß bei einer zeitlichen Änderung des Magnetfeldes in den Zuleitungen der Hall-Kontakte eine Spannung induziert wird, ordnet man die Zuleitungen zu den Hall-Kontakten so an, daß die für die Induktion in Frage kommende Fläche verschwindend klein wird (Bild 6/2).

Die Anwendungen für den Hall-Generator ergeben sich aus dessen Eigenschaften. Es kann das Magnetfeld nach Betrag und Vorzeichen gemessen werden, und es können zwei elektrische Größen (Magnetfeld und Steuerstrom) miteinander multipliziert werden. Zur Magnetfeldmessung muß die Hall-Konstante möglichst temperaturunabhängig sein. Wie Bild 6/1 zeigt, kommen dafür Störstellenhalbleiter in Frage. Durch Verwendung einer Steuer*spannung* anstelle eines Steuer*stromes* kann zwar die Temperaturabhängigkeit einer eigenleitenden Hall-Sonde kompensiert werden, doch wirkt hier die Magnetfeldabhängigkeit des Widerstandes R_1 störend. Die Empfindlichkeitsgrenze für Hall-Generatoren liegt bei ca. 10^{-7} T. Durch Verwendung von Ferritstäben zur Feldkonzentration (Bild 6/6) kann die Empfindlichkeit um ca. zwei Größenordnungen gesteigert werden [116]. Dadurch wird allerdings das zu messende Feld stark verzerrt, was aber für viele Anwendungen ohne Belang ist.

Hall-Generatoren können, wie Bild 6/7 zeigt, zur Strommessung (auch

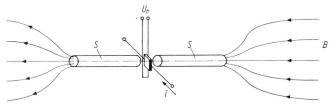

Bild 6/6. Feldkonzentration durch ferromagnetische Stäbe S.

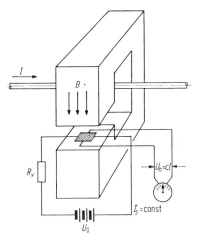

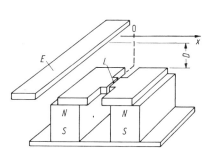

Bild 6/7. Messung hoher Gleichströme ohne Leitertrennung mit Hilfe der Hall-Sonde nach [117].

Bild 6/8. Berührungsfreie Signalgabe durch eine bewegte Eisenschiene nach [118].

Gleichstrom) ohne Leitertrennung herangezogen werden, da das mit dem Strom verknüpfte Magnetfeld um den Leiter gemessen wird. Weiter finden Hall-Generatoren als kontaktfreie Signalgeber Verwendung. In einer Anordnung nach Bild 6/8 ist eine Hall-Sonde in einem Luftspalt L, in welchem das Magnetfeld aus Symmetriegründen Null ist, wenn die Eisenschiene E nicht vorhanden ist oder genau über dem Luftspalt L liegt. Ändert sich die x-Koordinate des Eisenstückes, so wird die Symmetrie gestört, und es entsteht ein Magnetfluß im Luftspalt und damit je nach dem Vorzeichen von x eine positive bzw. negative Hall-Spannung (Bild 6/9). In diesem Fall wird zur Messung nur der Nulldurchgang der Hall-Spannung herangezogen. Die Hall-Konstante soll möglichst groß sein, muß aber hier nicht konstant sein. Es kann hier eigenleitendes InSb Verwendung finden (Bild 6/1).

Die Multiplikationseigenschaft des Hall-Generators kann beispielsweise zur Messung und Regelung des Drehmomentes eines Elektromotors herangezogen werden. Das Drehmoment ist proportional dem Produkt aus Polschuhfluß und Ankerstrom. Eine Hall-Sonde an geeigneter Stelle am Pol-

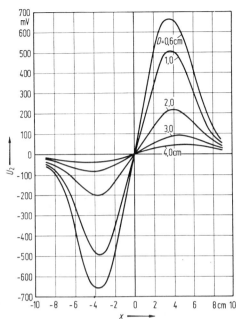

Bild 6/9. Ausgangsspannung U_2 des Signalgebers nach Bild 6/8 als Funktion der Lage der Eisenschiene.

schuh mißt den magnetischen Fluß [119]; wenn der Steuerstrom proportional dem Ankerstrom gemacht wird, ist die Hall-Spannung proportional dem Drehmoment des Motors.

6.2 Feldplatte [232, 234]

Die Feldplatte ist ein magnetfeldabhängiger Widerstand, dessen Wirkungsweise ebenfalls auf dem Hall-Effekt beruht. Bild 6/10 zeigt schematisch eine Feldplatte. In einer InSb-Halbleiterschicht sind leitende Nadeln aus NiSb eingeschlossen. Sie stehen senkrecht auf die Stromrichtung bei $B = 0$, liegen also für $B = 0$ in Ebenen, die auch ohne leitende Nadeln Äquipotentiallinien wären, und haben daher in diesem Fall keinen besonderen Einfluß auf den Widerstand der Halbleiterschicht. Wenn senkrecht auf die Platte ein Magnetfeld B existiert, so entsteht zwischen Feldstärke und Stromvektor der Hall-Winkel. Da die elektrische Feldstärke wegen der durch die NiSb-Nadeln festgelegten Äquipotentiallinien ihre Richtung beibehält, entsteht, wie Bild 6/10 zeigt, eine Verlängerung der Strompfade und damit eine Erhöhung des Widerstandes der Feldplatte. Diese Widerstandserhöhung ist unabhängig vom Vorzeichen des Magnetfeldes und ist etwa zehnfach für ca. 1 T (Bild 6/11). Durch entsprechende Wahl der Geometrie kann der Absolutwert des Widerstandes in weiten Grenzen variiert

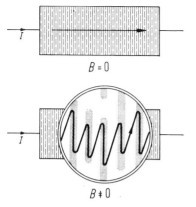

Bild 6/10. Strombahnen in der Feldplatte ohne und mit transversalem Magnetfeld, schematisch.

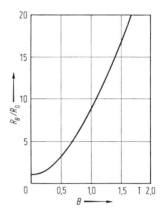

Bild 6/11. Normierter Widerstand einer Feldplatte aus InSb(NiSb) als Funktion des Magnetfeldes (für Typ FP 30 L 50 E Siemens: $R_0 \simeq 50\,\Omega$).

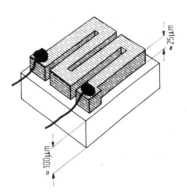

Bild 6/12. Feldplatte mit Träger.

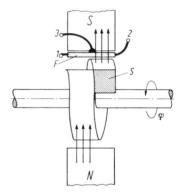

Bild 6/13. Schematische Darstellung eines Potentiometers mit Feldplatte F (Bauteile-Information Siemens).

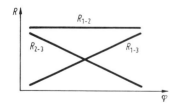

Bild 6/14. Widerstände der Feldplatte von Bild 6/13 als Funktion des Drehwinkels φ der Weicheisenschnecke.

268

werden. Bild 6/12 zeigt eine Mäanderstruktur auf einem Isolator als Träger mit typischen Dickenangaben.

Feldplatten können in ähnlicher Weise wie Hall-Generatoren zur elektrischen Messung nichtelektrischer Größen herangezogen werden. Bild 6/13 zeigt als Beispiel schematisch ein kontaktloses Potentiometer. Zwischen den Polschuhen eines Dauermagneten befindet sich eine weichmagnetische Steuerscheibe S. Durch Drehung der Steuerscheibe verschiebt sich der magnetische Fluß durch die Feldplatte. Dadurch nimmt der Widerstand zwischen den Klemmen 1 und 2 gerade um den Betrag zu, um den er zwischen den Klemmen 2 und 3 abnimmt (Bild 6/14).

6.3 Fotowiderstand

Die Ladungsträgerdichte im Halbleiter hängt von der Generationsrate ab (z. B. [3]). Strahlt man Licht in einen Halbleiter ein, so erhöht man dadurch die Trägerdichte und seine Leitfähigkeit. Dieser innere Fotoeffekt wird im Fotowiderstand ausgenutzt.

Wird ein Elektron-Loch-Paar erzeugt, so muß die Photonenenergie mindestens gleich dem Bandabstand des Halbleiters sein. Die maximale Wellenlänge ist also durch die Beziehung

$$\lambda_{max} = \frac{hc}{E_g} = \frac{1{,}24}{E_g/\text{eV}}\,\mu\text{m} \tag{6/8}$$

gegeben. Werden die Träger durch Ionisierung eines Donators bzw. Akzeptors erzeugt, so muß die Photonenenergie mindestens gleich dem Abstand des Donator- bzw. Akzeptorniveaus von der Bandkante sein. Durch Wahl von Halbleitern mit geringem Bandabstand bzw. von Halbleitern mit geeigneten Dotierungsniveaus kann man eine Lichtempfindlichkeit bis weit in den Infrarotbereich erzielen. Voraussetzung dafür ist, daß die damit konkurrierende thermische Anregung genügend klein ist, d. h. Infrarotdetektoren sollen im allgemeinen bei tiefen Temperaturen betrieben werden.

Eine die Wirksamkeit des Fotoeffekts kennzeichnende Größe ist der sog. Gewinn, der als das Verhältnis von Fotostrom zu dem Produkt aus Elektronenladung und Generationsrate definiert ist. Im Fall einer Fotodiode ist dieser Gewinn etwa gleich 1, da für jeden Generationsvorgang ein Ladungsträger die *ganze* RL-Zone durchläuft. (Das Zeitintegral über den einzelnen Stromimpuls ist gleich der Elementarladung.) Im Fall des Fotoleiters ist dieser Gewinn von 1 sehr stark verschieden, und zwar gleich dem Verhältnis von Trägerlebensdauer τ zur Laufzeit τ_t des Ladungsträgers zwischen den Elektroden, wenn Störstellenleitung vorliegt (z. B. [1]). Solange nämlich (z. B. im n-Typ-Halbleiter) ein Donator ionisiert ist, fließt ein Elektronenstrom. Ist die Lebensdauer τ kürzer als die Trägerlaufzeit τ_t, so ist das Zeitintegral über den einzelnen Stromimpuls kleiner als die Elementarladung (Gewinn kleiner als 1). Ist die Lebensdauer größer als die Laufzeit, so werden aus den Elektroden Elektronen nachgeliefert, solange der Donator ionisiert ist, und das Zeitintegral über den Stromimpuls ist größer als die Elementarladung (Gewinn größer als 1).

Die Laufzeit des Ladungsträgers hängt ab vom Abstand L der Elektroden, der aus diesem Grunde möglichst klein gewählt wird. Man verwendet daher Elektrodenkonfigurationen, wie sie in Bild 6/15 gezeigt werden (Interdigitalelektroden). Im Interesse eines hohen Gewinns wählt man Stoffe mit langer Lebensdauer der „Ladungsträger". Dadurch wird allerdings die Ansprech- und Abklingzeit des Detektors groß. Typische Ansprechzeiten liegen im Bereich von Mikrosekunden bis Millisekunden; Gewinnfaktoren bis zu 10^5 mit Fotoleitern sind möglich.

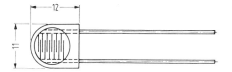

Bild 6/15. Cadmiumsulfid-Fotowiderstand (Typ LDR 05 Valvo).

Gemäß diesen Überlegungen wird der durch Lichteinstrahlung verursachte Fotostrom

$$I = \eta e \Phi A \frac{\tau}{\tau_t}. \tag{6/9}$$

Darin bedeutet η den Quantenwirkungsgrad, d. h. das Verhältnis von erzeugten Ladungsträgerpaaren zur Anzahl der absorbierten Photonen, A die Fläche der Diode, Φ die auffallende Photonenflußdichte und τ/τ_t den bereits erwähnten Gewinn (Reflexionsverluste vernachlässigt). Da die Transitzeit τ_t von der Geschwindigkeit der Ladungsträger und damit von der angelegten Spannung abhängt, kann aus Gl. (6/9) auch der Fotowiderstandswert ermittelt werden. Er ist proportional der Photonenflußdichte Φ. Typische Dunkelwiderstände liegen in der Größe von 10^6 bis $10^8\ \Omega$. Typische Hellwiderstände (1 000 lx) liegen in der Größenordnung einiger 100 Ω.

Bild 6/16 zeigt die spektrale Empfindlichkeit einiger Fotowiderstände. Sie nimmt bei langen Wellenlängen als Folge des Rückgangs des Quantenwirkungsgrades ab, da die Photonenenergie zur Trägererzeugung nicht mehr ausreicht. Beispielsweise entspricht die langwellige Grenzwelle von 5,5 µm für InSb-Fotowiderstände etwa dem Bandabstand von 0,226 eV. Die Abnahme der Empfindlichkeit bei kurzen Wellenlängen ist durch die kleine Lebendauer der Ladungsträger in Oberflächennähe, in der Photonen hoher Energie absorbiert werden, zu erklären. Prinzipiell entspricht also das Auftreten eines Maximums der spektralen Empfindlichkeit auch beim Fotowiderstand den gleichen Effekten wie bei der Fotodiode.

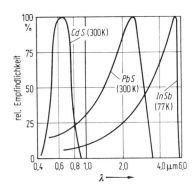

Bild 6/16. Vergleich der (relativen) spektralen Empfindlichkeit verschiedener Fotowiderstände (Valvo Datenblätter).

Das Rauschen eines Fotowiderstands wird meist beschrieben durch eine äquivalente Rauschleistung (NEP: noise equivalent power). Das ist diejenige zu 100 % sinusförmig modulierte Strahlungsleistung, welche einen Fotostrom verursacht, der gleich dem Rauschstrom ist. Da die NEP einer Diode von ihrer Fläche und der Meßbandbreite abhängt, wird sie meist auf die Wurzel aus der Diodenfläche und der Bandbreite bezogen. Der Kehrwert heißt Nachweisvermögen (detectivity) (z. B. [1, 144]).

Im Gegensatz zur Fotodiode kann der Fotowiderstand in Wechselstromkreisen benutzt werden, da er keine gleichrichtenden Eigenschaften hat. Außerdem sind großflächige Lichtempfänger relativ einfach herzustellen. Ein wesentliches Anwendungsgebiet liegt in der Infrarottechnik; pn-Dioden lassen sich aus Materialien, die infrarotempfindlich sind, nur sehr schwer herstellen. Ein Nachteil des Fotowiderstands ist die relativ lange Ansprechzeit bis zu einigen Millisekunden.

6.4 Dehnungsmeßstreifen [232]

Unter Dehnungsmeßstreifen versteht man Dünnschichtwiderstände, deren Widerstand von der mechanischen Dehnung abhängt. Der Widerstand R ist allgemein proportional dem Produkt aus spezifischem Widerstand ϱ und Länge L des Widerstandes. Generell wird eine Längenänderung um ΔL eine Widerstandsänderung ΔR hervorrufen, wobei die relative Widerstandsänderung proportional der relativen Längenänderung ist:

$$\frac{\Delta R}{R} = k_1 \frac{\Delta L}{L}. \tag{6/10}$$

Wenn der spezifische Widerstand bei einer Längenänderung konstant bleibt, ist die Proportionalitätskonstante $k_1 \approx 2$, da die Längenänderung ΔL etwa gleich der Querschnittänderung $-\Delta A$ ist (Volumenänderung gleich Null). Dies ist bei Metallen der Fall. Bei Verwendung von Halbleiterelementen ändert sich unter dem Einfluß mechanischer Beanspruchungen das Kristallgitter und damit die Bandstruktur. Es entsteht auf diese Weise eine Änderung des spezifischen Widerstandes, und der Proportionalitätskoeffizient k_1 kann Werte in der Größenordnung von 100 bis 150 annehmen [120]. Anwendung finden solche Dehnungsmeßstreifen beispielsweise im Maschinenbau zur Messung der Dehnung an bewegten Teilen.

6.5 Heißleiter (NTC-Widerstand) [232, 233]

Allen reinen Halbleitermaterialien gemeinsam ist eine sehr starke Zunahme der Leitfähigkeit mit der Temperatur, die in der Größenordnung von einigen Prozent je Kelvin liegt. Grund dafür ist die starke Temperaturabhängigkeit der Eigenleitungsträgerdichte. Im Störstellenhalbleiter ist die Leitfähigkeit durch die Majoritätsträger bestimmt, deren Dichte in weiten Bereichen temperaturunabhängig ist. Die starke Temperaturabhängigkeit der Minoritätsträger äußert sich nicht in der Leitfähigkeit des Halbleitermaterials (wohl aber beispielsweise in der Temperaturabhängigkeit des Sperrstroms einer Diode). Heißleiter sind Widerstände, welche die genannte starke Temperaturabhängigkeit der Leitfähigkeit ausnutzen; sie haben einen negativen Temperaturkoeffizient (NTC; Thermistor [121]). Da Germanium und Silizium extrem rein sein müßten, um diese Temperaturabhängigkeit aufzuweisen, werden Heißleiter aus polykristallinen Metalloxiden hergestellt, bei welchen die Leitfähigkeit durch die Anzahl der Ladungsträger bestimmt ist, die die Potentialbarrieren an den Korngrenzen überwinden können. Dafür werden Mischkristalle aus Eisenoxyd, Magnesiumchromat und Zinktitanatoxyd verwendet, die bei hohen Temperaturen gesintert werden.

Bild 6/17 zeigt die typische Abhängigkeit des Widerstandes eines Heißleiters von der Temperatur. Man kann diese Temperaturabhängigkeit angenähert durch

$$R(T) = R_N(T_0) \exp B\left(\frac{1}{T} - \frac{1}{T_0}\right) \qquad (6/11)$$

beschreiben. Als Referenztemperatur T_0 wird dabei meistens 300 K gewählt. Die Proportionalitätskonstante B hat typische Werte um 4 000 K.

Da die Temperatur eines sich selbst überlassenen Heißleiters von dessen Leistungsaufnahme abhängt, erhält man eine nichtlineare Strom-Spannungs-Kennlinie. Bild 6/18 zeigt diese, und man erkennt, daß bei kleinen Leistungen der Widerstand konstant ist, da die Heißleitertemperatur durch die Umgebungstemperatur bestimmt ist. Mit zunehmender Verlustleistung nimmt jedoch die Temperatur zu und damit der Widerstand ab. Für die Aufnahme der Kennlinien nach Bild 6/18 muß jeweils genügend lange gewartet werden, bis sich der stationäre Zustand einstellt. Maßgebend für die Zeitkonstante, mit der sich dieser Zustand einstellt, ist die thermische

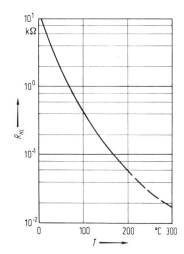

Bild 6/17. Heißleiterwiderstand R_{HL} als Funktion der Temperatur (Typ A 34–2/30 Siemens).

Zeitkonstante des Heißleiters (bestimmt aus Wärmekapazität und Wärmewiderstand bzw. Abstrahlung). Typische Werte der Zeitkonstanten liegen bei 1 bis 100 s.

Aus diesen Eigenschaften ergeben sich die Anwendungen des Heißleiters. Er dient zur Kompensation der Temperaturabhängigkeit von Widerständen mit positiven Temperaturkoeffizienten, zur Temperaturmessung und Regelung. Da die Temperatur des elektrisch stark belasteten Heißleiters sehr stark von der Wärmeableitung abhängt, findet dieser auch Verwendung als Flüssigkeitsstandanzeiger, wobei die Widerstandsänderung als Folge der geänderten Wärmeableitung als Meßgröße herangezogen wird. Von der thermischen Zeitkonstante kann beispielsweise Gebrauch gemacht werden, wenn eine verzögerte Relaiseinschaltung gewünscht wird.

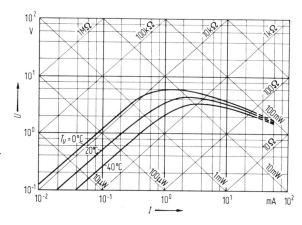

Bild 6/18. Stationäre U-I-Kennlinie eines Heißleiters (Typ A 34–2/30 Siemens) für verschiedene Umgebungstemperaturen T_U.

273

6.6 Kaltleiter (PTC-Widerstand) [232, 233]

Kaltleiter haben in einem begrenzten Temperaturbereich einen sehr hohen positiven Temperaturkoeffizienten des Widerstands (PTC). Bild 6/19 zeigt diese Temperaturabhängigkeit für eine Reihe von Kaltleitern verschiedener Zusammensetzung. Kaltleiter bestehen im allgemeinen aus dotierter Barium-Strontium-Titanat-Keramik. Man bezeichnet die Temperatur, bei welcher der steile Widerstandsanstieg beginnt, als Nenntemperatur T_N.

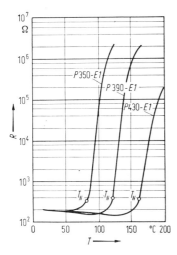

Bild 6/19. Temperaturabhängigkeit des Widerstandes verschiedener Kaltleiter [122].

Die extrem starke Temperaturabhängigkeit (innerhalb von ca. 20 K ändert sich der Widerstand um zwei bis drei Zehnerpotenzen) erklärt sich aus der sehr starken Temperaturabhängigkeit der Dielektrizitätskonstante dieser polykristallinen ferroelektrischen Substanz [123]. An den Korngrenzen zwischen den Kristalliten existieren Potentialbarrieren der Höhe U. Der spezifische Widerstand dieses Stoffes wird bestimmt durch die Anzahl der Ladungsträger, welche aufgrund ihrer thermischen Energie diese Potentialbarriere überwinden können. Der spezifische Widerstand ist daher proportional $\exp(U/U_T)$. Andererseits ist die Potentialbarriere nach der Poisson-Gleichung (für konstante Dichte der festen Ladung) proportional $1/\varepsilon$. In ferroelektrischen Stoffen hängt die Dielektrizitätskonstante oberhalb der Curie-Temperatur T_c gemäß dem Curie-Weiß-Gesetz von der Temperatur ab (Bild 6/20):

$$\varepsilon \sim \frac{C}{T - T_c}.$$

Unter der Curie-Temperatur ist die Dielektrizitätskonstante für sehr hohe elektrische Felder sehr groß. Für eine Temperatur über der Curie-Tempera-

274

tur gilt daher $U \sim T - T_c$ und damit

$$\varrho \sim \exp k_1 \frac{T - T_c}{T} \sim \exp k_1 \left(\frac{-T_c}{T} \right). \tag{6/12}$$

Gleichung (6/12) erklärt die starke Temperaturabhängigkeit des Widerstandes als Folge der Abnahme der Dielektrizitätskonstante mit der Temperatur. Außerhalb dieses über der Curie-Temperatur liegenden Bereichs bleibt der normale negative Temperaturkoeffizient der Halbleiter bestehen.

Da die Temperatur des Kaltleiters von der elektrischen Verlustleistung abhängt, erhält man ebenso wie beim Heißleiter nichtlineare Stromspannungskennlinien (Bild 6/21; hier sind Strom- und Spannungskoordinaten gegenüber Bild 6/18 vertauscht). Die Abhängigkeit dieser Kennlinien von der Wärmeleitung ist aus Bild 6/21 durch den Unterschied zwischen einem Kaltleiter in Luft und Öl ersichtlich.

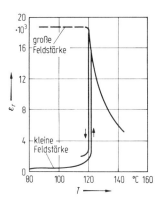 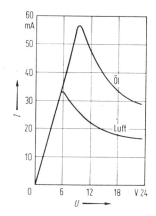

Bild 6/20. Temperaturabhängigkeit der relativen Dielektrizitätskonstante von Bariumtitanat als Funktion der Temperatur nach [124].

Bild 6/21. I-U-Kennlinien für Kaltleiter in unterschiedlichen Medien [122].

Im Vergleich zum Heißleiter ist hier in einem begrenzten Temperaturbereich die Temperaturabhängigkeit des Widerstandes wesentlich stärker; man kann von einem Temperaturschalter sprechen. Kaltleiter finden Anwendung beispielsweise als Überlastungsschutz, als Thermostat, als elektronisches Fieberthermometer, wegen seiner thermischen Trägheit als Verzögerungsschaltglied und als sich selbst regelndes Heizelement, also als kompletter „Thermostat".

6.7 Chemosensoren

Chemosensoren nehmen insofern eine Sonderstellung unter den Sensoren ein, als es sehr viele unterschiedliche Substanzen (Gase und Flüssigkeiten) gibt, deren Anwesenheit und Konzentration man bestimmen will, während andere Sensoren nur *eine* Größe (z. B. Magnetfeld) zu bestimmen haben. In der Prozeßtechnik sind seit langem die „klassischen Meßwertfühler" (s. z. B. [235]) bekannt, welche diese Aufgabe mit großer Genauigkeit aber auch mit hohem Aufwand bewältigen. In zunehmendem Maße beginnen jedoch Halbleitersensoren diese Aufgabe zu übernehmen und neue Einsatzgebiete (Umweltschutz, Arbeitsplatzüberwachung) zu erschließen (s. z. B. [232]).

Im Folgenden werden zwei charakteristische Halbleiter-Chemosensoren besprochen, der Metalloxid-Gassensor und der MOS-Chemosensor.

Metalloxid-Gassensoren

Bild 6/22 zeigt drei Bauformen dieses Sensors. Die aktive Metalloxid-schicht aus SnO_2, ZnO oder WO_3 wird durch eine Heizanordnung auf die

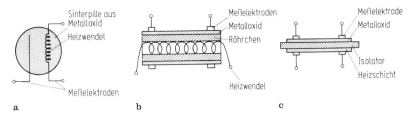

Bild 6/22. Bauformen für Metalloxid-Gassensoren [232]. **a** Pillenform, **b** Röhrchenform, **c** Dünnschichtform.

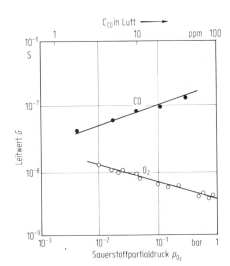

Bild 6/23. Leitwert eines SnO_2-Sensors in Abhängigkeit vom Sauerstoffpartialdruck und von der CO-Konzentration in Luft [232].

gewünschte Temperatur (einige hundert Grad Celsius) gebracht. Dadurch entsteht an der Oberfläche des Metalloxids ein Defizit an Sauerstoff. Diese Sauerstoff-Leerstellen stören die Stöchiometrie und wirken wie eine Dotierung. Bei gegebenem Sauerstoffpartialdruck und gegebener Temperatur stellt sich daher eine bestimmte Leitfähigkeit ein, die über zusätzliche Elektroden gemessen werden kann. Wird nun ein reduzierendes Gas (z.B. CO) an den Sensor gebracht, so wird diese Sauerstoff-Leerstellenkonzentration erhöht und damit die Leitfähigkeit. Bild 6/23 zeigt die typische Abhängigkeit des gemessenen Leitwertes vom Sauerstoffpartialdruck (unten) und von der CO-Konzentration (oben) [232]; durch Zugabe von Sauerstoff verringert sich die Leerstellenkonzentration, durch Zugabe reduzierender Gase vergrößert sich die Leerstellenkonzentration.

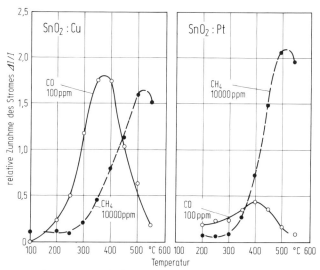

Bild 6/24. Signalströme zweier unterschiedlich präparierter SnO_2-Sensoren als Funktion der Temperatur für Methan und Kohlenmonoxid nach [237].

Je nach Betriebstemperatur und Material können bestimmte reduzierende Gase bevorzugt werden (Bild 6/24) ohne jedoch die Empfindlichkeit für die anderen Gase vollständig unterdrücken zu können. Am Ende dieses Abschnittes wird darauf noch kurz eingegangen.

MOS-Chemosensoren

Bild 6/25 zeigt eine MOS-Diode wobei als Gate-Material Palladium Verwendung findet. Darüber kann eine Filterschicht zur Erzielung einer gewissen Selektivität angebracht werden. Palladium läßt Wasserstoff ziemlich ungehindert hindurchtreten und es bilden sich an der Grenzschicht Pd-SiO_2 Wasserstoffdipole, wenn Wasserstoff (oder Wasserstoffverbindungen wie

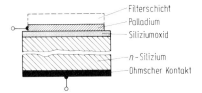

Bild 6.25. MOS-Gassensor, schematisch.

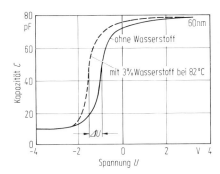

Bild 6/26. Kennlinie $C(U)$ eines MOS-Gassensors.

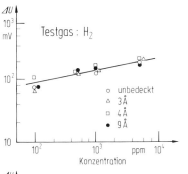

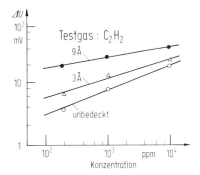

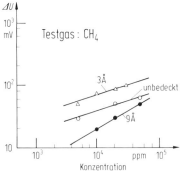

Bild 6/27. Signalspannungen für drei unterschiedlich präparierte MOS-Gassensoren als Funktion der Gaskonzentrationen für Wasserstoff, Azetylen und Methan nach [238]. Die in Bild 6/25 angegebene Filterschicht ist hier Zeolith mit den im Bild angegebenen Porengrößen.

z. B. Methan, Azetylen, Alkoholdampf usw.) an der Sensoroberfläche vorhanden sind. Diese Dipole ändern die Austrittsarbeit des Gatemetalls und damit ändert sich die Charakteristik C(U) der MOS-Diode, wie Bild 6/26 zeigt. Durch eine Regelschaltung kann bei der Messung die Kapazität konstant gehalten werden, so daß die Spannungsänderung ΔU als Meßgröße für die Anzahl der Wasserstoffdipole an der Grenzfläche dient.

Wird diese Struktur zum Feldeffekttransistor erweitert, so bewirkt die Wasserstoffdipolschicht eine Änderung der Einsatzspannung um ΔU und als Meßgröße dient dann der Drainstrom. Ähnlich wie beim Metalloxidsensor läßt sich hier durch Variation der Betriebs- bzw. Herstellungsparameter oder zusätzliche Maßnahmen (perforierte Elektroden, Filterschichten) eine gewisse Selektivität erreichen. Bild 6/27 zeigt typische Meßkurven.

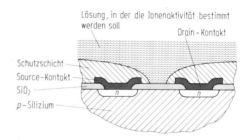

Bild 6/28. Aufbau eines ionensensitiven Feldeffekttransistors (ISFET), schematisch.

Bild 6/28 zeigt einen FET mit einer als Gateelektrode wirkenden Flüssigkeit. Zur Festlegung des Flüssigkeitspotentials dient eine (im Bild nicht gezeichnete) Referenzelektrode. Je nach Konzentration der Ionen in der Flüssigkeit ändert sich die Einsatzspannung und damit der Drainstrom (bei konstantem Potential der Referenzelektrode).

Mit solchen ionensensitiven Feldeffekttransistoren (ISFET) kann der pH-Wert von Flüssigkeiten gemessen werden, wie Bild 6/29 zeigt.

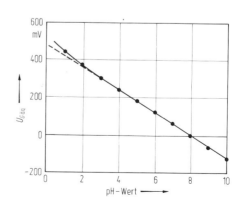

Bild 6/29. Äquivalente Gatespannungsänderung als Signalgröße für einen ISFET als Funktion des pH-Wertes [232].

279

Die angesprochenen Maßnahmen zur Erzielung einer Selektivität für bestimmte Substanzen sind mehr oder weniger wirksam. Einen Ausweg bietet die vergleichende Messung verschiedener Sensorelemente; einer Anordnung von mehreren Sensorelementen gibt mehrere Signale gleichzeitig ab und dieses Signalspektrum ist charakteristisch für die betreffende Substanz und kann daher zur Erkennung der Substanz dienen [236, 239].

6.8 Thermoelektrischer Energiewandler [233]

Die in den beiden folgenden Abschnitten zu besprechenden thermoelektrischen Bauelemente beruhen auf den thermoelektrischen Effekten, welche eine Folge der Tatsache sind, daß Elektronen sowohl Träger elektrischer Ladung als auch kinetischer Energie sind. In Verbindung mit einer phänomenologischen Beschreibung wird — soweit möglich — eine kurze Erklärung der Effekte gebracht. Eine exakte Behandlung ist mit Hilfe der Boltzmannschen Transportgleichung möglich. [125–130].

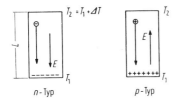

Bild 6/30. Entstehung einer Thermospannung im homogenen Halbleiter.

Bild 6/30 zeigt links einen homogen dotierten n-Typ-Halbleiter. Wenn die Temperatur im ganzen Halbleiter gleich ist, existiert im Mittel überall die gleiche Trägerdichte, obwohl sich die Ladungsträger als Folge ihrer thermischen Energie im Halbleiter bewegen. Der Halbleiter ist neutral, das elektrische Feld in ihm gleich Null. Man denke sich nun die Temperatur T_2 schlagartig um ΔT erhöht. Dann wird die Bewegung der Ladungsträger vom heißen zum kalten Ende im Mittel überwiegen (Thermodiffusion). Dadurch entsteht (für n-Typ Halbleiter) eine negative Aufladung der kalten Stelle und ein elektrisches Feld E_x vom heißen zum kalten Ende. Diese Feldstärke hemmt die mittlere Ladungsträgerbewegung und steigt solange an, bis der Ladungsträgerstrom Null wird (Diffusionsstrom = Driftstrom). In dem dann erreichten stationären Zustand ist die Feldstärke E_x proportional der Temperaturdifferenz pro Längeneinheit

$$E_x = \alpha \frac{\Delta T}{L} = \alpha \frac{dT}{dx},\qquad (6/13)$$

und damit die Spannung an den Klemmen $\Delta U = \alpha \Delta T$.

Der Proportionalitätsfaktor α heißt differentielle Thermospannung (Thermokraft, absolute thermoelectric power). Sie ist material- und temperaturabhängig, hat die Dimension Volt pro Grad und liegt typisch in der Größenordnung von 100 µV/K. Für n-Typ-Halbleiter ist $\alpha < 0$. Für p-Typ-Halbleiter gilt $\alpha > 0$; die Feldrichtung ist, wie man sich auch anhand von Bild 6/30 rechts überzeugen kann, umgekehrt.

Die analogen Überlegungen gelten im Prinzip auch für Übergänge zwischen *verschiedenen* Materialien a und b. Es ist dann die Differenz der differentiellen Thermospannungen zu benutzen.

Bild 6/31 zeigt zwei Übergänge auf den unterschiedlichen Temperaturen T_1 und T_2. Wenn $I = 0$ ist, kann man zwischen den Klemmen eine Leerlaufspannung die Thermospannung ΔU_T (Seebeck-Spannung) messen. Sie ist proportional der Temperaturdifferenz ΔT:

$$\Delta U_T = \alpha_{ab}\,\Delta T. \tag{6/14}$$

Der Seebeck-Koeffizient α_{ab} kann durch die differentiellen Thermokoeffizienten ausgedrückt werden:

$$\alpha_{ab} = \alpha_a - \alpha_b. \tag{6/15}$$

Er ist also besonders groß zwischen einem n-Typ- und einem p-Typ-Halbleiter. Die Klemmen bestehen aus gleichem Material und sind auf gleicher Temperatur. Die an den Übergängen auftretenden Diffusionsspannungen ergeben in ihrer algebraischen Summe nicht Null, da die Übergänge auf verschiedenen Temperaturen liegen. Dieser Effekt ist jedoch in (6/14) bereits berücksichtigt, da die „Thermospannungen" α_a und α_b auf einen fiktiven gemeinsamen Nullpunkt bezogen sind.

Bild 6/32 zeigt schematisch einen Thermogenerator. Durch die Verwendung eines p- und eines n-Typ-Halbleiterschenkels entsteht bei thermischer Parallelschaltung und elektrische Serienschaltung, die jeweils mit dem Grundmaterial größtmögliche Generatorspannung.

Die vom Thermogenerator an eine Last R_L abgegebene Leistung ist:

$$P = \left(\frac{\alpha_{ab}\,\Delta T}{R + R_L}\right)^2 R_L. \tag{6/16}$$

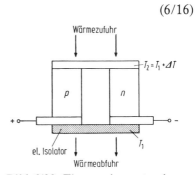

Bild 6/31. Thermospannung ΔU_T für Kontakte auf unterschiedlicher Temperatur.

Bild 6/32. Thermoelement, schematisch.

Darin ist R der Widerstand der beiden Halbleiterschenkel. Bei Anpassung der Last an den Generator erhält man die maximale Leistung

$$P_{\max} = \frac{(\alpha_{ab} \Delta T)^2}{4\,R}. \tag{6/17}$$

Die Größe α_{ab}^2/R ist eine für das Material charakteristische Gütezahl. Es wurde hier vorausgesetzt, daß die Temperaturdifferenz ΔT konstant ist. Um einen kleinen Widerstand R zu erzielen, wird man die Halbleiterschenkel kurz und mit großem Querschnitt dimensionieren. Dies bedingt jedoch starke thermische Verluste aufgrund der mit der Temperaturdifferenz verbundenen Wärmeleitung. Es ist daher für die Praxis wichtiger den *Wirkungsgrad* zu optimieren (Verhältnis aus abgegebener elektrischer Leistung zu der am heißen Ende zugeführten Wärmemenge). Dieser Wirkungsgrad ist proportional der thermoelektrischen Effektivität $\alpha_{ab}^2/\lambda\varrho$, in welcher λ die Wärmeleitfähigkeit und ϱ den spezifischen Widerstand des verwendeten Materials darstellt. Alle drei Größen in der thermoelektrischen Effektivität hängen sowohl vom Halbleitermaterial und dessen Dotierung als auch von der Temperatur ab. Es ergibt sich ein Optimum der thermoelektrischen Effektivität bei Dotierungen um $10^{18}\ \mathrm{cm}^{-3}$ (z. B. [131]). Das Optimum bezüglich der Temperatur liegt für GeSi-Mischkristalle bei ca. 1 000 K, für Pb-Te bei ca. 700 K.

Der gesamte thermoelektrische Wirkungsgrad setzt sich zusammen aus dem Carnot-Wirkungsgrad und dem durch die thermoelektrische Effektivität bestimmten Wirkungsgrad des Thermoelements. Er liegt für thermoelektrische Energiewandler in der Größenordnung von einigen Prozent. Anwendung können derartige Thermogeneratoren beispielsweise in Verbindung mit Radioisotopenheizung finden.

6.9 Thermoelektrischer Kühler [233]

Die im Abschn. 6.8 behandelten Effekte sind gekennzeichnet durch das Auftreten einer elektrischen Spannung als Folge einer Temperaturdifferenz. Der im folgenden beschriebene Peltier-Effekt ist gekennzeichnet durch das Auftreten eines Wärmeflusses als Folge eines elektrischen Stromes. Bei der Wechselwirkung der Ladungsträger mit dem Kristallgitter (Stöße) wird von den Ladungsträgern Energie an das Gitter abgegeben bzw.

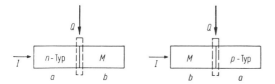

Bild 6/33. Peltier-Effekt.

aufgenommen. Bild 6/33 zeigt links den Übergang zwischen einem n-Typ-Halbleiter und einem Metall. Wenn Strom in der eingezeichneten Richtung (vom n-Typ-Halbleiter zum Metall) fließt, so wird dem Metall-Halbleiterübergang Wärme entzogen, d. h. diese Übergangsstelle wird gekühlt. Die pro Zeiteinheit aufgenommene Wärmemenge ist proportional dem Strom I:

$$Q = \Pi_{ab} I. \tag{6/18}$$

Der Proportionalitätskoeffizient Π_{ab} heißt Peltier-Koeffizient. Er ist mit dem thermoelektrischen Koeffizient durch

$$\Pi_{ab} = T \alpha_{ab} \tag{6/19}$$

verknüpft. Entscheidend ist die Tatsache, daß es sich dabei um einen reversiblen Prozeß handelt, d. h. daß bei Umkehr des Stromes sich auch die Richtung des Wärmeflusses ändert. Erklärt wird dieser Prozeß durch eine Änderung der Entropie des Elektronengases beim Übertritt zwischen den beiden Stoffen a und b. Speziell für das Beispiel Bild 6/33 entspricht der Übergang der Elektronen vom Metall in den Halbleiter einer Änderung des Ordnungszustandes im Sinn einer Expansion eines Gases. Bild 6/33 zeigt rechts den entsprechenden Übergang zwischen Metall und p-Typ-Halbleiter. In diesem Fall hat der Peltier-Koeffizient entgegengesetztes Vorzeichen.

Gleichung (6/18) gibt die an der Lötstelle zugeführte Wärmemenge je Zeiteinheit an, wenn das ganze System auf der gleichen Temperatur ist. Entsteht jedoch als Folge des Wärmeentzugs an der Lötstelle eine tiefere Temperatur, so kommt der Wärmefluß als Folge der Wärmeleitfähigkeit des Materials hinzu. Außerdem entsteht Joulesche Wärme, für die angenommen werden kann, daß etwa die Hälfte der in den Halbleiterschenkeln entstehenden Wärme dem gekühlten Ende zugeführt wird. Die gesamte dem Kältereservoir pro Zeiteinheit entzogene Wärmemenge ist demnach

$$Q = \Pi_{ab} I - \frac{1}{2} I^2 R - K \Delta T. \tag{6/20}$$

Der erste Term entspricht dem Peltier-Effekt, der zweite der Jouleschen Wärme, der dritte dem Wärmefluß durch Wärmeleitung. Aus dieser Beziehung kann beispielsweise die für „thermischen Leerlauf" ($Q = 0$) entstehende maximale Temperaturdifferenz ermittelt werden. Man kann den elektrischen Kühler in zweierlei Hinsicht optimieren, entweder bezüglich einer maximalen Temperaturdifferenz oder bezüglich eines maximalen Verhältnisses der Kühlleistung (Q) zur elektrischen Leistung.

Bild 6/34 zeigt schematisch die Ausführung eines thermoelektrischen Kühlers. Ein geeignetes Halbleitermaterial ist beispielsweise $Bi_2 Te_3$, welches für seine thermoelektrische Effektivität bei tiefen Temperaturen ein Optimum aufweist (z. B. [131], S. 81). Bild 6/35 zeigt eine typische Charak-

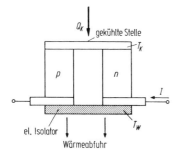

Bild 6/34. Thermoelektrischer Kühler (Peltier-Element).

teristik für die Temperaturdifferenz eines Peltier-Elements in Abhängigkeit vom elektrischen Strom. Wie (6/20) zeigt, nimmt zunächst die Temperaturdifferenz proportional mit dem Strom zu, um dann als Folge der quadratisch mit dem Strom zunehmenden Jouleschen Wärme einen maximalen Wert zu erreichen. Bild 6/36 zeigt für das gleiche Peltier-Element den Zusammenhang zwischen Temperaturdifferenz und der der kalten Stelle je Zeiteinheit zugeführten Wärmemenge.

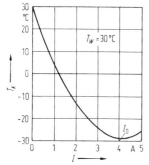

Bild 6/35. Temperaturdifferenz eines Peltier-Elements (Typ 094 492 Borg-Warner) als Funktion des elektrischen Stromes (Kühlleistung Q_K gleich Null).

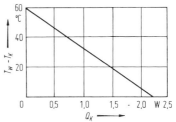

Bild 6/36. Temperaturdifferenz eines Peltier-Elements (Typ 094 492 Borg-Warner) als Funktion der Kälteleistung Q_K für $I = I_0$.

Mit Peltier-Kühlern lassen sich (in einer Stufe) Temperaturdifferenzen bis ca. 60 °C erzielen, die Kälteleistungen liegen in der Größenordnung von 1 bis 100 W. Die Betriebsspannung liegt bei einigen Volt, der Betriebsstrom bei 1 bis 100 A. Höhere Temperaturdifferenzen lassen sich durch geeignete Kaskadenschaltungen von Einzelelementen erzielen. Anwendung finden Peltier-Kühler z. B. zur Kühlung elektronischer Bauelemente (Infrarotdetektoren), zur Luft- und Gastrocknung und zur Kühlung bei biologischen Untersuchungen.

6.10 Varistoren [233]

Bild 6/37 zeigt die typische Kennlinienform eines Varistors, woraus sich auch sein Name erklärt (*vari*able res*istor*). Die Kennlinie entspricht etwa der Gleichung

$$\frac{I}{I_0} = \left(\frac{U}{U_0} \right)^{\alpha}. \tag{6/21}$$

Maßgebend ist der Nichtlinearitätskoeffizient

$$\alpha = \frac{dI}{dU} \frac{U_0}{I_0} \tag{6/22}$$

der Werte zwischen etwa 4 und 70 annehmen kann.

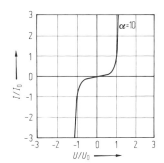

Bild 6/37. I-U Kennlinie eines Varistors nach (6/21) für $\alpha = 10$. Typische Werte $I_0 = 1\,\text{kA}$, $U_0 = 250\,\text{V}$ [233].

Varistoren sind aus polykristallinem Halbleitermaterial hergestellt, welches mit einem Bindemittel versehen gepreßt und gebrannt wird. Technische Bedeutung haben SiC (p-Typ), das typische α-Werte von 5 aufweist und ZnO (n-Typ), dessen α zwischen 40 und 70 liegt. Je größer α ist, um so ausgeprägter ist der Knick der Kennlinie. Innerhalb einiger zig Volt kann sich bei ZnO-Varistoren der Strom um 10 Dekaden ändern.

Die Wirkungsweise der Varistoren beruht auf Korngrenzeneffekten. An diesen Korngrenzen existiert eine große Anzahl von Termen im verbotenen Band (in Nähe der Bandmitte), wodurch das Fermi-Niveau in die Bandmitte gezogen wird und unabhängig vom Leitungstyp eine Potentialbarriere entsteht. Ohne angelegte Spannung ist diese Potentialbarriere so groß, daß nur wenige Ladungsträger sie überwinden können, so daß der Varistorwiderstand sehr groß ist. Steigt die angelegte Spannung, so werden die Raumladungszonen an den Korngrenzen und die Barrierenhöhen auf beiden Seiten unsymmetrisch, so daß der Strom stark zunimmt. Da sehr viele Korngrenzen an diesem Effekt beteiligt sind, ist die „Knickspannung" ziemlich groß (z. B. 250 V) und die Strombelastbarkeit ebenfalls (z. B. bis $10^3\,\text{A/cm}^2$).

Varistoren finden Anwendung als Überspannungsschutz, sei es bei kleinen Leistungen z.B. zum Schutz von Relaiskontakten, oder bei hohen Leistungen in der Hochspannungstechnik.

7 Anhang

7.1 Rauschen

Außer dem verstärkten Signal gibt ein Verstärker Wechselenergie ab, die für den betrachtenden Anwendungsfall keine nützliche Information enthält. Diese Wechselenergie kann entweder von anderen für diesen Fall nicht interessierenden Signalen herrühren (z. B. Nebensprechen), oder sie kann ihre Ursache in statistisch schwankenden Vorgängen haben (Rauschen). Beide Geräuschursachen bestimmen das kleinste noch verarbeitbare Signal. Während das Nebensprechen seine Ursache in Nichtlinearitäten von Übertragungscharakteristiken hat, liegt die Ursache für Rauschen in unvermeidbaren physikalischen Vorgängen (z. B. der thermischen Bewegung der Ladungsträger). Die in Kap. 1 bis 3 verwendeten Begriffe werden hier kurz besprochen, während im übrigen auf die Literatur verwiesen wird (z. B. [7, 132-134, 144]).

Größen zur Beschreibung von Rauschvorgängen

Die zu beschreibende Größe Y (z. B. der Strom an den Ausgangsklemmen eines Transistorverstärkers) hat allgemein bei Abwesenheit eines Signales einen zeitlichen Verlauf, wie er in Bild 7/1 gezeigt ist, d. h. es tritt außer

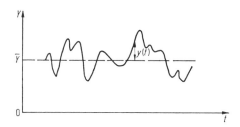

Bild 7/1. Zeitlicher Verlauf einer Rauschgröße.

dem zeitlich konstanten Gleichanteil $\overline{Y}$ eine Schwankungsgröße $y(t)$ auf. Der zeitliche Mittelwert der Schwankungsgröße y ist definitionsgemäß gleich Null. Nicht verschwindet jedoch das mittlere *Schwankungsquadrat* $\overline{(y(t))^2}$ (kurz: $\overline{y^2}$), das ein Maß für die dem Schwankungsvorgang zugeordnete Leistung und eine der am häufigsten verwendeten Größen zur Beschreibung des Rauschens ist.

Da *mehrere* physikalische Rauschphänomene existieren, interessiert die

Frage, wie Rauschgrößen addiert werden (z. B. Serienschaltung von zwei Widerständen). Sind $y_1(t)$ und $y_2(t)$ die beiden Schwankungsgrößen, so gilt für das mittlere Schwankungsquadrat der Summe $y = y_1 + y_2$

$$\overline{y^2} = \overline{(y_1 + y_2)^2} = \overline{y_1^2} + \overline{y_2^2} + \overline{2\,y_1 y_2}. \tag{7/1}$$

Wenn die beiden Schwankungsvorgänge *unkorreliert*, d. h. statistisch unabhängig sind (wie beispielsweise die Rauschspannungen von zwei Widerständen), so ist der Mittelwert $\overline{y_1 y_2}$ gleich Null, da für einen gegebenen Wert von y_1 positive und negative Werte von y_2 gleich häufig sind, und es gilt

$$\overline{y^2} = \overline{y_1^2} + \overline{y_2^2}. \tag{7/2}$$

Die Schwankungsquadrate, d. h. die Rauschleistungen, sind für statistisch unabhängige Rauschquellen zu addieren. Wenn hingegen zwischen den Rauschgrößen y_1 und y_2 ein Zusammenhang besteht (z. B. wenn sie ganz oder teilweise vom gleichen physikalischen Effekt hervorgerufen werden), dann ist der Mittelwert $\overline{y_1 y_2} \neq 0$ (beispielsweise erscheinen Schwankungen im Emitterstrom eines Transistors bei genügend tiefen Frequenzen fast vollständig — bis auf den Basisstromanteil — im Kollektorstrom wieder). Der Ausdruck $\overline{y_1 y_2}$ wird meist normiert und Korrelationskoeffizient genannt:

$$c_{12} = \frac{\overline{y_1 y_2}}{\left(\overline{y_1^2}\ \overline{y_2^2} \right)^{1/2}}. \tag{7/3}$$

In einem linearen System (z. B. Anfangsverstärker) gilt das Superpositionsgesetz, und es kann daher ein Zeitvorgang in seine spektralen Komponenten zerlegt werden. Der Vorteil der spektralen Darstellung liegt darin, daß der Einfluß linearer Verzerrungen (z. B. durch Resonanzkreise) leicht bestimmt werden kann. Für Rauschvorgänge definiert man eine *spektrale Leistungsdichte* $S(f)$ als das dem Frequenzband der Breite $\Delta f = 1$ Hz bei der Frequenz f zugeordnete Schwankungsquadrat. Die Schwankungsgröße kann dabei der Strom, die Spannung oder die Leistung sein. Das Schwankungsquadrat kann aus dem Leistungsspektrum berechnet werden, es gilt (Parsevalsches Theorem)

$$\overline{y^2} = \int_0^\infty S(f)\,df. \tag{7/4}$$

Ist die spektrale Leistungsdichte $S(f)$ unabhängig von der Frequenz f, so spricht man von „weißem" Rauschen. In der Praxis können die meisten Rauschvorgänge in einem weiten Frequenzbereich als „weiß" angesehen werden.

Wegen der Gültigkeit des Superpositionsgesetzes in linearen Systemen ist es zulässig, das Rauschen bei Abwesenheit des Signals zu messen bzw. zu berechnen. Müssen jedoch, wie beispielsweise beim Oszillatorrauschen, wegen des großen Signalpegels nichtlineare Effekte mitberücksichtigt werden, so ist die Rauschuntersuchung wesentlich schwieriger [135-137].

Widerstandsrauschen

Ein auf der Temperatur T befindlicher Widerstand R hat im Frequenzband Δf eine *verfügbare Rauschleistung* $kT\Delta f$. Die spektrale Leistungsdichte ist $S_p = kT$. Diese ist frequenzunabhängig bis zu Frequenzen, bei denen hf vergleichbar mit kT wird (Quantenrauschen, z.B. [42, S. 459]). Im Ersatzschaltbild kann entweder ein Spannungsgenerator oder ein Stromgenerator (Bild 7/2) herangezogen werden.

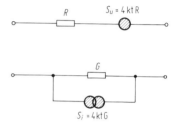

Bild 7/2. Zwei gleichwertige Rauschersatzschaltbilder für rauschende Widerstände mit $\overline{u^2} = S_u\Delta f$ bzw. $\overline{i^2} = S_i\Delta f$.

Die spektrale Leistungsdichte ist kT für jeden linearen und nichtlinearen Widerstand, wenn er als einzige Energiequelle die thermische Energie hat. Diese Rauschleistung wird tatsächlich von einem Widerstand an einen anderen Lastwiderstand abgegeben, wenn dieser auf der Temperatur $T = 0$ (und angepaßt $R_1 = R_2$) ist. Ist der andere Widerstand ebenfalls auf der Temperatur T, so gibt dieser an den ersten ebenfalls kT ab, so daß kein Leistungstransport zwischen den Widerständen besteht. Bei Fehlanpassung sind die in den jeweiligen Richtungen transportierten „fiktiven" Leistungen entsprechend kleiner.

Schrotrauschen

Der Strom durch eine Diode besteht wegen der endlichen Größe der Elementarladung aus einer Folge von unabhängigen Einzelimpulsen, was zu statistischen Stromschwankungen, dem Schrotrauschen führt. In einer Halbleiterdiode haben diese Impulse die Dauer der Laufzeit τ_t der Ladungsträger durch die RL-Zone. Das Zeitintegral über einen einzelnen Stromimpuls ist gleich der Elementarladung e (Abschn. 7.2).
Diese einzelnen Stromimpulse überlagern sich und geben einen schwankenden Gesamtstrom wie beispielsweise in Bild 7/3 gezeigt. Das zugehörige Rauschersatzschaltbild ist in Bild 7/4 gezeichnet. Der Ausdruck

$$S_i = 2e|I_0|$$

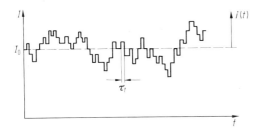

Bild 7/3. Strom I durch eine Diode mit übertrieben gezeichnetem Rauschanteil.

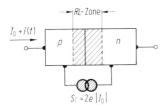

Bild 7/4. Einfaches Rauschersatzschaltbild einer Halbleiterdiode.

für den Rauschgenerator gilt nur, wenn die Diode hinreichend in Sperr- oder Flußrichtung gepolt ist (z. B.: $|U| > 4\,U_T$).

Rauschzahl und Rauschtemperatur eines Verstärkers

Die Wirkung des Verstärkerrauschens kann mit Hilfe des Signal/Geräusch-Verhältnisses am Verstärkerausgang beurteilt werden. Das Signal am Lastwiderstand hängt ab vom Eingangssignal und von der Verstärkung; das Rauschen am Lastwiderstand hängt ab vom Rauschen des Steuergenerators (z.B. das von der Antenne aufgenommene Rauschen), der Verstärkung und vom Rauschen des Verstärkers. Am Verstärkereingang hat man ein bestimmtes Signal/Geräusch-Verhältnis, und es interessiert die diesbezügliche Verschlechterung durch den Verstärker. Ein Maß dafür ist die Rauschtemperatur T_v des Verstärkers, die folgendermaßen definiert ist: Man vergleicht die reale Anordnung des rauschenden Verstärkers (Bild 7/5 a) mit einer Anordnung, in welcher der Verstärker rauschfrei gedacht wird, für den Generatorwiderstand jedoch eine höhere Rauschtemperatur angenommen wird (Bild 7/5 b). Die Rauschtemperatur des Verstärkers ist diejenige Temperaturerhöhung des Generatorwiderstandes, die notwendig ist, um am Ausgang des rauschfrei gedachten Verstärkers das gleiche Signal/Geräusch-Verhältnis wie am Ausgang des realen Verstärkers zu erhalten.

Die ebenfalls häufig benützte Rauschzahl F eines linearen Verstärkers ist definiert als das Verhältnis der am Lastwiderstand des realen Verstärkers auftretenden Rauschleistung zur Rauschleistung eines rauschfreien Verstärkers für eine Temperatur des Eingangswiderstandes von 290 K. Die Rauschzahl F hängt mit der Rauschtemperatur T_v gemäß

$$F = 1 + \frac{T_v}{290} \tag{7/5}$$

290

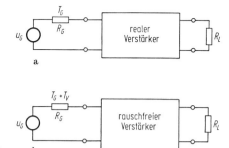

Bild 7/5. Zur Definition der Rausch-temperatur T_v eines Verstärkers. Die Schaltungen (**a**) und (**b**) sind äquivalent.

zusammen. Sowohl Rauschzahl als auch Rauschtemperatur gelten jeweils nur für ein begrenztes Frequenzband, welches so schmal zu wählen ist, daß innerhalb dieses Bandes die spektralen Leistungsdichten konstant sind („weißes Rauschen"). Rauschtemperatur und Rauschzahl hängen ab vom Wert des Eingangswiderstandes und von den Kenngrößen des Verstärkers einschließlich seiner Temperatur. Die Rauschtemperatur kann jedoch grö-ßer oder kleiner als die tatsächliche Verstärkertemperatur sein.

7.2 Influenzstrom

Bild 7/6 zeigt eine bewegte Ladung zwischen zwei beliebig geformten Elek-troden 1 und 2 im Hochvakuum. An ihnen befinden sich Influenzladun-gen, hervorgerufen durch die Ladung q. Wenn sich diese bewegt, so ändern sich die Influenzladungen, und es fließt ein Influenzstrom $I_{\text{infl}, q}$ über die Zuleitungen der Elektroden. Dieser Strom fließt auch dann, wenn die Spannung U Null ist (Kurzschlußstrom). Für $U \neq 0$ fließt, wenn U eine Wechselspannung ist, außerdem der „Kaltkapazitätsstrom", also der kapa-zitive Strom für $q = 0$. Der Influenzstrom ist also ein Strom in den Elektro-denzuleitungen, hervorgerufen durch die Ladungsbewegung. Beide Ströme sind nicht zu verwechseln mit den Strömen im Entladungsraum selbst, nämlich dem Verschiebungsstrom und dem Konvektionsstrom; insbeson-dere ist der Verschiebungsstrom *nicht* gleich dem Kaltkapazitätsstrom.

Eine allgemein gültige Beziehung für den Influenzstrom kann mit Hilfe des Energiesatzes abgeleitet werden. Es sei U eine Spannung, welche zwi-schen den Elektroden bei Abwesenheit der Ladung q das elektrische Feld

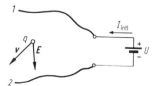

Bild 7/6. Entstehung des Influenzstromes.

E hervorrufe. Bringt man eine bewegte Ladung in das elektrische Feld, so wird von dieser Ladung die Leistung P_q (Kraft mal Geschwindigkeit) aufgenommen:

$$P_q = q\boldsymbol{E} \cdot \boldsymbol{v}. \tag{7/6}$$

Werden weder Verluste noch Energiespeicher angenommen, so muß diese Leistung von der Batterie geliefert werden und es ist daher

$$P_{\text{Batt}} = UI_{\text{infl}, q} = P_q. \tag{7/7}$$

Durch Einsetzen erhält man für den Influenzstrom

$$I_{\text{infl}, q} = q\frac{\boldsymbol{E}}{U} \cdot \boldsymbol{v}. \tag{7/8}$$

Der Vektor $\boldsymbol{E}/U$ ist nur von der Geometrie der Elektroden abhängig. Für zwei planparallele Platten im Abstand d gilt $|\boldsymbol{E}/U| = 1/d$ und mit Ladungsträgerbewegung senkrecht zu diesen Platten

$$I_{\text{infl}, q} = \frac{q}{d}\,v. \tag{7/9}$$

Im Halbleiter erleiden die bewegten Ladungsträger Stöße mit dem Kristallgitter. Das System ist daher nicht verlustfrei, wie zur Ableitung von (7/8) angenommen. Außerdem sind außer den beweglichen Ladungsträgern räumlich feste Ladungen (ionisierte Dotierungsatome) vorhanden, die wohl für die Gesamtfeldstärke maßgebend sind, nicht aber unmittelbar zum Influenzstrom beitragen. Trotzdem kann der Influenzstrom mit Hilfe von (7/8) berechnet werden, wenn man unter E/U nur den für die Geometrie der Elektroden maßgebenden Vektor versteht. Im Gegensatz zum Va-

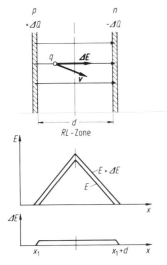

Bild 7/7. Feldstärkekomponenten in der RL-Zone eines pn-Überganges.

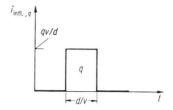

Bild 7/8. Influenzstromimpuls für einen *pn*-Übergang.

kuumsystem ist die Geometrie der „Elektroden" (hier die neutralen Zonen im Anschluß an die RL-Zone) von der Spannung an den „Elektroden" abhängig. Es ist daher (so wie bei der Berechnung der Sperrschichtkapazität) eine kleine Spannungs*änderung* ΔU anzusetzen, welche eine Änderung ΔQ der freien Ladungsträger bewirkt (Bild 7/7). Es ist dann ΔE die durch ΔQ verursachte Feldstärkeänderung am Ort der Ladung q. Die durch die festen Ladungen in der RL-Zone bestimmte Gesamtfeldstärke erscheint auf diese Weise nicht im Faktor $\Delta E/\Delta U$. Wohl aber ist die Gesamtfeldstärke E maßgebend für die Ladungsträgergeschwindigkeit, so daß für den Halbleiter zu schreiben:

$$I_{\text{infl},\,q} = q\,\frac{\Delta E}{\Delta U} \cdot v(E). \tag{7/10}$$

Speziell gilt daher auch (7/9) für eine ebene RL-Zone der Weite d. In den meisten Fällen ist die Feldstärke in der RL-Zone so groß, daß die Trägergeschwindigkeit v feldunabhängig, d. h. gesättigt ist. Man erhält dann für ebene RL-Zonen einen rechteckigen Stromimpuls der Fläche q (Bild 7/8).

Tragen mehrere Ladungsträger zum Influenzstrom bei, so ist über die einzelnen Anteile zu summieren:

$$I_{\text{infl}} = \sum_{q} I_{\text{infl},\,q}. \tag{7/11}$$

Für beispielsweise den durch Elektronen der Dichte n in einer ebenen RL-Zone verursachten Influenzstrom erhält man:

$$I_{\text{infl}} = \frac{-e}{d}\,A \int_{x_1}^{x_1+d} n(x)\,v(x)\,dx. \tag{7/12}$$

7.3 Laserprinzip

Wechselwirkung Materie — Strahlung

Das Laserprinzip (z. B. [42]) sei zunächst anhand eines Materials mit nur zwei Energieniveaus beschrieben (Bild 7/9). Die beiden Energieniveaus E_1

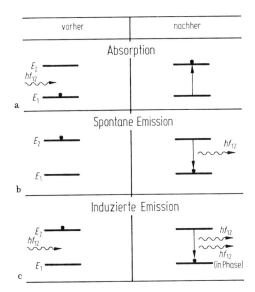

Bild 7/9. Schematische Darstellung der drei Vorgänge Absorption, spontane Emission und induzierte Emission.

und E_2 seien z. B. Energiezustände eines Atoms, die zwei verschiedenen Elektronenkonfigurationen entsprechen. Es wird nur die Wechselwirkung des Atoms mit elektromagnetischer Strahlung untersucht. Da die Energie der elektromagnetischen Strahlung quantisiert ist, kann eine Wechselwirkung zwischen Materie und Strahlung nur stattfinden, wenn die Bedingung

$$hf_{12} = E_2 - E_1 \qquad (7/13)$$

erfüllt ist. Wir unterscheiden folgende drei Arten der Wechselwirkung:

Absorption

Wenn Strahlung, für welche (7/13) erfüllt ist, auf ein Atom fällt, welches sich im energetisch tieferen Zustand E_1 befindet, so wird dieses Atom mit einer gewissen Wahrscheinlichkeit in den energetisch höheren Zustand E_2 angeregt. Bild 7/9 zeigt oben diesen Vorgang schematisch.

Unter dem Punkt kann man sich das Elektron vorstellen, welches vom Zustand E_1 in den Zustand E_2 gehoben wird. Man nennt den Zustand E_2 den angeregten Zustand. Die Wahrscheinlichkeit für Absorption ist proportional der Anzahl der dazu verfügbaren Photonen, deren Dichte durch die räumliche und spektrale Energiedichte w_f (Dimension J m^{-3} s) gegeben ist. Der Proportionalitätskoeffizient heißt Einstein-*B*-Koeffizient (Dimension m^3 s^{-2} J^{-1}), und es gilt

Absorption $\simeq B_{12} w_f$.

Spontane Emission

Ein Atom im angeregten Zustand ist nicht stabil. Es hat die Tendenz, seine Energie wieder abzugeben. Erfolgt dies unter Aussendung von Strahlung, so wird ein Photon der Frequenz f_{12} emittiert (Bild 7/9 Mitte). Diese Emission erfolgt spontan. Die mittlere Lebensdauer des Atoms im angeregten Zustand sei τ_{21}. Die Wahrscheinlichkeit für spontane Emission in der Zeiteinheit ist dann $A_{21} = 1/\tau_{21}$ (A_{21}: Einstein-A-Koeffizient). Die einzelnen Emissionsvorgänge verschiedener Atome sind voneinander unabhängig; es wird *inkohärente* Strahlung ausgesandt, d. h. die Phasen der einzelnen Emissionsvorgänge sind voneinander unabhängig:

spontane Emission $\simeq A_{21}$.

Induzierte Emission

Wenn ein Photon geeigneter Energie hf_{12} auf ein *angeregtes* Atom fällt, so wird es dieses mit einer bestimmten Wahrscheinlichkeit zur Emission eines Photons veranlassen. Dem auslösenden Photon wird also ein zweites hinzugegeben. Es ist eine wesentliche Eigenschaft dieser induzierten Emission (stimulated emission), daß die beiden Photonen in Phase sind (Bild 7/9 unten). (Es ist zwar nicht sicher, daß ein ankommendes Photon ein induziertes Photon auslöst; wenn es dies aber tut, so erfolgt die Emission phasenrichtig.) Die induzierte Emission ist *kohärent* zur induzierenden Strahlung:

induzierte Emission $\simeq B_{21} w_f$.

Die Absorption ist ein Dämpfungsprozeß für die ankommende Strahlung. Die spontane Emission erfolgt zu statistisch verteilten Zeiten und stellt ein unvermeidbares Rauschen dar. Die induzierte Emission ist ein Verstärkungsprozeß, da dem ankommenden Photon ein zweites phasenrichtig zugegeben wird. Man kann zeigen, daß $B_{12} = B_{21}$ gilt (für Terme mit gleichem statistischem Gewicht).

Nettoverstärkung

Es wird nun ein Medium betrachtet, welches n_1 Atome im unteren Zustand E_1 und n_2 Atome im oberen Zustand E_2 hat. Dann ist die Dämpfung gegeben durch die Anzahl der Absorptionsvorgänge pro Zeiteinheit in der Volumeneinheit. Sie ist proportional der Anzahl der Atome im unteren Zustand:

Dämpfung $\simeq n_1 B_{12} w_f$.

Analog ist die Verstärkung gleich der Anzahl der induzierten Emissionsvorgänge in der Volumen- und Zeiteinheit:

Verstärkung $\simeq n_2 B_{21} w_f$.

Die Nettoverstärkung ist daher mit $B_{21} = B_{12} = B$ proportional der Besetzungsdifferenz $n_2 - n_1$:

Nettoverstärkung $\simeq B(n_2 - n_1)w_f$.

Die Nettoverstärkung ist positiv, wenn $n_2 - n_1 > 0$ ist. Da normalerweise der tiefere Zustand E_1 stärker besetzt ist als der obere, ist $n_2 - n_1 < 0$, d. h. das Material dämpft eine hindurchtretende Welle. Man nennt einen Besetzungszustand, bei dem $n_2 - n_1 > 0$ gilt, *Inversion*.

Bezogen auf den Halbleiter bedeutet dies: Es müssen in einem bestimmten Bereich des Leitungsbandes (oberer Zustand) mehr Elektronen sein als in einem bestimmten Bereich des Valenzbandes (unterer Zustand). Dies ist erfüllt, wenn die Quasi-Fermi-Niveaus E_{Fn} und E_{Fp} innerhalb der erlaubten Bänder liegen (Abschn. 1.13 und Bild 7/12).

Wenn nämlich das Quasi-Fermi-Niveau E_{Fn} im Leitungsband liegt, so sind die unter E_{Fn} liegenden Zustände überwiegend durch Elektronen besetzt; eine Abgabe von Elektronen aus diesem Bereich ist also (bei sonst gleicher Wahrscheinlichkeit für Abgabe und Aufnahme) wahrscheinlicher als eine Aufnahme. Analog sind die im Valenzbund oberhalb von E_{Fp} liegenden Zustände überwiegend von Elektronen unbesetzt (wenn E_{Fp} im Valenzband liegt). Insgesamt ist also dann für optische Übergänge mit hf_{12} etwas größer als E_g die Wahrscheinlichkeit für Absorption (Hebung eines Elektrons aus dem Valenzband ins Leitungsband) kleiner als die für induzierte Emission („induzierte Rekombination").

Die Bedingung

$$E_{Fn} - E_{Fp} > E_g$$

entspricht also der Inversionsbedingung.

Besetzung der Energieniveaus bei hoher Strahlungsdichte

Im stationären Zustand ($\partial/\partial t = 0$) muß die Zahl der Absorptionsvorgänge (im Zwei-Niveau-System) gleich der Anzahl der Emissionsvorgänge (induziert *und* spontan) sein:

$$B_{12}w_f n_1 = B_{21}w_f n_2 + A_{21}n_2. \tag{7/14}$$

Man sieht, daß Absorption und induzierte Emission mit der Strahlungsdichte w_f zunehmen. Bei sehr hoher Strahlungsintensität ist die spontane Emission $A_{21}n_2$ zu vernachlässigen, und es werden dann beide Terme gleich besetzt sein (für gleiche statistische Gewichte der Terme):

$$\frac{n_2}{n_1} = \frac{B_{12}}{B_{21}} = 1 \tag{7/15}$$

Wie (7/14) zeigt, ist im stationären Zwei-Niveau-System das Besetzungsverhältnis $n_2/n_1 \leqq 1$; zur Erzielung der gewünschten Inversion sind also besondere Maßnahmen notwendig.

Drei-Niveau-Prinzip

Unter den verschiedenen Verfahren, nach denen eine Inversion erzeugt werden kann, ist das Drei-Niveau-Prinzip das wichtigste, und es entspricht auch im weiteren Sinne der Anregung im Halbleiterlaser. Bild 7/10 zeigt links die Besetzungen (Abszisse) von drei Energieniveaus im thermischen Gleichgewicht (Boltzmann-Verteilung). Der tiefste Zustand ist am stärksten besetzt.

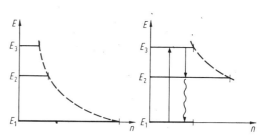

Bild 7/10. Drei-Niveau-System. Links im thermischen Gleichgewicht, rechts im gepumpten Zustand.

Wird eine Welle der Frequenz f_{13} mit sehr hoher Intensität eingestrahlt, so entsteht im Grenzfall eine Gleichbesetzung der Energieniveaus E_3 und E_1 gemäß (7/15). Man nennt diesen Vorgang „Pumpen". Wenn nun die Übergangswahrscheinlichkeit von Niveau 3 zu Niveau 2 größer ist als die von 2 zu 1, dann wird die Besetzung von Niveau 2 ansteigen, bis sich zwischen Niveau 2 und 3 annähernd thermisches Gleichgewicht einstellt (Bild 7/10 rechts). In diesem Zustand ist $n_2 > n_1$; man hat Inversion, und damit existiert Verstärkung für eine Welle der Frequenz f_{12}.

Der Umweg über Niveau 3 ist notwendig. Würde man von Niveau 1 nach Niveau 2 direkt pumpen, so könnte man als Grenzfall nur $n_1 = n_2$ erreichen, aber nicht Inversion erzielen. Die Photonenenergie der Pumplichtquelle muß immer größer sein als die Photonenenergie der Laserstrahlung.

Angewendet wird dieses Pumpprinzip z. B. beim InSb-Laser. Bild 7/11

Bild 7/11. Vereinfachte Darstellung eines durch einen GaAs-Laser optisch gepumpten InSb-Laser nach [138].

297

zeigt die Anordnung; als Pumpquelle dient ein GaAs-Laser mit einer Wellenlänge von 0,84 μm. Dem Bandabstand von InSb (0,23 eV) entsprechend ist die Wellenlänge des InSb-Lasers 5,3 μm.

Die Erzeugung einer Inversion durch Einstrahlung optischer Energie ist technisch bedeutsam beim normalen Festkörperlaser wie z.B. beim Rubinlaser. Der Halbleiterlaser wird meist als Diode ausgeführt. Hier erfolgt der Zufluß in den Energiezustand E_2 (z.B Leitungsband in der p^+-Zone) durch Injektion aus der n^+-Zone; hier ist kein drittes Energieniveau beteiligt. Das obere Laserniveau wird hier durch Ladungsträgerinjektion aus einer *räumlich* getrennten Zone aufgefüllt. Bezüglich der beiden Laserniveaus E_2 und E_1 entsprechen die Verhältnisse dem Drei-Niveau-Prinzip.

Bild 7/12. Quasi-Fermi-Niveaus für Elektronen und Löcher einer in Flußrichtung gepolten p^+n^+-Diode.

Bild 7/12 zeigt das Bänderschema einer stark in Flußrichtung gepolten p^+n^+-Diode. Die Injektion der Elektronen ins p^+-Gebiet und die Injektion der Löcher ins n^+-Gebiet ist durch die Verläufe der Quasi-Fermi-Niveaus gekennzeichnet. Man erkennt, daß im ganzen Bereich mit $E_{Fn} > E_{Fp}$ die Rekombination gegenüber der Generation überwiegt, daß aber nur in einem viel kleineren Bereich (schraffiert) obige Inversionsbedingung erfüllt ist und dort die „induzierte" Rekombination dominiert. Das heißt also im schraffierten Bereich ist Laserbetrieb möglich, aber aus dem ganzen Bereich mit $E_{Fn} > E_{Fp}$ tritt Lumineszenzstrahlung aus. Im Heterodiodenlaser werden die Ladungsträger durch Potentialbarrieren daran gehindert über den schraffiert gezeichneten Bereich hinaus zu gelangen, so daß der Flußstrom der Diode mit wesentlich besserem Wirkungsgrad zur Laseremission beiträgt (s. Abschn. 1.13).

Optischer Resonator, Schwingbedingung

Ein invertiertes Medium verstärkt eine hindurchtretende Welle, sofern sie innerhalb der Verstärkungsbandbreite (Linienbreite des Überganges) liegt. Die Welle wird im Medium mit $\exp\Gamma x$ ansteigen, wobei die Verstärkungskonstante proportional der Inversion $n_2 - n_1$ ist. Soll aus einem solchen selektiven Verstärker ein Oszillator werden, so ist eine geeignete Rückkoppelung vorzusehen. Bild 7/13 zeigt ein verstärkendes Medium A zwischen zwei Spiegeln S_1 und S_2. Eine beispielsweise von S_1 kommende Welle der Leistung P_1 wird im aktiven Medium A verstärkt und verläßt dieses mit der Leistung $P_2 = P_1 \exp\Gamma L$. Sie wird am Spiegel S_2 reflektiert. Ist der (Leistungs-)Reflexionsfaktor gleich R, so tritt eine Welle der Leistung $RP_1 \exp\Gamma L$ wieder in das aktive Medium ein, durchläuft dieses und wird

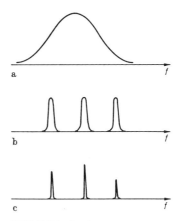

Bild 7/13. Schematische Darstellung eines Laseroszillators (die an die Spiegel S_1 und S_2 auffallenden bzw. die von ihnen reflektierten Wellen sind durch Pfeile charakterisiert, deren Länge der Intensität entspricht).

Bild 7/14. Spektrum eines Laseroszillators, schematisch. a Frequenzabhängigkeit der Verstärkung im invertierten Medium; b Eigenresonanzen des optischen Resonators; c abgegebenes Frequenzspektrum.

an S_1 reflektiert. Damit eine stationäre Schwingung zwischen den beiden Spiegeln besteht, müssen zwei Bedingungen erfüllt sein:

1. Die Phase der an S_1 reflektierten Welle muß gleich der ursprünglich angenommenen Phase der Welle sein. Dies ist der Fall, wenn der gesamte zurückgelegte Weg $2L$ gleich einem ganzzahligen Vielfachen der Wellenlänge λ im Medium ist:

$$2\,L = m\lambda. \tag{7/16}$$

Diese Bedingung ist gleichzeitig die Resonanzbedingung für den aus den beiden Spiegeln S_1, S_2 bestehenden Resonator. Er weist ein Eigenfrequenzspektrum auf (Bild 7/14). Die Spiegel können also entweder als „Rückkoppelemente" oder als optischer Resonator betrachtet werden.

2. Die Amplitude der an S_1 reflektierten Welle muß gleich der ursprünglich angenommenen sein, d. h. es muß

$$R \exp \Gamma L = 1 \tag{7/17}$$

gelten. Dies ist die Schwingbedingung für den Laser. Aus ihr kann die erforderliche Inversion ermittelt werden. Für $R \exp \Gamma L < 1$ schwingt der Laser nicht. Für $R \exp \Gamma L > 1$ steigt die Schwingungsamplitude an, bis durch die zunehmende Strahlungsdichte w_f die Inversion reduziert wird und (7/17) für den stationären Fall gilt.

Im Halbleiterlaser ist die Reflexion an den Grenzflächen groß genug, so daß diese als Spiegel wirken. Bild 7/14 zeigt die selektive Verstärkung des

Lasermediums und darunter die Eigenresonanzen des Resonators. Das entstehende Laserspektrum ist in dieser Abbildung unten gezeigt. Die Laserlinien sind wesentlich schärfer als die Resonatorlinien, da wegen der induzierten Emission diejenigen „Frequenzen" am meisten verstärkt werden, die schon die größte Amplitude haben (Analogie: Kaskadenschaltung selektiver Verstärker).

7.4 Diodenkennlinie bei überwiegender Generation/Rekombination in der Raumladungszone

Bild 1/2 zeigt für das Beispiel der Sperrpolung schematisch das Zustandekommen des Diodenstroms. In der *neutralen Zone* werden innerhalb des Einzugsbereichs der Raumlandungszone Elektronenlochpaare erzeugt, wobei die Minoritätsträger zur Raumladungszone diffundieren. Diese, den beiden neutralen Zonen der Ausdehnung L_p bzw. L_n (Diffusionslängen) zugeordneten Stromkomponenten bestimmenden Sperrsättigungsstrom nach der „Diffusionstheorie" (1/2 a). Darüberhinaus werden Ladungsträger in der *Raumladungszone* erzeugt, die ebenfalls einen Beitrag zum Sperrstrom liefern. Dieser Stromanteil ist insbesondere bei Sperrpolung und in Halbleitern mit großem Bandabstand, also kleiner Eigenleitungsträgerdichte n_i maßgebend (s. [3, S. 150]), also z. B. bei Silizium. Dieser Stromanteil als Folge der Generationrekombination in der Raumladungszone kann auch noch bei schwacher Flußpolung dominieren. (s. Bild 97 in [3]). Im Folgenden wird dieser Generationrekombinationsstrom mit Hilfe eines sehr einfachen Modells berechnet.

Bild 7/15 zeigt im halblogarithmischen Maßstab schematisch die räumliche Verteilung der Ladungsträger. Für Sperrpolung (gepunktet), Span-

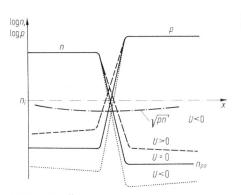

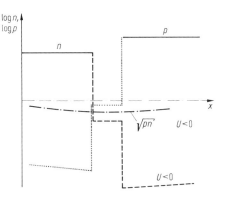

Bild 7/15. Örtlicher Verlauf der Trägerdichten in einer *pn*-Diode für $U = 0$, $U > 0$ (Flußpolung) und $U < 0$ (Sperrpolung).

Bild 7/16. Angenommener örtlicher Verlauf der Trägerdichten in einer *pn*-Diode für $U < 0$ (Sperrpolung).

nung $U = 0$ (voll ausgezogen) und Flußpolung (gestrichelt). Für $U = 0$ gilt im ganzen Bereich (also auch in der Raumladungszone) $np = n_i^2$ und die Nettorekombination ist Null. Für Sperrpolung ist $pn < n_i^2$ und die Generation überwiegt; für Flußpolung gilt $pn > n_i^2$ und die Rekombination überwiegt. Im Bild ebenfalls eingetragen ist $\sqrt{pn}$ für Sperrpolung (strichpunktiert) und man erkennt, daß sich dieses für die Rekombination maßgebende Produkt in der Raumladungszone nicht wesentlich mit dem Ort ändert.

In Silizium wird die Rekombination durch das Shockley-Read-Hall-Modell beschrieben (s. z. B. [3, Gl. (8/49) mit (8/57) u. (8/58)]):

$$R_{\text{netto}} = \frac{pn - n_i^2}{(n + n_1)\,\tau_p + (p + p_1)\,\tau_n} = \frac{pn - n_i^2}{f(p, n)}, \tag{7/18}$$

$$\text{mit} \quad n_1 = n_i \exp\frac{E_T - E_i}{kT}, \qquad p_1 = n_i \exp\frac{E_i - E_T}{kT},$$

$$\tau_p = \frac{1}{\sigma_p\, v_{th}\, N_T}, \qquad \tau_n = \frac{1}{\sigma_n\, v_{th}\, N_T}.$$

Darin bedeuten:

E_T Energieniveau der Traps;

N_T räumliche Dichte der Traps;

σ_p, σ_n Einfangquerschnitte der Traps für Löcher bzw. Elektronen;

v_{th} mittlere thermische Geschwindigkeit.

Über die Kontinuitätsgleichung hängt die Trägerdichte von der Rekombination ab; der Verlauf der Trägerdichten in der Raumladungszone kann also streng genommen nur bestimmt werden, wenn das gesamte Gleichungssystem gelöst wird. Für die hier vorgenommene einfache Abschätzung und auch in [177] wird jedoch der Verlauf der Trägerdichten in der Raumladungszone *angenommen* und daraus der Generationsrekombinationsstrom berechnet. Diese Annahme muß so sein, daß für $U = 0$ das Produkt $p \cdot n = n_i^2$ ist und die Spannungsabhängigkeit etwa so wiedergegeben wird, wie aus Bild 7/15 ersichtlich ist. Eine zweckmäßige Annahme ist es, im logarithmischen Maßstab linear zu interpolieren. Dies entspricht im wesentlichen dem Modell von Sah Noyce und Shockley [177]. Wesentlich einfacher ist es, eine Verteilung wie in Bild 7/16 gezeigt, anzunehmen. Hier wird die Trägerdichte in der Raumladungszone ortsunabhängig angenommen und dafür jeweils der geometrische Mittelwert zwischen den beiden Dichtewerten am Rande der Raumladungszone gewählt (dies ist sehr ähnlich der Annahme in [166]):

$$n_{RLZ} = \sqrt{n_{n0}\, n_p(W)} = \sqrt{\frac{N_D}{N_A}}\, n_i \exp\frac{U}{2U_T},$$

$$\tag{7/19}$$

$$p_{RLZ} = \sqrt{p_{p0}\, p_n(0)} = \sqrt{\frac{N_A}{N_D}}\, n_i \exp\frac{U}{2U_T}.$$

Das Produkt $n \cdot p$ ist also gegeben durch $np = n_i^2 \exp(U/U_T)$. Wie man sich leicht anhand von Bild 7/15 und 7/16 überzeugen kann, ist der Verlauf für pn nach diesem Modell gut wiedergegeben (nicht gut angepaßt wird der Nennerausdruck $f(n, p)$ in (7/18); dieser Fehler ist in [206] abgeschätzt).

Da die Trägerdichten in der Raumladungszone konstant angenommen wurden, erhält man den Generations/Rekombinationsstrom durch einfache Multiplikation der Generationsrate mit dem Volumen der Raumladungszone aus (7/18).

$$I_{RG} = \frac{eAn_i l(U)}{2\varkappa_1 \tau_p} \frac{\exp(U/U_T) - 1}{\exp(U/2U_T) + \varkappa_2}, \tag{7/20}$$

mit

$$\varkappa_1 = \frac{1}{2}\left[\sqrt{\frac{N_D}{N_A}} + \frac{\tau_n}{\tau_p}\sqrt{\frac{N_A}{N_D}}\right],$$

$$\varkappa_2 = \frac{1}{2\varkappa_1}\left\{\exp\frac{E_T - E_i}{kT} + \frac{\tau_n}{\tau_p}\exp\frac{E_i - E_T}{kT}\right\}.$$

Darin ist $l(U)$ die spannungsabhängige Weite der Raumladungszone. Gleichung (7/20) kann nun für einfache Sonderfälle interpretiert werden:

1. Sperrpolung mit $|U| \gg U_T$.

$$I_{RG} = -I_s(U) = -\frac{eAn_i l(U)}{2\tau_p \varkappa_1 \varkappa_2}. \tag{7/21}$$

Für ein beim Eigenleitungsniveau liegendes Trapniveau (größte Wirksamkeit) gilt:

$$2\tau_p \varkappa_1 \varkappa_2 = \tau_p + \tau_n.$$

Man erkennt aus (7/21), daß der Sperrstrom eine Spannungsabhängigkeit zeigt, die durch $l(U)$ gegeben ist. Für die beiden Fälle der abrupten und der linearen Dioden erhält man [3, 167]:

$$l(U) = \sqrt[2]{\frac{2\varepsilon_0\varepsilon_r}{e}\left[\frac{1}{N_D} + \frac{1}{N_A}\right]} \sqrt{U_D - U} \tag{7/22a}$$

für den abrupten pn-Übergang und

$$l(U) = \frac{1}{2}\sqrt[3]{\frac{12\varepsilon_0\varepsilon_r}{ea}} \sqrt[3]{U_D - U} \tag{7/22b}$$

für den stetigen Übergang mit $N(x) = ax$.

Bild 7/17 zeigt diesen Sperrstrom in Abhängigkeit von der Temperatur für eine Sperrspannung von minus 1 V und im Vergleich dazu den Sperrsättigungsstrom nach der Diffusionstheorie für typische Daten, ausgewertet für einseitig abrupte p^+n-Dioden [166]. Man erkennt, daß bei Zimmertemperatur (gestrichelte Linie) Germanium-Dioden gerade im Grenzbereich liegen, während Siliziumdioden einen durch Generation in der Raumladungszone bestimmten Sperrstrom aufweisen, der außerdem wesentlich

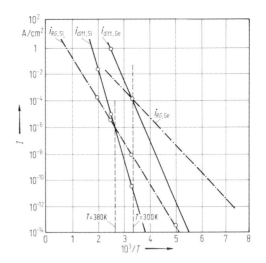

Bild 7/17. Temperaturabhängigkeit der Sperrströme für $U = -1$ V nach der Diffusionstheorie (1/2a) und nach der Generationstheorie (1/2b) für folgende Daten:
$N_A = N_D = 10^{16}$ cm^{-3},
$\tau_n = \tau_p = 10^{-6}$ s;
S_i: $\mu_n = 1\,165$ cm^2/Vs,
$\qquad \mu_p = 410$ cm^2/Vs;
Ge: $\mu_n = 3\,900$ cm^2/Vs,
$\qquad \mu_p = 1\,200$ cm^2/Vs.

kleiner ist als für Germaniumdioden. Die Eigenleitungs-Trägerdichte n_i^*, für welche beide Ströme (Diffusions- und Generationsstrom) gleich sind, ist gegeben durch:

$$\frac{n_i^*}{N_D} = \frac{l(U)}{L_p} \; \frac{1}{2\varkappa_1 \varkappa_2 \left[1 + \frac{N_D}{N_A} \sqrt{\frac{D_n}{D_p}} \; \sqrt{\frac{\tau_p}{\tau_n}} \right]}. \tag{7/23}$$

Für $n_i > n_i^*$ gilt das Diffusionsmodell, für $n_i < n_i^*$ das Generationsmodell. Besonders einfach ist die Abschätzung für die p^+n-Diode (oder analog n^+p):

$$\frac{n_i^*}{N_D} = \frac{l(U)}{L_p}. \tag{7/24}$$

Dieses Ergebnis erhält man auch unmittelbar, wenn man in der Beziehung für R_netto die Trägerdichten n bzw. p gegen n_i vernachlässigt (s. [3, Gl. 8/54]).

2. *Flußpolung mit $U \gg U_T$:*

Für diesen Fall erhält man aus (7/20) die Beziehung:

$$I_{RG} = \frac{eAn_i l(U)}{2\varkappa_1 \tau_p} \exp\left(U/2U_T \right). \tag{7/25}$$

Man erkennt, daß der Diodenstrom — wenn man von der Spannungsabhängigkeit der Raumladungsweite absieht — gemäß $\exp\left(U/2U_T \right)$ von der Spannung abhängt.

Für Germaniumdioden gilt bei Sperrpolung gerade noch das Diffusionsmodell. Für Flußpolung ist die Raumladungsweite kleiner und es gilt das

303

Diffusionsmodell erst recht. Für Siliziumdioden gilt bei Sperrpolung das Rekombinationsmodell, und gemäß der unterschiedlichen Spannungsabhängigkeit des Stroms wird bei Flußpolung das Rekombinationsmodell in das Diffusionsmodell übergehen, wie Bild 1/3 zeigt. Der Spannungswert U^* für den dies gilt, ist gegeben durch:

$$\frac{n_i}{N_D} = \frac{l(U^*)}{L_n} \; \frac{1}{2\varkappa_1 \dfrac{\tau_p}{\tau_n}\left\{1 + \dfrac{N_D}{N_A}\dfrac{L_p}{L_n}\dfrac{\tau_n}{\tau_p}\right\}\exp\dfrac{U^*}{2U_T}},$$

$$U^* = 2U_T \ln\left\{\frac{l(U^*)}{L_n}\;\frac{N_D}{n_i}\;\frac{1}{2\varkappa_1 \dfrac{\tau_p}{\tau_n}\left[1 + \dfrac{N_D}{N_A}\sqrt{\dfrac{D_n}{D_p}}\sqrt{\dfrac{\tau_p}{\tau_n}}\right]}\right\}.$$

(7/26)

Da $l(U^*)$ sich nur langsam mit U^* ändert, kann damit U^* abgeschätzt werden.

In GaAs überwiegt wegen des direkten Übergangs die strahlende Band-Band-Rekombination und es gilt [164]:

$$R_{\text{netto}} = r(np - n_i^2),$$ (7/27)

mit $\quad r = 3,2 \cdot 10^{-10}\,\text{cm}^3\,\text{s}^{-1}.$

Für das hier gewählte einfache Modell (7/19) erhält man:

$$I_{RG} = eA\,l(U)\,r\,n_i^2\left(\exp\frac{U}{U_T} - 1\right).$$ (7/28)

Der Idealitätsfaktor m (vor U_T) ist also hier auch dann gleich 1, wenn Generation in der Raumladungszone dominiert. Allerdings muß die strahlende Band-Band-Rekombination überwiegen, andernfalls (bei Rekombination über Traps) ist selbstverständlich auch hier $m = 2$.

Vergleicht man dieses Ergebnis mit dem der Diffusionstheorie, so erhält man:

$$\frac{I_{RG}}{I_{\text{Diff}}} = \frac{l(U)\,r}{\dfrac{\sqrt{D_p/\tau_p}}{N_D} + \dfrac{\sqrt{D_n/\tau_n}}{N_A}}.$$ (7/29)

Für Störstellenhalbleiter und schwache Injektion kann man die Lebensdauer τ_n bzw. τ_p mit der Nettorekombinationsrate verknüpfen und man erhält (s. z. B. [3, Gl. (8/56)]).

$$\tau_n = \frac{1}{r\,N_A}, \qquad \tau_p = \frac{1}{r\,N_D}$$

und damit

$$\frac{I_{RG}}{I_{\text{Diff}}} = \frac{l(U)}{L_p + L_n}.$$ (7/30)

In GaAs wird also das Verhältnis der Stromanteile direkt durch das Verhältnis der Volumina bestimmt, in welchen die Generation (Rekombination) stattfindet. Es gilt daher meist

$$I_{\text{diff}} \gg I_{RG}.$$

7.5 Verknüpfung zwischen normalen Strahlungsgrößen und fotometrischen Größen (s. z. B. [172])

Normalerweise wird eine Strahlungsleistung wie eine normale Leistung in Watt angegeben und eine Strahlungsdichte in W/m^2 usw. Wenn jedoch diese Leistung in ihrer Wirkung für das Auge beurteilt werden soll (Helligkeitsempfinden nicht Schädigung!), so ist die Augenempfindlichkeit zu berücksichtigen. Bild 7/18 zeigt diese Augenempfindlichkeit als Funktion der Wellenlänge, rechts in beliebigen Einheiten. Zur Unterscheidung dieser augenbewerteten Strahlungsleistung (von der normalen Strahlungsleistung in W) wird diese in Lumen (lm) angegeben (s. linke Ordinatenachse).

Tabelle 7/1 gibt einen Überblick über die normalen Strahlungsgrößen

Tabelle 7/1. Überblick über normale Strahlungsgrößen und die zugehörigen fotometrischen.

	Symbol bzw. Definitionsgleichung	Strahlungsphysikalische Größe	Einheit	Lichttechnische Größe (fotometrische)	Einheit
Leistung	Φ	Strahlungsleistung	W	Lichtstrom	lm (Lumen)
		Senderseitige Größen			
ausgesandte Leistung je Flächeneinheit	$M = \dfrac{\Delta\Phi}{\Delta A_{\text{Send.}}}$	spezifische Ausstrahlung	W/m^2	spezifische Lichtausstrahlung	lm/m^2
ausgesandte Leistung je Raumwinkeleinheit	$I = \dfrac{\Delta\Phi}{\Delta\omega_{\text{Send.}}}$	Strahlstärke (Intensität)	W/sr	Lichtstärke	1 lm/sr = 1 cd (Candela)
		Empfängerseitige Größen			
einfallende Leistung je Flächeneinheit	$E = \dfrac{\Delta\Phi}{\Delta A_{\text{Empf.}}}$	Bestrahlungsstärke	W/m^2	Beleuchtungsstärke	1 lm/m^2 = 1 lx (Lux)

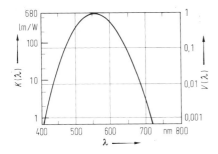

Bild 7/18. Relative Augenempfindlichkeitskurve $V(\lambda)$ bzw. fotometrisches Strahlungsäquivalent $k(\lambda)$.

und die zugehörigen fotometrischen. Die Verknüpfung der entsprechenden Einheitspaare erfolgt durch die genormte Augenempfindlichkeitskurve (fotometrisches Strahlungsäquivalent $K(\lambda)$) von Bild 7/18.

7.6 „Zweidimensionales" Elektronengas

Im Potentialtopflaser ist das Volumen, in welchem sich die Ladungsträger bewegen können, in einer Richtung begrenzt auf Werte vergleichbar mit der Elektronenwellenlänge (einige nm). Die Elektronen können sich also in zwei Dimensionen „frei" bewegen, während in der genannten dritten Dimension die Energiezustände quantisiert sind.

Für diese Verhältnisse hat sich der Name „zweidimensionales" Elektronengas (TEG = two dimensional electron gas) eingebürgert. Bild 7/19 zeigt das betrachtete geometrische Volumen und einige mögliche Wellenfunktionen ($n = 1, 2, 3$). Man erkennt, daß wegen der Randbedingungen bei $z = 0$ und $z = d$ die Impulskomponente k_z nur bestimmte Werte annehmen kann:

$$k_z = \frac{\pi}{d}\, n, \quad n = 1, 2, 3 \ldots \tag{7/31}$$

Mit der Parabelnäherung in Bandkantennähe läßt sich Impuls und Energie über die effektive Masse m^* miteinander verknüpfen:

$$E = \frac{\hbar^2}{2m^*}\left(k_x^2 + k_y^2 + k_z^2\right). \tag{7/32}$$

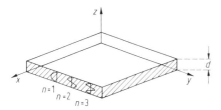

Bild 7/19. Halbleitervolumen, in dem sich die Elektronen aufhalten können.

Für k_x und k_y existiert ein nahezu kontinuierlicher Wertevorrat (sehr große Ausdehnung in x- und y-Richtung angenommen), während k_z gemäß (7/31) quantisiert ist. Für die Energie gilt also:

$$E = \frac{\hbar^2}{2m^*}\left[k_x^2 + k_y^2 + \left(\frac{\pi}{d}\right)^2 n^2\right] = E_{\parallel} + E_n. \tag{7/33}$$

Bild 7/20 zeigt links schematisch diese Energiewerte. Der kleinstmögliche Energiewert ist für $n = 1$ (und $k_x = 0$, $k_y = 0$) gegeben durch

$$E_1 = \frac{1}{2m^*}\left(\frac{\hbar\pi}{d}\right)^2. \tag{7/34}$$

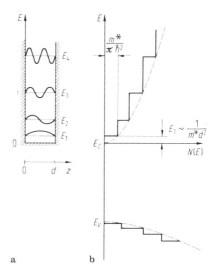

Bild 7/20. Zweidimensionales Elektronengas. **a** Quantisierte Energieniveaus im Potentialtopf; **b** Zustandsdichte $N(E)$.

Dies bedeutet, daß am Rand E_c des Leitungsbandes keine Elektronen sein können, sondern erst für Energien größer als $E_c + E_1$.

Dieser Tatbestand äußert sich natürlich auch in der Zustandsdichte: Die Fläche eines Zustandes im hier zweidimensionalen k-Raum ist in Analogie zum normalen dreidimensionalen Fall (s. z.B. [3, S. 75]) gegeben durch $(2\pi/L)^2$ mit L der Ausdehnung des geometrischen Volumens in x- und y-Richtung (Bild 7/21). Bezeichnet man mit $k_{\parallel} = \sqrt{k_x^2 + k_y^2}$ den Betrag des Impulsvektors *in* der Schichtebene, so ist die Anzahl der Zustände dN zwischen $k_{\parallel}$ und $k_{\parallel} + dk_{\parallel}$ (unter Berücksichtigung beider Spinrichtungen) gegeben durch zweimal dem Quotienten aus Kreisringfläche und Fläche eines Zustandes im Phasenraum (Bild 7/21).

$$dN_{\parallel} = 2 \cdot \frac{2\pi k_{\parallel}\, dk_{\parallel}}{(2\pi/L)^2} = \frac{L^2}{\pi} k_{\parallel}\, dk_{\parallel}.$$

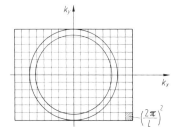

$-\left(\dfrac{2\pi}{L}\right)^2$

Bild 7/21. Zustände in zweidimensionalen $k_\parallel$-Raum.

Die Zustandsdichte pro Flächeneinheit (in der xy-Ebene) und je Energieeinheit für einen gegebenen E_n-Wert ist damit:

$$N_\parallel(E_\parallel) = \frac{m^*}{\pi\hbar^2}. \tag{7/35}$$

Dieser Wert ist unabhängig von der Energie $E_\parallel$ konstant, so daß für die gesamte Zustandsdichte $N(E)$ die in Bild 7/20 rechts gezeigte Treppenfunktion entsteht, die für $d \to \infty$ in die vertraute Parabel $N(E)$ übergeht.

Im zweidimensionalen Elektronengas bestehen daher folgende zwei Besonderheiten:

1) Der kleinste besetzbare Energiezustand liegt nicht an der Bandkante des normalen Halbleitermaterials, sondern um den Wert $E_1 \sim 1/d^2 m^*$ darüber.

2) Bei diesem Wert steigt die Zustandsdichte sprunghaft auf einen endlichen Wert.

Aufgrund der ersten Tatsache kann die Wellenlänge der Strahlung einer Laserdiode durch die geometrische Größe d eingestellt werden. Vernachlässigt man wegen der großen Löchermasse in GaAs die Quantisierung im Valenzband, so ergibt sich die in Bild 7/22 eingetragene Abhängigkeit der

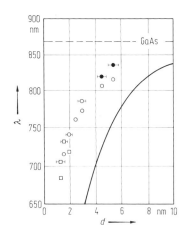

Bild 7/22. Abhängigkeit der Laserwellenlänge λ von der Dicke d des Potentialtopfes. Kurve nach (7/34) mit $m^* = 0{,}067\, m_0$. Meßpunkte nach [175].

Laserwellenlänge von der Dicke d des Potentialtopfes, die mit den experimentellen Daten recht gut übereinstimmt (da die Potentialbarriere im Gegensatz zum benutzten Modell (mit $k_z = n\pi/d$) nicht unendlich hoch ist, dringen die Wellenfunktionen in die verbotenen Bereiche ein und die effektive Breite d_{eff} ist größer als die reale Größe d.).

Wegen der abrupten Zunahme der Zustandsdichte bei $E = E_c + E_1$, nimmt auch die Trägerdichte abrupt zu und es ergibt sich ein geringerer Schwellenstrom für den Laserbetrieb.

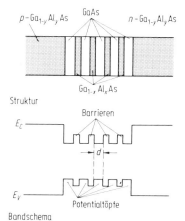

Bild 7/23. Mehrfachpotentialtopf-Laserdiode.

Bild 7/23 zeigt schematisch die den Experimenten entsprechende Laserstruktur mit mehreren Potentialtöpfen (MQW-Laser, *m*ultiple *q*uantum *w*ell laser).

7.7 Gummel-Poon-Modell [187, 1]

Der Transferstrom I_T wird mit Hilfe des in Bild 7/24 gezeichneten Bänderschemas berechnet. Für die Teilchendichten und Stromdichten gilt bei Verwendung der Quasi-Fermi-Potentiale (s. z. B. [3]):

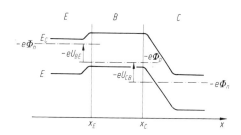

Bild 7/24. Bändermodell eines *npn*-Transistors.

$$i_n = -e\,\mu_n\,n\,\frac{\partial \Phi_n}{\partial x}$$

$$i_p = -e\,\mu_p\,p\,\frac{\partial \Phi_p}{\partial x}$$

$$\left.\vphantom{\begin{array}{c}1\\1\end{array}}\right\}\qquad(7/36)$$

$$n = n_i \exp\frac{V - \Phi_n}{U_T}$$

$$p = n_i \exp\frac{\Phi_p - V}{U_T}$$

$$\left.\vphantom{\begin{array}{c}1\\1\end{array}}\right\}\cdot\qquad(7/37)$$

Bildet man mit (7/37) die Ableitung des Produktes pn nach dem Ort und setzt die Stromgleichungen (7/36) ein, so erhält man:

$$\frac{d}{dx}(np) = -\frac{(np)}{U_T}\left(\frac{\partial \Phi_n}{\partial x} - \frac{\partial \Phi_p}{\partial x}\right),$$

$$\frac{d}{dx}(np) = +\frac{(np)}{U_T}\left\{\frac{i_n}{e\,\mu_n\,n} - \frac{i_p}{e\,\mu_p\,p}\right\}. \qquad(7/38)$$

Diese Gleichung wird anschließend über die Basisweite integriert. Für einen *npn*-Transistor gilt dort $i_n p \gg i_p n$, so daß der 2. Term vernachlässigt werden kann. Vernachlässigt man in I_T außerdem die Rekombination in der Basis, so kann $i_n(x) = $ const gesetzt werden und man erhält

$$(pn)\Big|_{x=x_E} - (pn)\Big|_{x=x_C} = \frac{i_n}{kT}\int_{x_E}^{x_C}\frac{p(x)}{\mu_n}\,dx, \qquad(7/39)$$

$$\exp\frac{\Phi_p - \Phi_n}{U_T}\Big|_{x_E} - \exp\frac{\Phi_p - \Phi_n}{U_T}\Big|_{x_C} = \frac{i_n}{n_i^2\,kt}\int_{x_E}^{x_C}\frac{p}{\mu_n}\,dx.$$

Nimmt man Löchergleichgewicht in der Basis und Elektronengleichgewicht in den beiden Raumladungszonen an (Shockley-Annahme), so sind die zugehörigen Quasi-Fermi-Niveaus konstant und man hat folgende Randbedingungen Bild 7/24:

$$x = x_E: \quad \Phi_p - \Phi_n = U_{BE},$$
$$x = x_C: \quad \Phi_p - \Phi_n = U_{CB}.$$

Man erhält also für den Transferstrom $I_T = A i_n$:

$$I_T = eA\,U_T\,n_i^2\,\frac{\exp\left(\dfrac{U_{BE}}{U_T}\right) - \exp\left(\dfrac{-U_{CB}}{U_T}\right)}{\displaystyle\int_{x_E}^{x_C}\frac{p(x)}{\mu_n}\,dx}. \qquad(7/40)$$

Nimmt man hier weiter an, daß die Minoritätsträgerbeweglichkeit in der

310

Basis konstant ist, so erhält man mit der Majoritätsträgerladung Q_B in der neutralen Basis (2/50):

$$I_T = (eAn_i)^2 D_{nB} \frac{\exp \dfrac{U_{BE}}{U_T} - \exp \dfrac{-U_{CB}}{U_T}}{Q_B},$$

$$Q_B = eA \int_{x_E}^{x_C} p(x)\, dx.$$

Aus diesen Gleichungen erhält man die einfache Transistorgleichung (Gl. 2/3) mit folgenden weiteren Annahmen:
1. Räumlich konstante Dotierung N_B in der Basis
2. Schwache Injektion, also Vernachlässigung der die Minoritätsträgerladung Q in der Basis kompensierenden Majoritätsträgerladung in Q_B.
3. Starke Sperrpolung der Basis-Kollektor-Diode

$(U_{CB} \gg U_T)$, d. h.

$\exp(-U_{CB}/U) \ll \exp(U_{BE}/U_T)$.

Damit gilt:

$$Q_B = eAWN_B = \frac{eAWn_i^2}{n_{Bo}},$$

und man erhält Gl. (2/3).

Literaturverzeichnis

1 Sze, S. M.: Physics of semiconductor devices. New York: John Wiley 2. Aufl. 1981.
2 Sah, C. T., Noyce, R. N., Shockley, W.: Carrier generation and recombination in *pn*-junctions and *pn*-junction characteristics. Proc. Inst. Radio Eng 45 (1957) 1228-1243.
3 Müller, R.: Grundlagen der Halbleiter-Elektronik. Berlin-Heidelberg-New York: Springer 1984, 4. Aufl.
4 Gray, P. E., De Witt, D., Boothroyd, A. R., Gibbons, J. F.: Physical electronics and circuit models of transistors. Semiconductor Electronics Education Committee, Vol 2. New York: John Wiley 1964.
5 Guggenbühl, W., Strutt, M. J. O., Wunderlin, W.: Halbleiterbauelemente I. Basel: Birkhäuser 1962.
6 Kingston, R. H.: Switching time in junction diodes and junction transistors. Proc. Inst. Radio Eng 42 (1954) 829.
7 Bittel, H., Storm, L.: Rauschen. Berlin-Heidelberg-New York: Springer 1971.
8 Van der Ziel, A.: Fluctuation phenomena in semiconductors. London: Butterworths Scientific Publ. 1959.
9 Veloric, H. S., Prince, M. B.: High voltage conductivity modulated silicon rectifier. Bell Syst. Techn. J. 36 (1957) 975.
10 Benda, H., Hoffmann, A., Spenke, E.: Switching process in alloyed pin-rectifiers. Solid State Electron 8 (1965) 887.
11 Lucowsky, G., Schwarz, R. F., Emmons, R. B.: Transit time considerations in pin-diodes. J. Appl. Phys. 35 (1964) 622.
12 Spenke, E.: Some problems in the physics of power rectifiers and thyristors. Festkörperprobleme VII. Braunschweig: Vieweg 1967.
13 Bechteler, M.: Anschwingverhalten und Stabilität einer Schwingung von Schaltungen mit negativen Widerständen. NTZ 23 (1970) 279-283.
14 Unger, H. G., Schultz, W.: Elektronische Bauelemente und Netzwerke I. Braunschweig: Vieweg 1971.
15 Norwood, M. M., Shatz, E.: Voltage variable capacitor tuning. Proc. IEEE 56 (1968) 788.
16 Unger, H. G., Schultz, W.: Elektronische Bauelemente und Netzwerke II. Braunschweig: Vieweg 1969.
17 Hammerschmitt, J., Kesel, G.: Speichervaraktoren zur Frequenzvervielfachung. Siemens Zeitschrift 42 (1968) 239-241.
18 Cowley, A. M., Sze, S. M.: Surface states and barrier height of metal semiconductor systems. J. Appl. Phys. 36 (1965) 3212.
19 Anand, Y., Moroney, W. J.: Microwave mixer and detector diodes. Proc. IEEE 59 (1971) 1182-1190.

20 Mead, C.A., Spitzer, W.G.: Fermi-level position at metal-semiconductor interfaces. Phys. Rev. 134 (1964) A 713.

21 Crowell, C.R., Sze, S.M.: Current transport in metal-semiconductor barriers. Solid State Electron. 9 (1966) 695.

22 Tada, K., Laraya, J.L.R.: Reduction of the storage time of a transistor using a Schottky-barrier-diode. Proc. IEEE 55 (1967) 2064.

23 Yu, A.Y.C.: The metal semiconductor contact: an old device with a new future. IEEE Spectrum 7/3 (1970), 83–89.

24 Melchior, H., Lynch, W.T.: Signal and noise response of high speed Germanium avalanche photodiodes. IEEE Trans. Electron Devices ED 13 (1966) 829.

25 Anderson, L.K., McMurtry, B.J.: High speed photodetectors. Proc. IEEE 54 (1966) 1335.

26 Rietz, R.P.: High speed semiconductor photodiodes. Rev. Sci. Inst. 33 (1962) 994.

27 Johnson, K.M.: High speed photodiode signal enhancement at avalanche breakdown voltage. IEEE Trans. Electron Devices ED 12 (1965) 55.

28 Kuhn, A.: Halbleiter- und Kristallzähler. Leipzig: Akadem. Verlagsges. 1969.

29 Büker, H.: Theorie und Praxis der Halbleiterdetektoren für Kernstrahlung. Berlin-Heidelberg-New York: Springer 1971.

30 Wysocki, J.J., Rappaport, P.: Effect of temperature on photovoltaic solar energy conversion, J. Appl. Phys. 31 (1960) 571.

31 Prince, M.P.: Silicon solar energy converters. J. Appl. Phys. 26 (1955) 534.

32 Handy, R.J.: Theoretical analysis of the series resistance of a solar cell. Solid State Electron. 10 (1967) 765.

33 Dean, P.J., Gershenzon, M., Kaminsky, G.: Green electroluminescence from gallium phosphide diodes near room temperature. J. Appl. Phys. 38 (1967) 5332–5342.

34 Logan, R.A., White, H.G., Wiegman, W.: Efficient green electroluminescent junctions in GaP. Solid State Electron. 14 (1971) 55–70.

35 Cuthbert, J.O., Henry, C.H., Dean, P.J.: Temperature dependent radiative recombination mechanismus in GaP (Zn, O) and GaP (Cd, O). Phys. Rev. 170 (1968) 739–748.

36 Morgan, T.N., Walker, B., Bhargava, R.N.: Optical properties of Cd-O and Zn-O complexes in GaP. Phys. Rev. 166 (1968) 751–753.

37 Henry, C.H., Dean, P.J., Cuthbert, J.D.: New red pair luminescence from GaP. Phys. Rev. 166 (1968) 754.

38 Gershenzon, M.: State of the art of GaP electroluminescent junction. Bell Syst. Techn. J. 45 (1966) 1599.

39 Carr, W.N.: Characteristics of a GaAs spontaneous infrared source with 40% efficiency. IEEE Trans. Electron Devices ED 12 (1965) 531.

40 Carr, W.N., Pittman, G.E.: Ohne Watt GaAs p-n junction infrared source. Appl. Phys. Letters 3 (1963) 173.

41 Galginaitis, S.V.: Improving the external efficiency of electroluminescent diodes. J. Appl. Phys. 36 (1965) 460.

42 Kleen, W., Müller, R.: Laser. Berlin-Heidelberg-New York: Springer 1969.

43 Sorokin, P.P., Axe, J.D., Lankard, J.R.: Spectral characteristics of GaAs-lasers operating in Fabry-Perot modes. J. Appl. Phys. 34 (1963) 2553–2556.

44 Gooch, C.H.: Gallium Arsenide Lasers. New York: John Wiley (1969).

45 Marinace, J.C.: High power DW operation of GaAs junction lasers at 77 °K. IBM J. Res. Dev. 8 (1964) 543–544.

46 Panish, M. B., Hayashi, I., Sumski, S.: Double-heterostructure injection lasers with room temperature thresholds as low as 2300 A/cm^2. Appl. Phys. Lett. 16 (1970) 326-327.

47 Miller, B. I., Ripper, J. E., Dyment, J. C., Pinkas, E., Panish, M. B.: Semiconductor laser operating continously in the „visible" at room temperature. Appl. Phys. Lett. 18 (1971) 403-405.

48 Read, W. T.: A proposed high frequency negative resistance diode. Bell Syst. Techn. J. 37 (1958) 401-446.

49 Ringo, J. A., Lauritzen, P. O.: The integral for multiplication factor M with single or equal ionization coefficients. IEEE Trans. Electron Devices ED 18 (1971) 73-74.

50 Scharfetter, D. L., Gummel, H. K.: Large signal analysis of a silicon Readdiode oscillator. IEEE Trans. Electron Devices ED 16 (1969) 64-77.

51 Misawa, T.: Negative resistance in pn-junctions under avalanche breakdown conditions. IEEE Trans. Electron Devices ED 13 (1966) 137-151.

52 Seidel, T. E., Davis, R. E., Iglesias, D. E.: Double drift region ion-implanted millimeter-wave Impatt-diodes. Proc. IEEE 59 (1971) 1222-1228.

53 Rulison, R. L., Gibbons, G., Josenhans, J. G.: Improved performance of Impatt-diodes fabricated from Ge. Proc: IEEE 54 (1967) 223-224.

54 Baranowski, J. J., Higgins, V. J., Kim, C. K., Armstrong, L. D.: Galliumarsenide Impatt-diodes. Microwave J. 12 (1969) 71-76.

55 Sze, S. M., Ryder, R. M.: Microwave avalanche diodes. Proc. IEEE 59 (1971) 1140-1154.

56 De Loach, B. C., Scharfetter, D. L.: Device physics of Trapatt-oscillators. IEEE Trans. Electron Devices ED 17 (1970) 9-21.

57 Kostichack, D. F.: UHF avalanche diode oscillator providing 400 watts peak power and 75 % efficiency. Proc. IEEE 58 (1970) 1282-1283.

58 Scharfetter, D. L.: Power-impedance-frequency limitations of Impatt oscillators caleulated from a scaling approximation. IEEE Trans. Electron Devices ED 18 (1971) 536-543.

59 Berson, B. E.: Transferred electron devices. European Microwave Conference Stockholm, Proc. 1971.

60 Gunn, J. B.: Microwave oscillations of current in III-V semiconductors. Solid State Commun. 1 (1963) 88-91.

61 Krömer, H.: Theory of the Gunn effect. Proc. IEEE 52 (1964) 1736.

62 Butcher, P. M., Fawcet, W.: Calculation of the velocity-field characteristics for gallium arsenide. Phys. Lett. 21 (1966) 489.

63 Ruch, J. G., Kino, G. S.: Measurement of the velocity field characteristics of GaAs. Appl. Phys. Lett. 10 (1967) 40-42.

64 Krömer, H.: Negative conductance in semiconductors. IEEE Spectrum 5/1 (1968) 47.

65 Krömer, H.: Nonlinear space-charge domain dynamies in a seminconductor with negative differential mobility. IEEE Trans. Electron Devices ED 13 (1966) 27-40.

66 Copeland, J. A.: Stable space-charge layers in two-valley semiconductors. J. Appl. Phys. 37 (1966) 3602-3609.

67 Copeland, J. A.: LSA Oscillator-diode theory. J. Appl. Phys. 38 (1967) 3096-3101.

68 Copeland, J. A.: Characterization of bulk negative resistance diode behaviour. IEEE Trans. Electron Devices ED 14 (1967) 461-463.

69 Albrecht, P., Bechteler, M.: Noise figure and conversion loss of self exited gunn diode mixers. Electron. Lett. 6 (1970) 321-322.

70 Thim, H. W.: Linear negative conductance amplification with Gunn oscillators. Proc. IEEE 54 (1966) 1479-1480.

71 Paul, R.: Transistoren. Braunschweig: Vieweg 1965.

72 Salow, H., Beneking, H., Krömer, H., v. Münch, W.: Der Transistor. Berlin-Göttingen-Heidelberg: Springer 1963.

73 Gärtner, W.: Einführung in die Physik des Transistors. Berlin-Göttingen-Heidelberg: Springer 1963.

74 Rusche, G., Wagner, K., Weitsch, F.: Flächentransistoren. Berlin-Göttingen-Heidelberg: Springer 1961.

75 Searle, C. L., Boothroyd, A. R., Angelo, E. J., Gray, P. E., Pederson, D. O.: Elementary circuit properties of transistors. Semiconductor Electronics Education Committee, Vol. 3. New York: John Wiley 1966.

76 Warner, R. M.: Integrated circuits. New York: McGraw Hill 1965.

77 Edwards, R.: Fabrication control is key to microwave performance. Elctronics Febr. 1968, S. 109-113.

78 Thorton, R. D., De Witt, D., Chenette, E. R., Gray, P. E.: Characteristics and limitations of transistors. Semiconductor Electronics Education Committee, vol. 4. New York: John Wiley 1966.

79 Marko, H.: Theorie linearer Zweipole, Vierpole und Mehrtore. Stuttgart: S. Hirzel 1971.

80 Greiner, R. A.: Semiconductor devices and applications New York: McGraw Hill 1961, S. 240.

81 Ebers, J. J., Moll, J. L.: Large signal behavior of junction transistors. Proc. I. R. E. 42 (1954) 1761-1772.

82 Tarui, Y. et. al.: IEEE J. solid state circuits SC 4 (1969) 173.

83 Grove, A. S.: Physics and technology of semiconductor devices. New York: John Wiley 1967.

84 Cassignol, D. J.: Halbleiter I (Physik und Elektronik). Eindhoven: Philips techn. Bibl. 1966.

85 Van der Ziel, A.: Noise in Semiconductors, in Fortschritte der Hochfrequenztechnik Bd. 4. Frankfurt: Akademische Verlagsgesellschaft 1959.

86 De La Moneda, F. H., Chenette, E. R., Van der Ziel, A.: Noise in phototransistors. IEEE Trans. Electron Devices ED 18 (1971) 340-346.

87 Giacoletto: The study and design of alloyed-junction transistors. I. R. E. Convention record pt. 3 (1954) 99-103.

88 Lilienfeld, I. E.: Method and apparatus for controlling electric currents. Application for U.S. Patent 1 745 175.

89 Heil, O.: Improvements in or relating to electrical amplifiers and other control arrangements and devices. British Patent 439 457, Sept. 1939.

90 Shockley, W.: A unipolar field effect transistor. Proc. IRE 40 (1952) 1365-1376.

91 Paul, R.: Feldeffekttransistoren. Stuttgart: Berliner Union 1972.

92 Ankrum, P. D.: Seminconductor electronics. Englewood Cliffs, N. J.: Prentice Hall 1971.

93 Crawford, R. H.: MOS-FET in circuit design. New York: McGraw Hill 1967.

94 Wallmark, J. T., Johnson, H.: Field-effect transistors. Englewood Cliffs, N. J.: Prentice Hall 1966.

95 Tickle, A. C.: Thin film transistors. New York: John Wiley 1969.

96 Weimer, P. K.: The TFT — a new thin film transistor. Proc. IRE 50 (1962) 1462-1469.

97 Sevin, L. J.: Field effect transistors. New York: McGraw Hill 1965.

98 Pao, H.C., Sah, C.T.: Effects of diffusion current on characteristics of metaloxide (insulator)-semiconductor transistor. Solid State Electron. 10 (1966) 927.

99 Beneking, H., Kasugai, H.: Gigaherts p-channel enhancement silicon MOS FET with nonoverlapping gate. IEEE J. solid state circuits SC-5 1970, S. 328-330.

100 Van der Ziel, A.: Thermal noise in field effect transistors. Proc. IRE 50 (1962) 1808-1812.

101 Moll, J. L., Tannenbaum, M., Goldey, J. M., Holonyak, N.: PNPN-Transistor switches. Proc. IRE 44 (1956) 1174-1182.

102 Hoffmann, A., Stocker, K.: Thyristor Handbuch. Berlin: Siemens AG 1965.

103 Gerlach, W., Köhl, G.: Festkörperprobleme IX. Braunschweig: Vieweg 1969.

104 Spenke, E.: Festkörperprobleme VII. Braunschweig: Vieweg 1967, S. 108

105 Herleg, A.: Solid State Electron. 11 (1968) 717.

106 RCA Halbleiterschaltungen der Leistungselektronik. Quickborn-Hamburg: Alfred Neye-Enatechnik GmbH.

107 Hengsberger, J., Putz, U., Vetters, L.: Thyristor Stromrichter für Bahnmotoren. AEG-Mitteilung 54 (1964) 435-442.

108 Ginsbach, K. H.: Der Thyristor. Elektrotechn. u. Maschinenb. 82 (1965) 369-374 u. 451-457.

109 Bösterling, W., Fröhlich, M.: Die dynamischen Eigenschaften von Thyristoren. Der Elektroniker 3 (1966) 9-13.

110 Gerlach, W.: Untersuchungen über den Einschaltvorgang des Leistungsthyristors. Telefunken-Zeitung 39 (1966) 301-314.

111 Ginsbach, K. H.: Entwicklung von Silizium-Starkstrom-Dioden und -Thyristoren. Neue Technik A 2 (1968) 72-82.

112 Benda, H.: Die Wirkungsweise des Zweiwegthyristors. Berlin: Siemens AG 1969.

113 Weiß, H.: Physik und Anwendung galvanomagnetischer Bauelemente. Braunschweig: Vieweg 1969.

114 Kuhrt, F., Lippmann, H. J.: Hallgeneratoren. Berlin-Heidelberg-New York: Springer 1968.

115 Kuhrt, F.: Eigenschaften von Hallgeneratoren. Siemens-Z. 28 (1954) 370-376.

116 Hieronymus, H., Weiß, H.: Über die Messung kleinster magnetischer Felder mit Hallgeneratoren. Siemens-Z. 31 (1957) 404-409.

117 Hartel, W.: Anwendung der Hallgeneratoren. Siemens-Z. 28 (1954) 376-384.

118 Lippmann, J.: Kontaktloser Signalgeber mit berührungsloser Betätigung durch Eisenteile. Siemens-Z. 83 (1962) 367-372.

119 Kuhrt. F., Braunersreuther, E.: Messung des Feldverlaufs im Luftspalt eines Gleichstrommotors mit Hilfe des Halleffektes. Elektrotechn. Z. 77 (1956) 578-581.

120 Grave, H. F.: Elektrische Messung nichtelektrischer Größen. Frankfurt: Akadem. Verlagsges. 1965, S. 286-287.

121 Lenert, L. H.: Semiconductor Physics. Devices and Circuits. Columbus: Merrill Co. 1968, S. 63.

122 Fühlerelemente — Bausteine der Elektronik. Berlin, München: Siemens AG. 1972.

123 Heywang, W.: Bariumtitanat als Sperrschicht-Halbleiter. Solid State Electron. 3 (1961) 51–58.

124 Drougard, M. E., Young, D. R.: Phys. Rev. 95 (1954) 1152.

125 Van der Ziel, A: Solid state physical electronics. Englewood Cliffs, N. J.: Prentice Hall (1968) S. 468.

126 Geist, D.: Halbleiterphysik I, Eigenschaften homogener Halbleiter. Braunschweig: Vieweg 1969.

127 Madelung, O.: Grundlagen der Halbleiterphysik. Berlin-Heidelberg-New York: Springer 1970.

128 Martin, T. L., Leonard, W. F.: Electrons and Crystals, Belmont, Calif.: Brooks Cole Co. 1970, S. 458.

129 Taue, J.: Photo- and thermoelectric effects in semiconductors. London: Pergamon Press 1972.

130 Wang, S.: Solid state electronics. New York: McGraw Hill 1966, S. 202.

131 Schmidt Küster, W.: Direkte Energieumwandlung, Stuttgart: Franckh'sche Verlagshandlung 1968, S. 72.

132 Beneking, H.: Praxis des elektronischen Rauschens. Mannheim: Bibliographisches Institut 1971.

133 Meinke, H., Gundlach, F. W.: Taschenbuch der Hochfrequenztechnik. Berlin-Heidelberg-New York: Springer 1965, S. 1005.

134 Davenport, W. B., Root, W. L.: An introduction to the theory of random signals and noise. New York: McGraw Hill 1958.

135 Edson, W. A.: Noise in oscillators. Proc. IRE 48 (1960) 1454–1466.

136 Thaler, H. J., Ulrich, G., Weidmann, G.: Noise in Impatt diode amplifiers and oscillators. IEEE Trans. MTT-19 (1971) Nr. 8

137 März, K.: Phasen- und Aplitudenschwankungen in Oszillatoren. A. E. Ü. 24 (1970) 477–490.

138 Phelan, R. J., Rediker, R. H.: Optically pumped semiconductor lasers. Appl. Phys. Lett. 6 (1965) 70.

139 Turner, J. A.: Microwave field effect transistors. Solid state devices 1977, London: Inst. of Phys. Conf. Ser. No. 40.

140 Liechti, C. A.: Microwave field-effect transistors — 1976. IEEE Trans. MTT-24 (1976) 279–300.

141 Hewitt, B. S., et al.: Low noise GaAs MES-FET's. Electron. Lett. 12 (1976) 309–310.

142 Frey, J.: Effects of intervalley scattering on noise in GaAs and InP field-effect transistors. IEEE Trans. Electron. Devices ED 23 (1976) 1298–1303.

143 Pucel, R. A., Massé, D. J., Krumm, C. F.: Noise performance of gallium arsenide field-effect transistors IEEE J. sol. state circuits. SC-11 (1976) 243–255.

144 Müller, R.: Rauschen. Berlin-Heidelberg-New York: Springer 1979.

145 Liechti, C. A., Larrik, R. B.: Performance of GaAs MES-FET's at low temperatures. IEEE Trans. MTT-24 (1976) 376–381.

146 Kniepkamp, H.: Der GaAs-MESFET. In: Rint, C.: Handbuch für Hochfrequenz- und Elektrotechniker, Bd. 3. München: Hüthig & Pflaum 1978.

147 Hart, K., Slob, A.: Integrated injection logic: A new approach to LSI. IEEE J. solid state circuits SC-7 (1972) 346–351.

148 Berger, H. H., Wiedmann, S. K.: Merged transistor logic — a low cost bipolar logic concept. IEEE J. solid state circuits SC-7 (1972) 340–346.

149 Sequin, C. H., Tompsett, M. F.: Charge transfer devices. New York: Academic Press 1975.

150 Melen, R., Buss, D.: Charge coupled devices: Technology and applications. New York: IEEE Press 1977.

151 Kosonocky, W. F., Sauer, D. J.: The ABC's of CCD's. Electronic. design 23 (1975) 58–63.

152 Walden, R. H., et al.: The buried channel charge coupled device. Bell Syst. Techn. J. 51 (1972) 1635–1640.

153 Knoll, M., Eichmeier, J.: Technische Elektronik, Bd. 2. Berlin-Heidelberg-New York: Springer 1966.

154 Barbe, D. F.: Imaging devices using the charge coupled concept. IEEE 63 (1975) 38–67.

155 Kallman, H. E.: Transversal filters. Proc. IRE 28 (1940) 302–310.

156 Marko, H.: Methoden der Systemtheorie. Berlin-Heidelberg-New York: Springer 1977.

157 Terman, L. M., Heller, L. G.: Overview of CCD Memory. IEEE Trans. Electron. Devices, ED 23 (1976) 72–78.

158 Ruge, I.: Halbleiter-Technologie. Berlin-Heidelberg-New York: Springer 1984

159 Beneking, H.: Feldeffekttransistoren. Berlin-Heidelberg-New York: Springer 1973.

160 Sonderheft über dreidimensionale Halbleiter-Bauelemente IEEE Trans. Electron. Devices ED 25 (1978) 1204–1240.

161 Baertsch, R. D., et al.: The design and operation of practical charge-transfer transversal filters. IEEE Trans. Electron. Devices ED 23 (1976) 133–141.

162 Kesel, G., Hammerschmitt, J., Lange, E.: Signalverarbeitende Dioden. Berlin-Heidelberg-New York: Springer 1982.

163 Harth, W., Claassen, M.: Aktive Mikrowellendioden. Berlin-Heidelberg-New York: Springer 1981

164 Winstel, G., Weyrich, C.: Optoelektronik I. Berlin-Heidelberg-New York: Springer 1980.

165 Winstel, G., Weyrich, C.: Optoelektronik II. Berlin-Heidelberg-New York: Springer 1986.

166 Paul, R.: Halbleiterdioden. Heidelberg: Hüthig 1976.

167 Wolf, H.: Semiconductors. New York: John Wiley 1971.

168 Tietze, U., Schenk, Ch.: Halbleiter Schaltungstechnik. Berlin-Heidelberg-New York: Springer 1978.

169 Weiß, H., Horninger, K.: Integrierte MOS-Schaltungen. Berlin-Heidelberg-New York: Springer 1982.

170 Rein, H. M., Ranft, R.: Integrierte Bipolarschaltungen. Berlin-Heidelberg-New York: Springer 1980.

171 Landolt-Börnstein: Zahlenwerte und Funktionen aus Naturwissenschaften und Technik Bd. 17/Halbleiter. Berlin-Heidelberg-New York: Springer 1984.

172 Fischbach, J. U., et al.: Optoelektronik. Grafenau: Lexika Verlag 1977.

173 Grau, G.: Optische Nachrichtentechnik. Berlin-Heidelberg-New York: Springer 1981.

174 Harth, W., Grothe, H.: Sende- und Empfangsdioden für die Optische Nachrichtentechnik. Stuttgart: Teubner 1984.

175 Blood, P., Fletcher, E. D., Woodbridge, K., Hulyer, P. J.: Quantum well lasers grown by molecular beam epitaxy. In: 9th IEEE Int. Semicond. Laser Conf., Aug. 84, Rio de Janeiro, paper I-1, 126.

176 Shockley, W.: The theory of pn-junctions in semiconductors and pn-junction transistors. Bell Syst. Tech. J. 28 (1949) 435.

177 Sah, C. T., Noyce, R. N., Shockley, W.: Carrier generation and recombination in pn-junctions and junction characteristics. Proc. Inst. Radio Eng. 45 (1957) 1228.

178 Milnes, A. G.: Deep impurities in semiconductors. New York: John Wiley 1973.

179 Corofolini, G. F., Polignano, M. L., Savoini, E., Vanzi, M.: Modeling the generation current due to donor-acceptor twins in silicon p-n junctions. IEEE Trans. ED 32 (1985) 628.

180 Mader, H., Müller, R.: Transition from the bipolar to the bulk-barrier transistor. IEEE Trans. ED 31 (1984) 1447.

181 Takagi, M., Nakajama, K., Kamioka, H.: Improvement of shallow base transistor technology by using a doped poly-silicon diffusion source. Suppl. to the Jap. Soc. of Appl. Phys. Vol 42, 101, 1978.

182 Green, M. A., Godfrey, R. B.: Super-gain silicon MIS heterojunction emitter transistors. IEEE Electron Device Lett. EDL. 4 No 7, Juli 1983.

183 Jespers, P. G. A.: Measurements for bipolar devices. In Van de Wiele, F., Engl, W. L., Jespers, P. G.: Process and device modelling for integrated circuit design. Nordhoff: Leyder 1977.

184 Labuda, E. F., Clemens, J. T.: Integrated circuit technology. In Kirk, R. E., Othmer, D. F.: Ecyclopedia of chemical technology. New York: John Wiley 1980.

185 Wieder, A. W.: Self-aligned bipolar technology — new chances for very high speed digital integrated circuits. Siemens Forsch. Entwicklungsber. 13 (1984) 246-252.

186 Krömer, H.: Heterostructure bipolar transistors and integrated circuits. Proc. IEEE 70 (1981) 13-25.

187 Gummel, H. K., Poon, H. C.: An integral charge control model of bipolar transistors. Bell Syst. Tech. J. 49 (1970) 827.

188 Bell, G., Ladenhauf, W.: SIPMOS technology, an example of VLSI precision realized with standard LSI for power transistors. Siemens Forsch. Entwicklungsber. 9/4 Springer 1980.

189 Kellner, W., Kniepkamp, H.: GaAs-Feldeffekttransistoren. Berlin-Heidelberg-New York: Springer 1984.

190 Hu, Ch., Chi, M., Patel, V.: Optimum design of power MOS-FET's IEEE Trans. Electron Devices ED 31 (1984) 1693.

191 McCarthy, O. J.: MOS device and circuit design. New York: John Wiley 1982.

192 Nishizawa, J., Terasaki, T., Shibata, J.: Field-effect transistor versus analog transistor (static induction transistor) IEEE Trans. Electron Devices ED 22 (1975) 185.

193 Mochida, Y., Nishizawa, J., Ohmi, T., Gupta, R.: Characteristics of static induction transistors: effects of series resistance. IEEE Trans. Electron Devices ED 25 (1978) 761.

194 Gesch, M. et al.: Performance comparison of highly integrated circuits. IEEE Trans. ED 30 (1983) 1640.

195 Getreu, J. E.: Modeling the bipolar transistor. Amsterdam: Elsevier 1978.

196 Johnson, E. O.: The insulated gate field effect transistor — a bipolar transistor in disguise. RCA Review 34 (1973) 80.

197 Mishra, U. K. et al.: Microwave performance of 0,25 µm gate length high electron mobility transistors. IEEE Electron Device Lett. EDL-6 (1985) 142.

198 Takanashi, Y., Kobayashi, N.: AlGaAs/GaAs 2-DEG FET's fabricated from Mo-CVD wafers. IEEE Electron Device Lett. EDL-6 (1985) 154.

199 Fischer, F.: Der Leistungstransistor als Bauelement. Elektrie 33 (1979) 240.

200 Spenke, E.: pn-Übergänge. Berlin-Heidelberg-New York: Springer 1979.

201 Adler, M. S. et al.: The evolution of power device technology. IEEE Trans. Electron Devices ED 31 (1984) 1570–1591.

202 Gerlach, W.: Thyristoren. Berlin-Heidelberg-New York: Springer 1979.

203 Haas, E. W., Schnoller, M. S.: Phosphorus doping of silicon by means of neutron irradiation. IEEE Trans. Electron Devices ED 23 (1976) 803.

204 Nishizawa, J. I., Muraoka, K., Tamamushi, T., Kawamura, Y.: Low-loss high-speed switching devices, 2300-V 150-A static induction thyristor. IEEE Trans. Electron Devices ED 32 (1985) 822–830.

205 Bozler, C. O. et al.: Fabrication and microwave performance of the permeable base transistor. IEEE Tech. Dig. Int. Electron Device Meet, p. 384 (1979).

206 Schmidt auf Altenstadt, W.: Allgemeine Lösung für den SRH-Generation-/Rekombinationsstrom im pn-Übergang bei linear interpolierten Quasiferminiveaus. Ber. Lehrstuhl für Technische Elektronik, TU München, 1985.

207 Klose, H.: The transient integral charge control relation. IEEE Trans. ED, in print, 1986.

208 Rish, L., Werner, Ch., Müller, W., Wieder, A.: Deep-implant 1 µm MOS-FET structure with improved threshold control for VLSI circuitry. IEEE Trans. Electron Devices ED 29 (1982) 601–605.

209 Kennan, W., Andrade, T., Huang, C. M.: A 2-18-GHz Monolithic distributed amplifier using dual gate GaAs FET's. IEEE Trans. Electron Devices ED 31 (1984) 1926.

210 Wilamovsky, B. M., Jaeger, R. C.: The lateral punch-through transistor. IEEE Electron Device Lett. EDL-3 (1982) 277–280.

211 Nishizawa, J. J., Yamamoto, K.: High-frequency high-power static induction transistor. IEEE Trans. Electron Devices ED 25 (1978) 314–322.

212 Bechteler, M.: The gate-turnoff-thyristor (GTO). Siemens Forsch. Entwicklungsber. 14 (1985) 39–44.

213 Mitlehner, H.: Light-activated auxiliary thyristor for high-voltage applications. Siemens Forsch. Entwicklungsber. 14 (1985) 50–55.

214 Stoisiek, M., Patalong, H.: Power devices with MOS-controlled emitter shorts. Siemens Forsch. Entwicklungsber. 14 (1985) 45–49.

215 Baliga, B. J., Chen, D. Y. ed.: Power transistors: Device design and applications. New York: IEEE Press 1984.

216 Ashikawa, M., Kosonocky, W., ed.: Special issue on solid state image sensors. IEEE Trans. Electron Devices ED 32 (1985) 1378–1608.

217 Adler, M. S., Westbrook, S. R.: Power semiconductor switching devices — a comparison based on inductive switching. IEEE Trans. Electron Devices ED 29 (1982) 947–952.

218 McGreivy, D. J., Pickar, K. A. ed.: Technologics through the 80 s and beyond. New York: IEEE Computer Society Press 1982.

219 Berra, P. B., Caroll, B. D., Lipovski, G. J., Nahouvaii, Ez., Chuan-lin Wu: Com-

puter-aided design, testing and packaging. New York: IEEE Computer Soc. Press 1982.

220 Kamins, T. I.: A new dielectric isolation technique for bipolar integrated circuits using thin single-crystal silicon films. Proc. IEEE 60 (1972) 915-916.

221 Lohstroh, J.: Devices and circuits for bipolar (V)LSI. Proc. IEEE 69 (1981) 265-279.

222 Mead, C., Conway, L.: Introduction to VLSI-systems. London: Addison Wesley. 1980.

223 Folberth, O., Grobmann, W.: VLSI, technology and design. New York: IEEE Press 1984.

224 Genda, J. H.: A better understanding of CMOS & latch-up. IEEE Trans. Electron Devices ED 31 (1984) 62.

225 Frohmann, D., Bentchkowsky, D.: The metall-nitride-oxide-silicon (MNOS) transistor. Characteristics and applications. Proc. IEEE 58 (1970) 1207.

226 Frohmann-Bentchkowsky, D.: FAMOS — a new semiconductor charge storage device. Solid State Electron. 17 (1974) 517.

227 Iizuka, H. et al.: Electrically alterable avalanche injection type MOS-read only memory with stacked gate structures. IEEE Trans. Electron Devices ED 23 (1976) 379.

228 Zerbst, M.: Meß- und Prüftechnik. Berlin-Heidelberg-New York: Springer 1986.

229 Hostika, B. J., Broderson, R. W., Gray, P. R.: MOS sampled data recursive filters using switched capacitor integrators. IEEE J. Solid State Circuits SC-12 (1977) 600-608.

230 Gibbons, J.F., Lee, K.F.: One-gate-wide CMOS inverter on laser recrystallized polysilicon. IEEE Electron Device Lett. EDL 1 (1980) 117-118.

231 Murrmann, H.: Modern bipolar technology for high-performance IC's. Siemens Forsch. Entwicklungsber. 5 (1976) 353.

232 Heywang, W.: Sensorik. Berlin-Heidelberg-New York: Springer 1984.

233 Heywang, W.: Amorphe und polykristalline Halbleiter. Berlin-Heidelberg-New York: Springer 1984.

234 v. Borcke, U., Cuno, H. H.: Feldplatten und Hallgeneratoren. Berlin: Siemens AG 1985.

235 Büschner, R. u. a.: Messen in der Prozeßtechnik. Berlin, München: Siemens 1972.

236 Müller, R., Lange, E.: Multidimensional sensors for gas analysis. Tagung „Transducer 1985" Philadelphia. Sensors and Actuators 9 (1986) 39-48.

237 Heiland, G.: Homogene halbleitende Gassensoren. Tagung Sensoren Bad Nauheim 1984, VDI Ber. 509 S. 223. Düsseldorf: VDI Verlag 1984.

238 Horner, G., Lange, E., Albertshofer, W., Nuscheler, F.: MOS-Gassensoren mit Zeolith-Filterschichten. Tagung „Sensoren-Technologie und Anwendung" 1986, Bad Nauheim.

239 Müller, R., Horner, G.: Chemosensors with Pattern Recognition. Siemens Forsch.- u. Entwickl.-Ber. 15 (1986) 3, Springer 1986.

240 Sinton, R. A., Kwark, Y., Gan, J. Y., Swanson, R. M.: 27.5-Percent Silicon Concentrator Solar Cells. IEEE Electron Device Letters Vol 7, No. 10 (1986) 567-569.

241 Green, M. A., Jianhua, Z., Blakers, A. W., Taouk, M., Narayanan, S.: 25-Percent Efficient Low-Resistivity Silicon Concentrator Solar Cells. IEEE Electron Device Letters Vol 7, No. 10 (1986) 583-585.

Sachverzeichnis